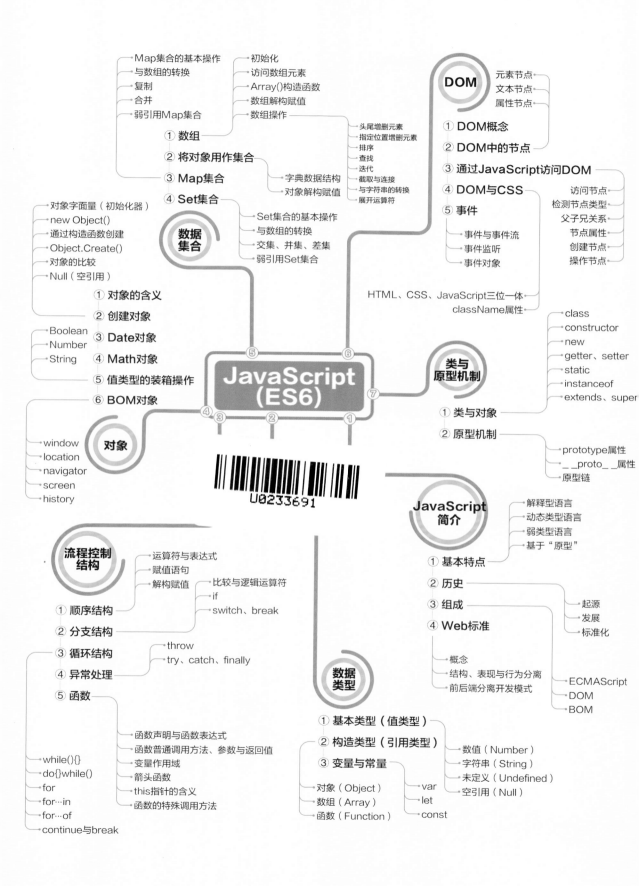

JavaScript (ES6)

数据集合

① 数组
- Map集合的基本操作
- 与数组的转换
- 复制
- 合并
- 弱引用Map集合
- 初始化
- 访问数组元素
- Array()构造函数
- 数组解构赋值
- 数组操作
  - 头尾增删元素
  - 指定位置增删元素
  - 排序
  - 查找
  - 迭代
  - 截取与连接
  - 与字符串的转换
  - 展开运算符

② 将对象用作集合
- 字典数据结构
- 对象解构赋值

③ Map集合

④ Set集合
- Set集合的基本操作
- 与数组的转换
- 交集、并集、差集
- 弱引用Set集合

对象

- 对象字面量（初始化器）
- new Object()
- 通过构造函数创建
- Object.Create()
- 对象的比较
- Null（空引用）

① 对象的含义
② 创建对象
③ Date对象
④ Math对象
⑤ 值类型的装箱操作
⑥ BOM对象

- Boolean
- Number
- String

- window
- location
- navigator
- screen
- history

DOM

- 元素节点
- 文本节点
- 属性节点

① DOM概念
② DOM中的节点
③ 通过JavaScript访问DOM
④ DOM与CSS
⑤ 事件
- 事件与事件流
- 事件监听
- 事件对象

- 访问节点
- 检测节点类型
- 父子兄关系
- 节点属性
- 创建节点
- 操作节点

- HTML、CSS、JavaScript三位一体
- className属性

类与原型机制

① 类与对象
- class
- constructor
- new
- getter、setter
- static
- instanceof
- extends、super

② 原型机制
- prototype属性
- _ _proto_ _属性
- 原型链

JavaScript 简介

- 解释型语言
- 动态类型语言
- 弱类型语言
- 基于"原型"

① 基本特点
② 历史
- 起源
- 发展
- 标准化

③ 组成
- 概念
- 结构、表现与行为分离
- 前后端分离开发模式
  - ECMAScript
  - DOM
  - BOM

④ Web标准

流程控制结构

- 运算符与表达式
- 赋值语句
- 解构赋值
  - 比较与逻辑运算符
  - if
  - switch、break

① 顺序结构
② 分支结构
③ 循环结构
- throw
- try、catch、finally

④ 异常处理
⑤ 函数

- while(){}
- do{}while()
- for
- for…in
- for…of
- continue与break

- 函数声明与函数表达式
- 函数普通调用方法、参数与返回值
- 变量作用域
- 箭头函数
- this指针的含义
- 函数的特殊调用方法

数据类型

① 基本类型（值类型）
② 构造类型（引用类型）
③ 变量与常量

- 对象（Object）
- 数组（Array）
- 函数（Function）

- 数值（Number）
- 字符串（String）
- 未定义（Undefined）
- 空引用（Null）

- var
- let
- const

U0233691

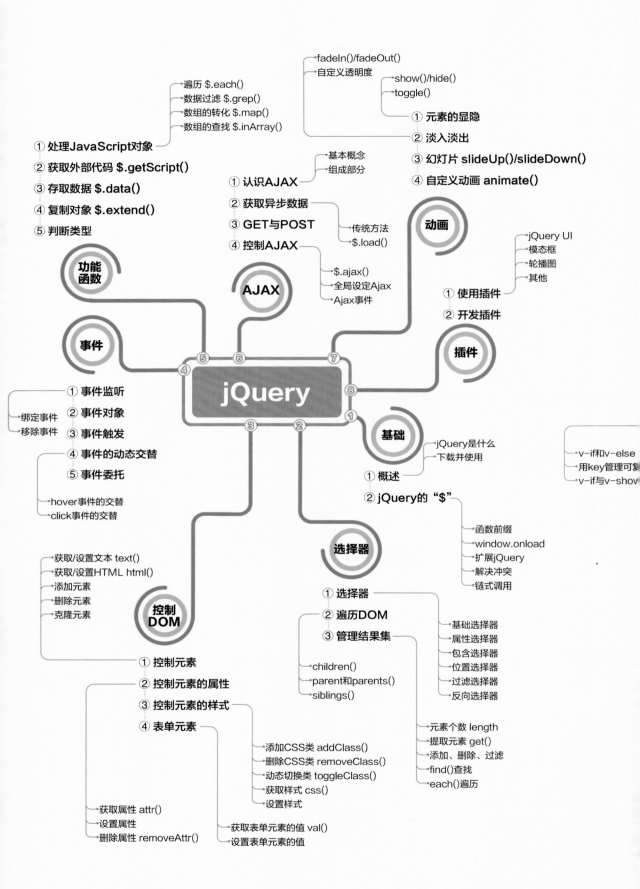

遍历 $.each()
数据过滤 $.grep()
数组的转化 $.map()
数组的查找 $.inArray()

fadeIn()/fadeOut()
自定义透明度

show()/hide()
toggle()

① 处理JavaScript对象
② 获取外部代码 $.getScript()
③ 存取数据 $.data()
④ 复制对象 $.extend()
⑤ 判断类型

基本概念
组成部分

① 认识AJAX
② 获取异步数据
③ GET与POST
④ 控制AJAX

① 元素的显隐
② 淡入淡出
③ 幻灯片 slideUp()/slideDown()
④ 自定义动画 animate()

传统方法
$.load()

动画

jQuery UI
模态框
轮播图
其他

功能
函数

AJAX

$.ajax()
全局设定Ajax
Ajax事件

① 使用插件
② 开发插件

插件

事件

① 事件监听
② 事件对象
③ 事件触发
④ 事件的动态交替
⑤ 事件委托

绑定事件
移除事件

④ ⑤ ⑥ ⑦

⑧

jQuery

③ ② ①

基础

jQuery是什么
下载并使用

hover事件的交替
click事件的交替

① 概述

② jQuery的 "$"

v-if和v-else
用key管理可复
v-if与v-show

函数前缀
window.onload
扩展jQuery
解决冲突
链式调用

获取/设置文本 text()
获取/设置HTML html()
添加元素
删除元素
克隆元素

控制
DOM

选择器

① 选择器
② 遍历DOM
③ 管理结果集

基础选择器
属性选择器
包含选择器
位置选择器
过滤选择器
反向选择器

① 控制元素
② 控制元素的属性
③ 控制元素的样式
④ 表单元素

children()
parent和parents()
siblings()

元素个数 length
提取元素 get()
添加、删除、过滤
find()查找
each()遍历

添加CSS类 addClass()
删除CSS类 removeClass()
动态切换类 toggleClass()
获取样式 css()
设置样式

获取属性 attr()
设置属性
删除属性 removeAttr()

获取表单元素的值 val()
设置表单元素的值

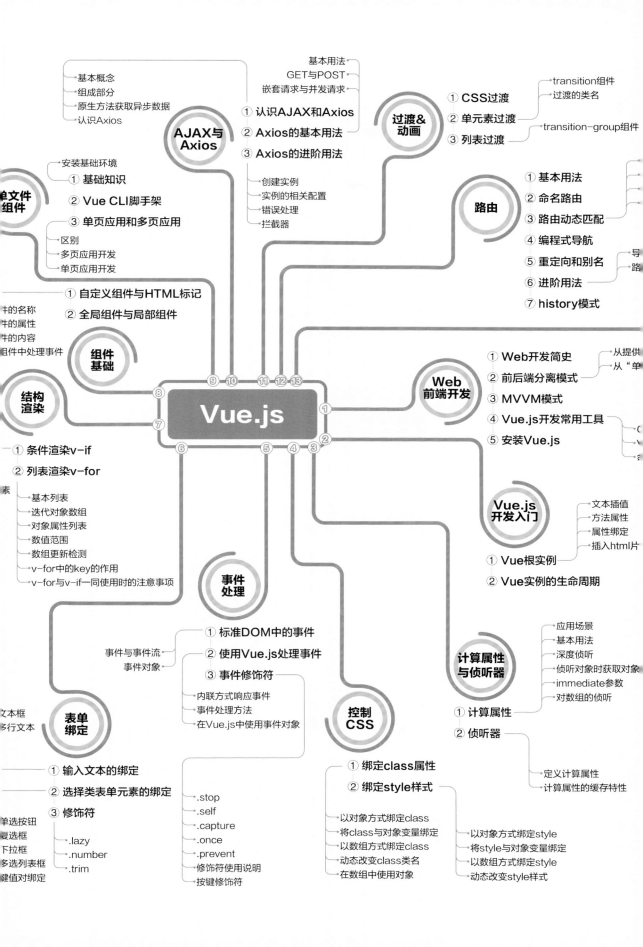

Vue.js

AJAX与Axios
- 基本概念
- 组成部分
- 原生方法获取异步数据
- 认识Axios

基本用法
GET与POST
嵌套请求与并发请求
- ① 认识AJAX和Axios
- ② Axios的基本用法
- ③ Axios的进阶用法
- 创建实例
- 实例的相关配置
- 错误处理
- 拦截器

过渡&动画
- ① CSS过渡
- ② 单元素过渡
- ③ 列表过渡
- transition组件
- 过渡的类名
- transition-group组件

单文件组件
- 安装基础环境
- ① 基础知识
- ② Vue CLI脚手架
- ③ 单页应用和多页应用
- 区别
- 多页应用开发
- 单页应用开发

路由
- ① 基本用法
- ② 命名路由
- ③ 路由动态匹配
- ④ 编程式导航
- ⑤ 重定向和别名
- ⑥ 进阶用法
- ⑦ history模式
- 导
- 路

组件基础
- 件的名称
- 件的属性
- 件的内容
- 组件中处理事件
- ① 自定义组件与HTML标记
- ② 全局组件与局部组件

结构渲染
- ① 条件渲染v-if
- ② 列表渲染v-for
- 素
  - 基本列表
  - 迭代对象数组
  - 对象属性列表
  - 数值范围
  - 数组更新检测
  - v-for中的key的作用
  - v-for与v-if一同使用时的注意事项

Web前端开发
- ① Web开发简史
- ② 前后端分离模式
- ③ MVVM模式
- ④ Vue.js开发常用工具
- ⑤ 安装Vue.js
- 从提供
- 从"单

Vue.js开发入门
- 文本插值
- 方法属性
- 属性绑定
- 插入html片
- ① Vue根实例
- ② Vue实例的生命周期

事件处理
- 事件与事件流
- 事件对象
- ① 标准DOM中的事件
- ② 使用Vue.js处理事件
- ③ 事件修饰符
- 内联方式响应事件
- 事件处理方法
- 在Vue.js中使用事件对象

计算属性与侦听器
- 应用场景
- 基本用法
- 深度侦听
- 侦听对象时获取对象
- immediate参数
- 对数组的侦听
- ① 计算属性
- ② 侦听器
- 定义计算属性
- 计算属性的缓存特性

表单绑定
- 文本框
- 多行文本
- ① 输入文本的绑定
- ② 选择类表单元素的绑定
- ③ 修饰符
- 单选按钮
- 复选框
- 下拉框
- 多选列表框
- 键值对绑定
- .lazy
- .number
- .trim

控制CSS
- ① 绑定class属性
- ② 绑定style样式
- 以对象方式绑定class
- 将class与对象变量绑定
- 以数组方式绑定class
- 动态改变class类名
- 在数组中使用对象
- 以对象方式绑定style
- 将style与对象变量绑定
- 以数组方式绑定style
- 动态改变style样式

事件修饰符
- .stop
- .self
- .capture
- .once
- .prevent
- 修饰符使用说明
- 按键修饰符

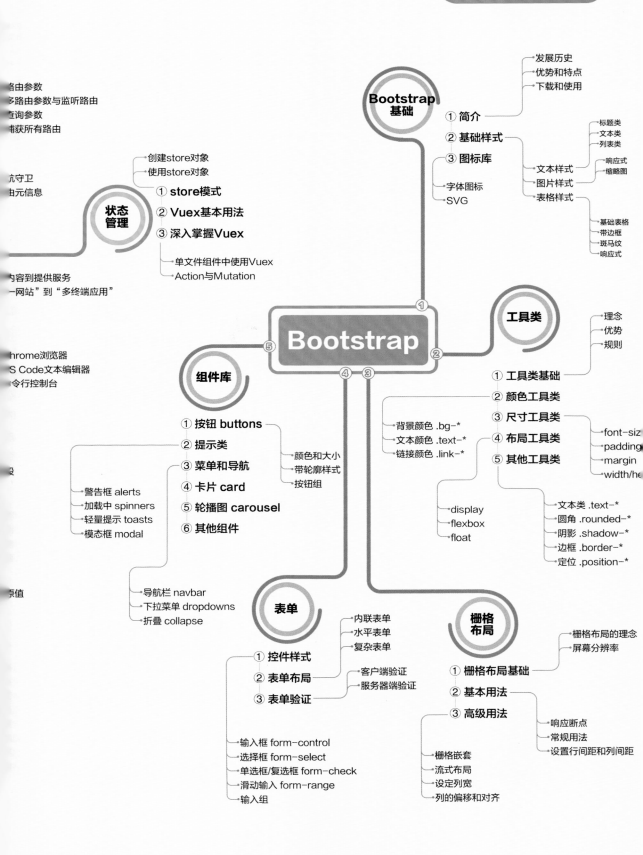

知识导图

Bootstrap 基础
- ① 简介
  - 发展历史
  - 优势和特点
  - 下载和使用
- ② 基础样式
  - 文本样式
    - 标题类
    - 文本类
    - 列表类
  - 图片样式
    - 响应式
    - 缩略图
  - 表格样式
    - 基础表格
    - 带边框
    - 斑马纹
    - 响应式
- ③ 图标库
  - 字体图标
  - SVG

状态管理
- 创建store对象
- 使用store对象
- ① store模式
- ② Vuex基本用法
- ③ 深入掌握Vuex
  - 单文件组件中使用Vuex
  - Action与Mutation

路由参数
多路由参数与监听路由
查询参数
捕获所有路由

由守卫
的元信息

内容到提供服务
一网站"到"多终端应用"

hrome浏览器
S Code文本编辑器
令行控制台

Bootstrap

工具类
- 理念
- 优势
- 规则
- ① 工具类基础
- ② 颜色工具类
  - 背景颜色 .bg-*
  - 文本颜色 .text-*
  - 链接颜色 .link-*
- ③ 尺寸工具类
  - font-siz
  - padding
  - margin
  - width/he
- ④ 布局工具类
  - display
  - flexbox
  - float
- ⑤ 其他工具类
  - 文本类 .text-*
  - 圆角 .rounded-*
  - 阴影 .shadow-*
  - 边框 .border-*
  - 定位 .position-*

组件库
- ① 按钮 buttons
  - 颜色和大小
  - 带轮廓样式
  - 按钮组
- ② 提示类
  - 警告框 alerts
  - 加载中 spinners
  - 轻量提示 toasts
  - 模态框 modal
- ③ 菜单和导航
  - 导航栏 navbar
  - 下拉菜单 dropdowns
  - 折叠 collapse
- ④ 卡片 card
- ⑤ 轮播图 carousel
- ⑥ 其他组件

景值

表单
- ① 控件样式
  - 输入框 form-control
  - 选择框 form-select
  - 单选框/复选框 form-check
  - 滑动输入 form-range
  - 输入组
- ② 表单布局
  - 内联表单
  - 水平表单
  - 复杂表单
- ③ 表单验证
  - 客户端验证
  - 服务器端验证

栅格布局
- ① 栅格布局基础
  - 栅格布局的理念
  - 屏幕分辨率
- ② 基本用法
- ③ 高级用法
  - 响应断点
  - 常规用法
  - 设置行间距和列间距
  - 栅格嵌套
  - 流式布局
  - 设定列宽
  - 列的偏移和对齐

Web 开发人才培养系列丛书　　全栈开发工程师团队精心打磨新品力作

JavaScript+ jQuery
Web开发案例教程

在线实训版

前沿科技 温谦 ◉ 编著

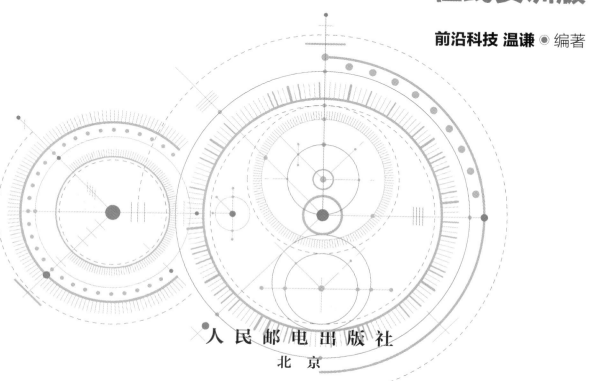

人 民 邮 电 出 版 社

北 京

图书在版编目（CIP）数据

JavaScript+jQuery Web开发案例教程：在线实训版/
温谦编著. -- 北京：人民邮电出版社，2022.5（2023.8重印）
（Web开发人才培养系列丛书）
ISBN 978-7-115-57753-5

Ⅰ. ①J… Ⅱ. ①温… Ⅲ. ①JAVA语言－网页制作工
具－教材 Ⅳ. ①TP312②TP393.092

中国版本图书馆CIP数据核字(2021)第219247号

内 容 提 要

随着互联网技术的不断发展，JavaScript 语言及其相关技术越来越受到人们的关注，同时
JavaScript 框架也层出不穷。jQuery 作为 JavaScript 框架中的优秀代表，为广大开发者提供了诸多便
利，持久地占据着 Web 开发技术中的重要位置。

本书内容翔实、结构框架清晰、讲解循序渐进，共分上下两篇。上篇为 JavaScript 程序开发（共 8
章），以 ES6 为标准，讲解了 JavaScript 的基础概念、程序控制流、函数、对象、集合、ES6 中引入的
类操作以及背后的原型链等核心知识，同时介绍了通过原生 API 访问 DOM 的方法。此外，在第 8 章中
讲解了一个完整的渐进式综合案例的开发，在综合案例中通过反复迭代，不断改进内部逻辑，给读者
提供了一个透彻理解 Web 开发实践的示范。下篇为 jQuery 程序开发（共 10 章），通过丰富的案例详细
讲解了 jQuery 框架的相关技术，主要包括 jQuery 的基础、如何使用 jQuery 控制页面、制作动画与特
效、简化 AJAX 操作以及 jQuery 插件等。本书讲解的重点在于简化 JavaScript 程序开发的步骤，注重实
例之间的对比与递进，充分展示了 jQuery 所带来的变化。最后通过综合案例，让读者进一步巩固所学
知识，提高综合应用所学知识的能力。

本书既可以作为高等院校相关专业的网页设计与制作、前端开发等课程的教材，也可以作为
JavaScript、jQuery 初学者的入门用书，还可以作为高级用户进一步学习相关语言与框架的参考资料。

◆ 编　著　前沿科技　温　谦
　责任编辑　王　宣
　责任印制　王　郁　陈　犇

◆ 人民邮电出版社出版发行　　北京市丰台区成寿寺路 11 号
　邮编　100164　电子邮件　315@ptpress.com.cn
　网址　https://www.ptpress.com.cn
　三河市祥达印刷包装有限公司印刷

◆ 开本：787×1092　1/16　　　　插页：1
　印张：21.5　　　　　　　2022 年 5 月第 1 版
　字数：573 千字　　　　2023 年 8 月河北第 3 次印刷

定价：69.80 元

读者服务热线：(010)81055256　印装质量热线：(010)81055316
反盗版热线：(010)81055315
广告经营许可证：京东市监广登字 20170147 号

丛书序

技术背景

党的二十大报告中提到："推动战略性新兴产业融合集群发展，构建新一代信息技术、人工智能、生物技术、新能源、新材料、高端装备、绿色环保等一批新的增长引擎。"

Web 前端开发
技术人才需求
分析

随着互联网技术的快速发展，Web 前端开发作为一种新兴的职业，仍在高速发展之中。与此同时，Web 前端开发逐渐成为各种软件开发的基础，除了原来的网站开发，后来的移动应用开发、混合开发以及小程序开发等，都可以通过 Web 前端开发再配合相关技术加以实现。因此可以说，社会上相关企业的进一步发展，离不开大量 Web 前端开发技术人才的加盟。那么，究竟应该如何培养 Web 前端开发技术人才呢？

丛书设计

党的二十大报告中提到："培养造就大批德才兼备的高素质人才，是国家和民族长远发展大计。功以才成，业由才广。"

为了培养满足社会企业需求的 Web 前端开发技术人才，本丛书的编者以实际案例和实战项目为依托，从 3 种语言（HTML5、CSS3、JavaScript）和 3 个框架（jQuery、Vue.js、Bootstrap）入手进行整体布局，编写完成本丛书。在知识体系层面，本丛书可使读者同时掌握 Web 前端开发相关语言和框架的理论知识；在能力培养层面，本丛书可使读者在掌握相关理论的前提下，通过实践训练获得 Web 前端开发实战技能。本丛书的信息如下。

丛书信息表

序号	书名	书号
1	HTML5+CSS3 Web 开发案例教程（在线实训版）	978-7-115-57784-9
2	HTML5+CSS3+JavaScript Web 开发案例教程（在线实训版）	978-7-115-57754-2
3	JavaScript+jQuery Web 开发案例教程（在线实训版）	978-7-115-57753-5
4	jQuery Web 开发案例教程（在线实训版）	978-7-115-57785-6
5	jQuery+Bootstrap Web 开发案例教程（在线实训版）	978-7-115-57786-3
6	JavaScript+Vue.js Web 开发案例教程（在线实训版）	978-7-115-57817-4
7	Vue.js Web 开发案例教程（在线实训版）	978-7-115-57755-9
8	Vue.js+Bootstrap Web 开发案例教程（在线实训版）	978-7-115-57752-8

从技术角度来说，HTML5、CSS3 和 JavaScript 这 3 种语言分别用于编写 Web 页面的"结构""样式"和"行为"。这 3 种语言"三位一体"，是所有 Web 前端开发者必备的核心基础知识。jQuery 和 Vue.js 作为两个主流框架，用于对 Web 前端开发逻辑的实现提供支撑。在实际开发中，开发者通常会在 jQuery 和 Vue.js 中选一个，而不会同时使用它们。Bootstrap 则是一个用于实现 Web 前端高效开发的展示层框架。

本丛书涉及的都是当前业界主流的语言和框架，它们在实践中已被广泛使用。读者掌握了这些技术后，在工作中将会拥有较宽的选择面和较强的适应性。此外，为了满足不同基础和兴趣的读者的学习需求，我们给出以下两条学习路线。

第一条学习路线：首先学习"HTML5+CSS3"，掌握静态网页的制作技术；然后学习交互式网页的制作技术及相关框架，即学习涉及 jQuery 或 Vue.js 框架的 JavaScript 图书。

第二条学习路线：首先学习"HTML5+CSS3+JavaScript"，然后选择 jQuery 或 Vue.js 图书进行学习；如果读者对 Bootstrap 感兴趣，也可以选择包含 Bootstrap 的 jQuery 或 Vue.js 图书。

本丛书涵盖的各种技术所涉及的核心知识点，详见本书彩插中所示的 6 个知识导图。

丛书特点

1．知识体系完整，内容架构合理，语言通俗易懂

本丛书基本覆盖了 Web 前端开发所涉及的核心技术，同时，各本书又独立形成了各自的内容架构，并从基础内容到核心原理，再到工程实践，深入浅出地讲解了相关语言和框架的概念、原理以及案例；此外，在各本书中还对相关领域近年发展起来的新技术、新内容进行了拓展讲解，以满足读者能力进阶的需求。丛书内容架构合理，语言通俗易懂，可以帮助读者快速进入 Web 前端开发领域。

2．以案例讲解贯穿全文，凭项目实战提升技能

本丛书所包含的各本书中（配合相关技术原理讲解）均在一定程度上循序渐进地融入了足量案例，以帮助读者更好地理解相关技术原理，掌握相关理论知识；此外，在适当的章节中，编者精心编排了综合实战项目，以帮助读者从宏观分析的角度入手，面向比较综合的实际任务，提升 Web 前端开发实战技能。

3．提供在线实训平台，支撑开展实战演练

为了使本丛书所含各本书中的案例的作用最大化，以最大程度地提高读者的实战技能，我们开发了针对本丛书的"在线实训平台"。读者可以登录该平台，选择您当下所学的某本书并进入对应的案例实操页面，然后在该页面中（通过下拉列表）选择并查看各章案例的源代码及其运行效果；同时，您也可以对源代码进行复制、修改、还原等操作，并且可以实时查看源代码被修改后的运行效果，以实现实战演练，进而帮助自己快速提升实战技能。

4．配套立体化教学资源，支持混合式教学模式

党的二十大报告中提到："坚持以人民为中心发展教育，加快建设高质量教育体系，发展素质教育，促进教育公平。"为了使读者能够基于本丛书更高效地学习 Web 前端开发相关技术，我们打造了与本丛书相配套的立体化教学资源，包括文本类、视频类、案例类和平台类等，读者可以通过人邮教育社区（www.ryjiaoyu.com）进行下载。此外，利用书中的微课视频，通过丛书配套的"在线实训平台"，院校教师（基于网课软件）可以开展线上线下混合式教学。

- 文本类：PPT、教案、教学大纲、课后习题及答案等。
- 视频类：拓展视频、微课视频等。
- 案例类：案例库、源代码、实战项目、相关软件安装包等。
- 平台类：在线实训平台、前沿技术社区、教师服务与交流群等。

读者服务

本丛书的编者连同出版社为读者提供了以下服务方式/平台，以更好地帮助读者进行理论学习、技能训练以及问题交流。

1．人邮教育社区（http://www.ryjiaoyu.com）

通过该社区搜索具体图书，读者可以获取本书相关的最新出版信息，下载本书配套的立体化教学资源，包括一些专门为任课教师准备的拓展教辅资源。

2．在线实训平台（http://code.artech.cn）

通过该平台，读者可以在不安装任何开发软件的情况下，查看书中所有案例的源代码及其运行效果，同时也可以对源代码进行复制、修改、还原等操作，并实时查看源代码被修改后的运行效果。

在线实训平台
使用说明

3．前沿技术社区（http://www.artech.cn）

该社区是由本丛书编者主持的、面向所有读者且聚焦 Web 开发相关技术的社区。编者会通过该社区与所有读者进行交流，回答读者的提问。读者也可以通过该社区分享学习心得、共同提升技能。

4．教师服务与交流群（QQ 群号：368845661）

该群是人民邮电出版社和本丛书编者一起建立的、专门为一线教师提供教学服务的群（仅限教师加入），同时，该群也可供相关领域的一线教师互相交流、探讨教学问题，扎实提高教学水平。

扫码加入教师
服务与交流群

丛书评审

为了使本丛书能够满足院校的实际教学需求，帮助院校培养 Web 前端开发技术人才，我们邀请了多位院校一线教师，如刘伯成、石雷、刘德山、范玉玲、石彬、龙军、胡洪波、生力军、袁伟、袁乖宁、解欢庆等，对本丛书所含各本书的整体技术框架和具体知识内容进行了全方位的评审把关，以期通过"校企社"三方合力打造精品力作的模式，为高校提供内容优质的精品教材。在此，衷心感谢院校的各位评审专家为本丛书所提出的宝贵修改意见与建议。

致　谢

本丛书由前沿科技的温谦编著，编写工作的核心参与者还包括姚威和谷云婷这两位年轻的开发者，他们都为本丛书的编写贡献了重要力量，付出了巨大努力，在此向他们表示衷心感谢。同时，我要再次由衷地感谢各位评审专家为本丛书所提出的宝贵修改意见与建议，没有你们的专业评审，就没有本丛书的高质量出版。最后，我要向人民邮电出版社的各位编辑表示衷心的感谢。作为一名热爱技术的写作者，我与人民邮电出版社的合作已经持续了二十多年，先后与多位编辑进行过合作，并与他们建立了深厚的友谊。他们始终保持着专业高效的工作水准和真诚敬业的工作态度，没有他们的付出，就不会有本丛书的出版！

联系我们

作为本丛书的编者，我特别希望了解一线教师对本丛书的内容是否满意。如果您在教学或学习的过程中遇到了问题或者困难，请您通过"前沿技术社区"或"教师服务与交流群"联系我们，我们会尽快给您答复。另外，如果您有什么奇思妙想，也不妨分享给大家，让大家共同探讨、一起进步。

最后，祝愿选用本丛书的一线教师能够顺利开展相关课程的教学工作，为祖国培养更多人才；同时，也祝愿读者朋友通过学习本丛书，能够早日成为 Web 前端开发领域的技术型人才。

温　谦
资深全栈开发工程师
前沿科技 **CTO**

前　言

　　随着互联网技术的不断发展，JavaScript语言及其相关技术越来越受到人们的关注。同时，jQuery作为一种非常成熟的JavaScript框架，据统计，在高峰时全世界有80%~90%的网站使用了jQuery。尽管近年来出现了Vue.js等新框架，但是世界上仍有大量运行中的系统是基于jQuery开发的，因此作为一名Web前端开发人员，掌握jQuery是非常必要的。加之jQuery"少写、多做"的理念，让前端开发人员能够非常快捷地完成很多开发工作，大大提升了工作效率，因此jQuery几乎受到了所有前端开发人员的欢迎。

　　本书通过大量案例深入讲解了使用JavaScript语言和jQuery框架进行Web前端开发的概念、原理和方法。

编写思路

　　本书共两篇。第一篇从JavaScript的基础知识讲起，逐步引入数据类型、程序控制流、对象、集合等重要内容，并对JavaScript的原型链机制以及ES6中新增的类的概念做了介绍，此外还讲解了DOM的概念。第二篇对jQuery的使用方法，特别是"先选取、后操作"的jQuery的基本思想进行了讲解。本书十分重视"知识体系"和"案例体系"的构建，并且通过不同案例对相关知识点进行说明，以期培养读者在Web前端开发领域的实战技能。读者可以扫码预览本书各章案例。

各章案例
预览

特别说明

　　（1）学习本书所需的前置知识是HTML5和CSS3这两种基础语言。读者可以参考本书配套的知识导图，检验自己对相关知识的掌握程度。

　　（2）由于JavaScript以浏览器为运行环境，且各种浏览器之间存在差异，JavaScript的标准长期不统一，导致已有教材中不同（新旧）时代的语法混用。考虑到ES6已经正式发布6年了，各主流浏览器已经能够非常好地支持ES6，因此本书的讲解策略是，以ES6为标准，采用被广泛接受的"最佳实践"来组织教学内容；当然在必要时，会分析一下与之前版本中一些做法的区别与联系。

　　（3）本书上下两篇的最后均给出了综合案例，这是本书编者专门为院校教学所准备的典型案例。如果读者能够真正搞懂其中的道理和方法，将会大有收获。

　　（4）鉴于编写本书的初衷是为初学者以及应用层开发人员提供一本学习教材，因此编者通过精选内容，重点讲解了JavaScript的基础知识，而未涉及其高级特性。基础扎实了，再学习高级内容，学习起来就会得心应手。

　　最后，祝愿读者学习愉快，早日成为一名优秀的Web前端开发者。

温　谦

2021年冬于北京

目 录

上篇 **JavaScript 程序开发**

< 01 >

第 4 章
JavaScript中的对象

第 5 章
在JavaScript中使用集合

第 6 章
类与原型链

第 7 章
DOM

< 02 >

第 8 章
综合案例一：以迭代方式开发计算器

下篇　jQuery 程序开发

第 9 章
jQuery基础

第 10 章
jQuery选择器与管理结果集

< 03 >

第 11 章
使用jQuery控制DOM

第 12 章
jQuery事件

第 13 章
jQuery的功能函数

第 14 章
jQuery与AJAX

< 04 >

第 15 章
jQuery制作动画与特效

第 16 章
jQuery插件

第 17 章
综合案例二：网页留言本

第 18 章
综合案例三：网页图片剪裁器

< 05 >

JavaScript
程序开发

第 1 章 JavaScript简介

所有Web页面开发人员及希望成为Web页面开发人员的人，对HTML（hypertext markup language，超文本标记语言）一定不陌生，因为它是网页制作的基础。但是如果希望页面能够方便用户使用，友好而大方，甚至希望页面能够像桌面应用程序一样，那么仅仅依靠HTML是不够的。如今，JavaScript在Web页面开发中扮演着重要的角色。本章将从JavaScript的起源及一些背景知识出发，介绍其基础知识，为读者对后续章节的进一步学习打下基础。本章思维导图如下。

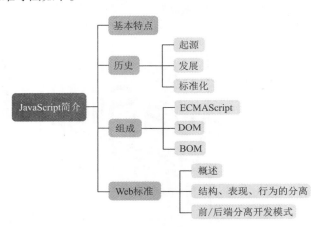

本章导读

1.1 程序设计语言与JavaScript

在正式开始学习JavaScript语言之前，我们先来了解一些关于程序设计语言以及JavaScript的背景知识和特点。初学者虽然未必能够完全、迅速、深刻地理解这些概念，但是先有感性的认识，等到学完以后再经过一些时间的实践和练习，就会逐步真正理解它们了。

知识点讲解

自从20世纪中期电子计算机被发明以来，程序设计语言就开始不断地发展、演进，从数量来说，真正被使用的编程语言可能有数十甚至上百种，各种语言也在不断发展变化，读者如果有兴趣，可以查看一个专门对各种程序设计语言流行度进行研究和追踪的网站——TIOBE。根据TIOBE给出的数据，目前流行度最广的10种语言如图1.1所示。

排名	编程语言	流行度	对比上月	年度明星语言
1	C	16.34%	∨ 1.04%	2008, 2017, 2019
2	Java	11.29%	∨ 0.67%	2005, 2015
3	Python	10.86%	∨ 0.86%	2007, 2010, 2018, 2020
4	C++	6.88%	∨ 0.68%	2003
5	C#	4.44%	∧ 0.49%	
6	Visual Basic	4.33%	∧ 0.49%	
7	JavaScript	2.27%	∧ 0.07%	2014
8	PHP	1.75%	∨ 0.24%	2004
9	SQL	1.72%	∧ 0.11%	
10	Assembly language	1.65%	∧ 0.01%	

图 1.1　2021 年 2 月的 TIOBE 指数排名

如果仔细看一下这10种语言，它们大致可以分为以下几种不同的情况。

- 排名第1的C语言是最为传统的结构化程序设计语言，它可以被看作很多流行语言的"老祖宗"，但目前C语言主要用于对性能要求比较高的系统开发或底层开发，例如操作系统或设备驱动程序的开发，而在应用层的程序开发方面则使用得并不多。排名第10的汇编语言（Assembly language）则被用于底层的设备驱动程序的开发等场景，通常不会用来开发通用的面向业务层面的程序和系统。

- 排名第9的SQL是被使用极为广泛的语言，几乎没有一个网站或者App的背后没有SQL的存在，但它不属于通用程序设计语言，它是用于对数据库进行操作的专用语言。

- 剩下的7种语言中，不仅JavaScript语言，而且其余的6种语言也都属于面向对象的程序设计语言，它们都是主流的、被用于开发业务系统的语言。实际上它们都有着非常类似的语法结构和特性，被称为基于"类"的面向对象语言。从而也可以看出，面向对象是一种极其主流的程序开发范式，否则不会几乎所有的主流程序开发语言都使用这种范式。

- JavaScript经过20多年的发展，已经从一种内嵌于浏览器的非常简单的脚本语言，发展成了一种被广泛应用于各个领域的通用程序开发语言。需要了解的是，JavaScript也是一种面向对象的程序设计语言，但是它使用了与其他主流面向对象语言都不一样的另一种范式，即基于"原型"的面向对象范式。对于大多数开发者来说，他们学习这种开发范式，多多少少会遇到一些困难。

JavaScript语言有如下一些特点。

1．JavaScript是解释型语言，而非编译型语言

传统的C、C++、C#、Java等语言都是编译型语言，程序员写好的程序首先被编译为机器码或者字节码，然后才能在机器上运行，所以这些语言都有"编译期"和"运行时"的概念。当程序存在一些问题的时候，有的问题可以在编译的时候就被发现，有的问题会到运行的时候才被发现。

而JavaScript是解释型语言，不需要编译即可直接在具体的运行环境（例如浏览器）中运行。因此程序中如果存在问题，都是在运行时才会被发现。

2．JavaScript是动态类型语言，而非静态类型语言

在所有高级程序设计语言中，都有"数据类型"的概念。只有机器语言和汇编语言是面向寄

< 03 >

存器和内存地址进行编程、基本上没有数据类型概念的。而对于高级语言来说，类型系统是一门语言里最重要的特征和组成部分，不同的语言会有各自不同的类型系统。如果深入探究的话，类型系统是非常复杂的，需要更丰富的相关背景知识，因此这里我们仅对其进行浅显的讲解。

诸如C、C++、C#、Java等语言都属于静态类型语言。也就是说，一个变量一旦被声明为某种类型，就不能再改变。而JavaScript语言则不然，一个变量可以随时改变自身类型，因此它是动态类型语言。

3．JavaScript是弱类型语言，而非强类型语言

高级语言的类型系统除了可以分为动态类型和静态类型外，还可以分为强类型和弱类型。类型强弱的区分则比动静态的区分更为复杂，如果要对此进行严格的定义，需要一些复杂的程序语言方面的知识，故这里不做严格的定义。粗浅地说，强类型语言对类型的要求更为严格，偏向于更严格地限制变量自动的类型转换（或称隐式转换），而弱类型语言则对变量自动的类型转换更为宽容。

我们会在后面的章节详细地介绍相关知识，而这部分内容也是JavaScript让人颇为头疼的知识点之一。

根据上面的第2、3两个特点，可以把各种程序语言分类到4个象限，如图1.2所示。

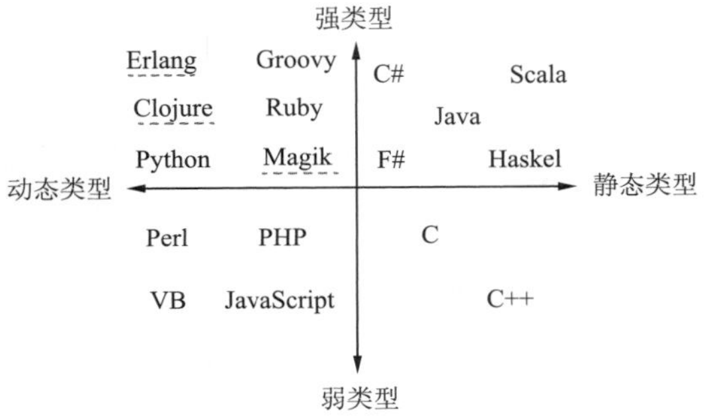

图1.2　程序语言分类

- 静态强类型语言，典型的是Java、C#语言。
- 静态弱类型语言，典型的是C语言。
- 动态强类型语言，典型的是Python语言。
- 动态弱类型语言，典型的是JavaScript语言。

从图1.2中可以看出，一门语言是动态类型还是静态类型，是强类型还是弱类型，并不是绝对的，而是一种评价"尺度"，只能说偏向某一边多一些而已。

此外还可以看出，JavaScript是一种特别灵活的语言，很大程度上给予了程序员自由掌控程序的权利。这是一把"双刃剑"，自由的同时意味着责任。一方面这与最初设计它的理想主义理念有关，另一方面也与最初的编程规则不够完善有关。JavaScript的创始人Brendan Eich（布伦丹•艾希）最初设计并实现JavaScript语言只用了两周的时间，因此不可避免地在各个方面要使用"做减法"的策略。因为当时仅仅是为了能够在网页上实现一些简单的交互而已。在当时，谁也无法预料JavaScript会成为重要的程序设计语言和事实上的互联网标准。

4．JavaScript是基于原型的面向对象语言，而非基于类的面向对象语言

这一点是JavaScript让初学者更为头疼的一点。从程序设计的宏观范式角度来看，程序设计语言的演进大致经过了3个阶段。

在电子计算机出现后不久的初始阶段，使用机器语言进行程序设计与开发是一项极其低效而烦琐的工作，因此产生了高级语言，以尽可能使用接近人类语言的方式编写程序。当然在最早期阶段，高级语言相当不完善。高级语言主要是通过"翻译"机器指令的方式实现的，并且会通过条件判断以及跳转（Goto语句）来实现程序逻辑的表达。

在著名的荷兰计算机科学家迪杰斯特拉发表了论文指出"Goto语句是有害的"之后，程序

< 04 >

设计语言领域逐步发展出了结构化程序设计的范式，最早实现结构化程序设计范式的是Pascal语言，其核心思想是消除Goto语句、自顶向下、逐步求精。通过顺序、分支、循环这3种基本结构以及子程序（函数）来表达程序逻辑，对指令进行封装，人们实现了代码的重用。

此后，人们逐渐发现，结构化程序设计过程中，虽然消除了Goto语句，但是往往需要依赖大量的分支结构，例如嵌套的if-else结构或者switch-case结构，而这往往是程序复杂性的来源。因此，面向对象（object oriented）思想逐步产生并成熟，在结构化程序设计的基础上又增加了"类"等基本结构，对程序的抽象能力进一步加强。面向对象语言通过封装、继承和多态等特性，实现了低耦合、高内聚的目标，降低了程序的复杂性，提高了程序的可读性和可维护性。

目前面向对象的基本结构是主流程序设计语言的基本配置，前文介绍的许多被广泛使用的通用程序设计语言都是面向对象的。

非常有趣但也令人头疼的是，JavaScript使用了一种与大多数主流语言很不一样的面向对象的实现方式。主要涉及4点。

- 例如Java、C#这类常见语言都是使用"类-实例"的方式来对程序要表达的逻辑进行抽象的。而JavaScript则使用了一套非常不同的被称为"原型"的方式来对逻辑进行抽象。理解"原型"的工作原理对初学者而言是一件颇具挑战的事情。
- JavaScript的类型系统被称为"结构性类型"，而不是Java、C#等语言使用的"名义性类型"，这一区别会带来很多开发中思维方式的不同。要逐步熟悉JavaScript的思维方式，是需要学习者静下心来认真思考并通过实践才能逐步掌握的。
- JavaScript吸收了函数式语言的一些特征。函数在JavaScript中的地位特别重要，远远超出了函数在普通语言中的地位。
- 由于历史原因，JavaScript的发展经过了很漫长的争论，其不同的版本有各自不同的实现方法，且还要实现对历史版本的兼容。JavaScript中实现同一个功能，可能有很多不同的实现方法，各自有不同的优缺点，所以要想真正掌握这些实现方法，就要对它们条分缕析。例如实现对象的创建和继承，在其他语言里是一件很简单和确定的事情，而在JavaScript中则可能有将近10种方法，这对于初学者是比较有挑战性的。

总体来说，根据上面的讲解，读者可以了解JavaScript是一种颇具个性的语言，无论是对编程新手，还是对已经熟练掌握了其他语言的资深开发人员来说，JavaScript都是需要付出努力才能被真正掌握的语言。Java与JavaScript之间的差距，远远大于Java与C#，或者Java与Python之间的差距。

当然，读者对此也无须害怕。一方面随着ES6的推出，新的JavaScript用起来已经非常"正常"了；另一方面，JavaScript的使用者大体上可以分为两类，即框架开发者和应用开发者，他们对JavaScript的理解和掌握程度有很大的不同。

- 如果你是一名框架开发者，就需要对JavaScript有着非常深刻的理解和掌握。常见的JavaScript框架（例如非常流行的jQuery、Vue.js和React等）都是由很多技术水准非常高的开发人员开发出来的。而这些框架的开发目的是降低开发实际应用程序（例如某个网站）的技术门槛。
- 如果你是一名应用开发者，通常每天面对的工作是使用一些常用的框架开发一些网站的页面，那么对技术的要求会简单很多，通常只要能掌握JavaScript的基本特性就可以了，基本不需要写涉及对象继承等复杂的代码。当然本书还是会对JavaScript的一些比较深入的特性进行讲解，使读者在需要时能够读懂一些比较复杂的代码（比如某些框架的源代码）。读懂复杂的代码对开发者技术实力的提升意义巨大。

< 05 >

1.2 JavaScript的起源、发展与标准化

任何技术都不是单纯地在实验室里凭空构想出来的，JavaScript语言也是起于草莽，逐步成为今天的互联网时代的"核心支柱"的。

1.2.1 起源

早在1992年，一家名为Nombas的公司开发出一种叫作"C减减"（C-minus-minus）的嵌入式脚本语言，并将其捆绑在一个被称作CEnvi的共享软件中。当时意识到互联网会成为技术焦点的Netscape（网景）公司，开发出了自己的浏览器软件Navigator并率先进入市场。与此差不多的时间，Nombas公司开发出了第一个可以嵌入网页的CEnvi版本，它是万维网上最早的客户端脚本。

当"网上冲浪"逐步走入千家万户的时候，对开发客户端脚本语言的需求显得越来越迫切。此时大多数网民还是通过28.8kbit/s的调制解调器来连接网络，但网页却越来越丰富多彩。让众多开发者头疼的是许多用户认证等现在看起来极其简单的操作，当时实现起来都非常麻烦。这时网景公司（为了扩展其浏览器的功能）开发了一种名为LiveScript的脚本语言，并于1995年11月末与Sun公司联合宣布把其改名为JavaScript。改成JavaScript并非因为它和Java有关系，而是想蹭一下Java的热度。二者之间的距离不小于"雷锋"和"雷峰塔"之间的差距。

此后很短时间，Microsoft（微软）公司也意识到了互联网的重要性，并决定进军浏览器市场。其在发布的Internet Explorer（IE）3.0中搭载了JavaScript的"克隆"版本，但为了避免版权纠纷，将其命名为JScript。随后微软公司将浏览器加入操作系统中捆绑销售，使JavaScript得到了很快的发展，但这样也产生了3个不同版本的JavaScript：网景公司的JavaScript、微软公司的JScript以及Nombas公司的ScriptEase。

1997年，JavaScript 1.1作为一个草案被提交给ECMA（European Computer Manufacturers Association，欧洲计算机制造商协会）。由来自网景、Sun、微软、Borland等对脚本语言感兴趣的公司的程序员组成第39技术委员会（TC39）。TC39最终"锤炼"出ECMA-262标准，定义了ECMAScript这种全新的脚本语言。ECMA-262是一个伟大的标准，如今我们能够在不同的设备上使用JavaScript要得益于ECMA-262标准，并且ECMA-262标准一直在不断升级演进。

进入21世纪后，网页上的各种对话框、广告、滚动提示条越来越多，JavaScript被很多网页制作者乱用，一度背上了恶劣的名声。直到2005年初，Google（谷歌）公司的网上产品谷歌讨论组、谷歌地图、谷歌搜索建议、Gmail等使得AJAX（asynchonous JavaScript and XML，异步JavaScript和XML技术）兴起并受到广泛好评。此时，作为AJAX最重要元素之一的JavaScript才重新找到了自己的定位。

背景知识

大家可以记住TC39，它是后来20年主导JavaScript标准制定的关键组织。TC39的成员都是一些公司"巨头"、相关组织以及大学，例如微软、谷歌、苹果、Mozilla、英特尔、甲骨文、jQuery基金会等。

TC39有一整套完备的JavaScript标准制定流程。TC39成员可以提交提案，所提交的提案经过TC39审议和讨论，按照一定的步骤，经过若干阶段，最终可以成为正式标准。

< 06 >

科技自立自强

1.2.2　博弈与发展

所有如今看起来是天经地义的技术，其实都是经过了惊心动魄的博弈和竞争之后的产物。JavaScript就是在一系列激烈的博弈和竞争中逐步发展起来的。

20世纪90年代中期，互联网开始普及，浏览器成为竞争的"风口"，此时的浏览器市场几乎被网景公司的产品所垄断，如日中天的微软公司意识到在浏览器领域已经落后的现实情况，又一次通过"捆绑"这个法宝，在Windows操作系统中免费内置了IE。1997年6月，网景公司的Navigator 4发布，同年的10月微软公司发布了IE 4。这两种浏览器较以前的版本有了明显的改进，DOM（document object model，文档对象模型）得到了很大的扩展，从而可以运用JavaScript来完成一系列加强的功能。

在各自的浏览器中，双方大体上遵循着一致的标准，但又各有各的特性，即不完全一致。它们各自对CSS（cascading style sheets，串联样式表）和JavaScript的支持都不尽相同。例如网景公司的DOM使用其专有的层（layer）元素，每个层都有唯一的ID标识，JavaScript通过如下代码对Navigator进行访问：

```
document.layers['mydiv']
```

而在微软的IE中，JavaScript必须如下这样使用：

```
document.all['mydiv']
```

Navigator和IE在细节方面的差异很大，几乎所有的JavaScript细节在两种浏览器中或多或少都有区别，这就使互联网网页开发受到了严重的影响。在商业市场上，竞争与合作永远是共存的。当"各自为战"带来很多问题以后，各大厂商便开始寻找解决之道。

1.2.3　标准的制定

就在浏览器厂商之间为了商业利益而展开激烈的竞争时，W3C（World Wide Web consortium，万维网联盟）也在协调各大厂商制定大家共同遵守的标准，以实现JavaScript技术的标准化。但是制定标准的过程也是非常艰难的，各个厂商有各自的诉求，要达成一致非常不容易。

1998年6月，ECMAScript 2.0发布，紧接着在1999年12月，ECMAScript 3.0发布。ECMAScript 3.0（ES3）获得了巨大的成功，得到了广泛支持，成为了JavaScript的通行标准。接着又开始了下一个版本标准的制定工作，但是制定工作非常困难，争议巨大。经过近8年的时间，才于2007年10月发布了ECMAScript 4.0的草案，本来预计次年8月发布正式版本。但是草案发布后，由于ECMAScript 4.0的标准过于激进，各个厂商对于是否通过这个标准，发生了严重分歧。以雅虎、微软、谷歌为首的大公司，反对JavaScript的大幅升级，主张小幅改动；而以JavaScript创造者布伦丹•艾希为首的Mozilla公司，则坚持原标准草案。为此，ECMA开会决定，中止ECMAScript 4.0的开发，将其中涉及现有功能改善的一小部分，发布为ECMAScript 3.1。不久之后，ECMAScript 3.1改名为ECMAScript 5（ES5），ES5是一个"妥协的产物"。因此，目前JavaScript的早期版本常见就是ES3和ES5，它们之间差别不大，并且不存在ES4。

2015年6月17日，ECMAScript 6（ES6）正式发布，正式的名称为ECMAScript 2015，但是开发人员早已习惯称之为ES6了，因此，大多数场合ECMAScript 2015都被称为ES6。ECMAScript 2015是一个非常重要的版本，在多方的共同努力下，它使JavaScript从一个先天不足的脚本语言

< 07 >

成为一个正常而稳定的通用程序开发语言。而此后，ECMAScript 仍然在不断"演进"，但是ES6奠定的大结构已经稳定下来了，因此ES6可以说是JavaScript标准化过程中最重要的一个版本，是经过近20年的多方努力才达到的结果。

从ECMAScript 2015开始，正式的版本名称用发布年份标识，这也导致了每个版本都有两个名字。2016年6月，小幅修订的ECMAScript 2016（简称ES2016或ES7）标准发布，其与ECMAScript 2015的差异非常小。

需要注意的是，上面介绍的都是ECMAScript，那么它和JavaScript又是什么关系呢？它们二者是标准与实现的关系，即ECMAScript是大家协商确定的一套标准，而JavaScript是各个浏览器或其他运行环境具体的实现。

1.3 JavaScript的组成

知识点讲解

尽管ECMAScript是一个重要的标准，但它并不是JavaScript的唯一部分，也不是唯一被标准化的部分。1.2.2小节提到的DOM也是JavaScript重要的组成部分之一，另外还有BOM（browser object model，浏览器对象模型）。JavaScript的组成如图1.3所示。

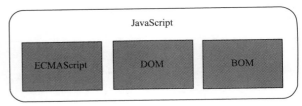

图 1.3　JavaScript 的组成

1.3.1　ECMAScript

正如1.2.1小节所说，ECMAScript是由ECMA标准化的脚本语言。它并不与任何浏览器绑定，也没有用到任何用户输入输出的方法。事实上，浏览器仅仅是ECMAScript的宿主环境。除了常见的浏览器之外，Adobe公司的Flash脚本ActionScript等都支持ECMAScript的实现，只是Flash已经走下了历史舞台。简单来说，ECMAScript描述的仅仅是语法、类型、语句、关键字、保留字、运算符、对象等。

每个浏览器都有其自身的ECMAScript接口，然后这些接口又被不同程度地扩展，包含了1.3.2小节和1.3.3小节会提到的DOM、BOM等。

1.3.2　DOM

根据W3C的DOM规范可知，DOM是一种与浏览器、平台、语言无关的接口，使得用户可以访问页面其他的标准组件。简单来说，DOM解决了网景的JavaScript和微软的JScript之间的冲突，给了Web页面开发者一个标准的方法，让大家可以方便地访问站点中的数据、脚本和表现层对象。

DOM把整个页面规划成由节点层级构成的文档，阅读下面这段简单的HTML代码：

```
1    <html>
2    <head>
```

< 08 >

```
3          <title>DOM Page</title>
4     </head>
5
6     <body>
7         <h2><a href="#myUl">标题1</a></h2>
8         <p>段落1</p>
9         <ul id="myUl">
10            <li>JavaScript</li>
11            <li>DOM</li>
12            <li>CSS</li>
13        </ul>
14    </body>
15    </html>
```

这段HTML代码十分简单，故不再一一说明其中各个标记的含义。根据DOM可将其绘制成节点层次图，具体参见第7章。

现在需要明确的是，DOM将页面分成了清晰、合理的层次结构，从而使开发者对整个页面有了很好的控制力。

1.3.3　BOM

从IE 3.0和Netscape Navigator 3.0开始，浏览器都提供BOM的特性，它可以对浏览器窗口进行访问和操作。利用BOM的相关技术，Web页面开发者可以移动窗口、改变状态栏以及执行一些与页面中的内容毫不相关的操作。尽管没有统一的标准，但BOM的出现仍然给网络世界增添了不少"色彩"，主要如下。

- 弹出新的浏览窗口。
- 移动、关闭浏览窗口以及调整窗口大小。
- 提供浏览器相关信息的导航对象。
- 提供页面详细信息的定位对象。
- 提供屏幕分辨率详细参数的屏幕对象。
- 提供cookie的支持。
- 提供各种浏览器自身的一些新特性，如IE的ActiveX类等。

本书的后续章节也将对BOM进行详细的介绍。

1.3.4　新的开始

网景公司与微软公司之间的竞争最终以后者的全面获胜而告终，这并不是因为IE对JavaScript标准的支持强于Navigator或是别的技术上的因素，而是因为IE与Windows进行了捆绑销售。迫于各方面的压力，微软公司从IE5开始内建对W3C标准化DOM的支持，但其仍然继续支持自身所独有的Microsoft DOM。

再来回顾一下浏览器的市场占有率变化情况，如图1.4所示，这对我们理解JavaScript语言也有所帮助。

< 09 >

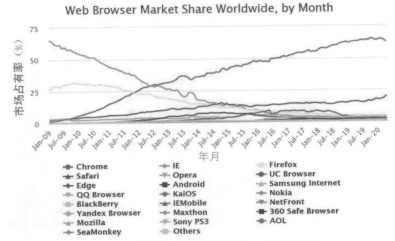

图 1.4　各种浏览器在近年来的市场占有率变化情况

　　由于早期的浏览器对标准支持不一致，有各自独有的一些特性和接口，因此早期的前端开发人员为了让网页在不同的浏览器中能够有统一的显示效果，需要付出巨大的努力和时间成本。

　　2010年左右，Web标准化开始了一个新的历程。谷歌开发的Chrome浏览器逐渐成为主流，与此同时，对标准的遵守也越来越好。各大厂商也开始逐步意识到标准化才是正确的选择。

　　特别是进入移动互联网时代以后，浏览器进入移动设备，由于相对较晚，反而从一开始就比较好地支持了一致的标准，这让前端开发人员获得了比较舒服的开发体验。

1.4　Web标准

　　2004年初，网页设计在经历了一系列的变革之后，一本名为*Designing with Web Standards*（应用Web标准进行设计）的书掀起了整个Web行业的大革命。网页设计与制作相关人员纷纷开始重新审视自己的页面，并发现那些充满嵌套表格的HTML代码颇显"臃肿"且难以修改，于是一场"清理"HTML代码的行动开始了。

1.4.1　Web标准概述

　　Web标准不是某一个标准，而是一系列标准的集合。网页主要由3部分组成：结构（structure）、表现（presentation）和行为（behavior）。对应的标准也分3方面：结构标准主要包括XML和XHTML，表现标准主要包括CSS，行为标准主要包括DOM和ECMAScript等。

1．结构标准语言

　　结构标准语言主要包括XML和XHTML。XML（extensible markup language，可扩展标记语言）和HTML一样，来源于SGML（standard general markup language，标准通用标记语言），但XML是一种能定义其他语言的语言。XML最初被设计的目的是弥补HTML的不足，以强大的扩展性满足网络信息发布的需要，后来逐渐用于网络数据的转换和描述。

< 10 >

XML虽然数据转换能力强大，完全可以替代HTML，但面对成千上万已有的站点，直接采用XML还为时过早。因此，开发人员在HTML 4.0的基础上，用XML的规则对其进行扩展，得到了XHTML（extensible hypertext markup language，可扩展超文本标记语言）。简单来说，建立XHTML的目的就是实现HTML向XML的过渡。

2．表现标准语言

W3C最初创建CSS标准的目的是以CSS取代HTML表格式布局、帧和其他表现的语言。纯CSS布局与XHTML相结合能帮助设计师分离外观与结构，使站点的访问与维护更加容易。

3．行为标准语言

1.3.2小节已经介绍过，DOM是一种与浏览器、平台、语言无关的接口，它使用户可以访问页面其他的标准组件。简单来说，DOM解决了网景的JavaScript和微软的JScript之间的冲突，给了Web设计师和开发者一个标准的方法来访问站点中的数据、脚本和表现层对象。

另外，1.2.3小节介绍的ECMAScript同样也是重要的行为标准。目前推荐遵循的是ECMAScript-262标准。

> **注意**
>
> 对各个标准的技术规范和详细文档有兴趣的读者可以参考W3C的官网。

使用Web标准，对于网站浏览者来说：
- 文件下载与页面显示速度更快；
- 内容能被更多的用户（包括失明、视弱、色盲等视力障碍者）所访问；
- 内容能被更广泛的设备（包括屏幕阅读机、手持设备、搜索机器人、打印机、电冰箱等）所访问；
- 用户能够通过样式选择定制自己的界面风格；
- 所有页面都能提供适用于打印的版本。

而对网站设计者来说：
- 仅需更少的代码和组件，容易维护；
- 带宽要求降低（代码更简洁），成本降低；
- 内容更容易被搜索引擎搜索到；
- 改版方便，不需要改动页面内容；
- 提供打印版本而不需要复制内容；
- 提高网站易用性，在美国，有严格的法律条款来约束政府网站必须达到一定的易用性，其他国家也有类似的要求。

1.4.2　结构、表现、行为的分离

对于网页开发者而言，Web标准很好的运用是结构、表现、行为的分离，这使他们可以将页面看成这几个部分的有机结合体，分别对待。当然，不同的部分要运用不同的专用技术。下面来看一下网页各个部分的含义。

网页首先要展现其内容（content）。例如花店网站最终是为了展示其卖的花，动物网站的内

< 11 >

容主要是动物的介绍等。因此内容可以包括清单、文档、图片等，是纯粹的网站数据。

网页上只有内容显然是不够的，内容合理地组织在一起便形成了一定的结构，例如一级标题、二级标题、正文、列表、图片等，这类似Word文档的文档结构。通常合理的结构能使内容更加具有逻辑性和易用性。通常页面的结构是由HTML代码来搭建的，例如下面这段简单的HTML代码便搭建了一个页面的结构：

```
1  <div id="container">
2      <div id="globallink"></div>
3      <div id="parameter"></div>
4      <div id="main"></div>
5      <div id="footer"></div>
6  </div>
```

它对应的页面结构可能如图1.5所示。

HTML虽然定义了页面的结构，但整个页面的外观还是没有改变，例如标题的颜色还不够突出，页面的背景还不够漂亮等。这些用来改变页面外观的东西被称为表现。通常处理页面表现的是CSS技术，后面的章节将会进一步介绍它。

一个网站通常不仅仅通过表现来展示其内容，很多时候还需要与用户交互，例如用户单击按钮、提交表单、拖曳图片等，这些统称为行为。而让用户能够具有这些行为的，通常是以JavaScript为代表的脚本语言。

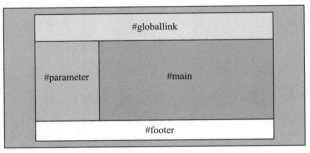

图 1.5　页面结构

通过HTML搭建结构来存放内容，通过CSS制作美工来完成页面的表现，通过JavaScript编写脚本来实现各种行为，便可实现Web网页结构、表现、行为三者的分离，这也是目前标准化制作网页的方法，也是本书的基础，在后面的章节中都会逐一分析。

1.4.3　前/后端分离成为Web页面开发的主流模式

另外一个大趋势是2012年开始的前/后端分离，2014到2015年是JavaScript技术大爆发的两年，从此全面进入前/后端分离时代。相关发展情况如图1.6所示。

图 1.6　近几年来 JavaScript 相关技术的发展

由于移动互联网的普及，多终端设备的适配逐步成为前端开发所必须面对的问题，因此后端业务逻辑逐步演变成API（application program interface，应用程序接口）方式，脱离与UI（user

< 12 >

interface，用户界面）层的耦合，前端和后端开发逐步分离。由此，前/后端分离的Web页面开发模式逐渐被接受并逐步开始发展。

互联网的应用越来越丰富，逐步从提供内容到提供服务转变，对技术上的要求，具有如下4点。

- 客户端需求复杂化，对用户体验的期望提高。
- 页面的渲染从服务器端转移到客户端。
- 客户端程序具备完整的生命周期、分层架构和技术栈。
- 从"单一网站"到"多端应用"。

因此，传统的jQuery逐步被新的客户端框架所取代，例如当下主流的3个客户端框架Vue.js、Angular、React。使用这些新的客户端框架对开发者理解并掌握JavaScript提出了新的要求。

本章小结

在本章中，我们介绍了JavaScript的一些历史发展情况和基本组成部分，以及Web标准的相关知识。仔细想一想JavaScript的作用，简而言之就是我们可以对页面中的各种对象通过编程的方式进行控制。这正是我们正在经历的这个时代的大趋势——所有事物都在逐步软件化和智能化，甚至出现了一个口号"软件定义一切"。而要实现软件化和智能化，本质就是要让各种事务"可编程"。

习题 1

一、关键词解释

JavaScript   ECMAScript   DOM   BOM   Web标准   前/后端分离模式

二、描述题

1. 请简单描述一下JavaScript语言有什么特点。
2. 请简单描述一下JavaScript是由哪几个部分组成的。
3. 请简单描述一下Web标准主要包含哪些内容。

< 13 >

第2章 JavaScript基础

第1章对JavaScript进行了概述，从本章开始将对JavaScript进行深入的讨论。本章将分析JavaScript的标准ECMAScript，让读者从底层了解JavaScript的编写，包括JavaScript的基本语法、变量、关键字、保留字、语句、函数等。

经过20多年的发展，JavaScript语言已经成了非常完备的语言，因此它的内容的丰富性和复杂性也是不言而喻的。用上千页来介绍JavaScript的图书也不少，而本书中，我们将围绕其基本且实用的部分展开讲解，使读者能够容易地理解重要且核心的一些概念，并通过一些案例掌握JavaScript语言的使用方法。本章思维导图如下。

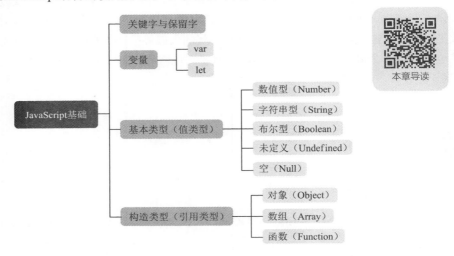

本章导读

2.1 JavaScript的基本语法

在基本语法这个层面，JavaScript是"类C"的，即它借用了与C语言相近的一些语法。当然JavaScript也进行了大量的改变和扩展，下面就选择一部分重要的内容进行讲解。

知识点讲解

在第1章中，介绍了JavaScript是对ECMAScript标准的实现。而市面上的浏览器众多，各浏览器的JavaScript引擎（或者称为JavaScript解释器）对ECMAScript标准的实现程度并不完全一致，因此本书采用一个特别版本的ECMAScript作为讲解的默认版本，当然在必要时会介绍一些其他版本中需要读者了解的知识。本书将对目前主流开发的默认版本ES6（即ECMAScript 2015）进行讲解。

在ES6中有很多语法为了兼容旧版本而仍被保留，但已经不推荐使用了。本书一般会按照新的主流方式来讲解，必要时会做一些补充说明。

JavaScript的基础概念可以归纳为以下几点。

（1）区分大小写。与C语言一样，JavaScript中的变量、函数、运算符以及其他一切东西都是区分大小写的，如myTag与MytAg表示两个不相同的变量。

（2）弱类型变量。弱类型变量指的是JavaScript中的变量无特定类型，即不像C语言那样每个变量都会被声明为特定的类型。JavaScript定义变量只用let关键字，就可以将其初始化为任意的值。这样可以随意改变变量所存储的数据（但应该尽可能避免这样的操作）。弱类型变量示例如下：

```
1    let age = 25;
2    let name = "Tom";
3    let male = true;
```

let是ES6中新引入的关键字，用来代替以前的var关键词。讲到"变量作用域"相关知识点的时候会对其再做详细说明。

（3）每行代码结尾的分号可有可无。C语言要求每行代码以分号结束，而JavaScript则允许开发者自己决定是否以分号来结束该行代码。如果没有分号，JavaScript就默认把这行代码的结尾看作该语句的结尾，因此下面两行代码都是正确的：

```
1    let myChineseName = "Zhang San"
2    let myEnglishName = "Mike";
```

大多数JavaScript编程指南中都会建议开发者养成良好的编程习惯，为每一句代码都加上分号作为结束。但这也不是一定的，如果能够用好，不加分号也可以写出阅读性非常好的代码。但是最好不要混用，即要么都按传统习惯加上分号，要么所有不需要加分号的地方都不加。一致是很重要的。

（4）花括号用于标注代码块。代码块表示一系列按顺序执行的代码，代码在JavaScript中都被标注在了花括号（{}）里，例如：

```
1    if(myName == "Mike"){
2        let age = 25;
3        console.log(age);
4    }
```

（5）注释的方式与C语言类似，JavaScript也有两种注释方式，分别用于单行注释和多行注

< 15 >

释，如下所示：

```
1    //这是单行注释 this is a single-line comment
2    /* 这是多行
3    注释 this is a multi-line
4    comment */
```

对于HTML页面来说，JavaScript代码都包含在<script>与</script>标记中间，它可以是直接嵌入的代码，也可以是通过<script>标记的src属性调用的外部.js文件。下面是一个完整的包含JavaScript代码的HTML页面示例，相关文件请参考本书配套的资源文件：第2章\2-1.html。

```
1    <html>
2    <head>
3    <title>包含JavaScript代码的HTML页面</title>
4    <script>
5    let myName = "Mike";
6    document.write(myName);
7    </script>
8    </head>
9
10   <body>
11       <p>正文内容</p>
12   </body>
13   </html>
```

2.2 使用VS Code编写第一个包含JavaScript代码的页面

在正式开始学习JavaScript之前，先把工具准备好。学习JavaScript开发所需的工具非常简单，准备一个编写程序的开发工具加上一个查看结果的浏览器即可。但是不要小看开发工具，对于真正的开发人员，他们对开发工具是非常挑剔的。读者在成为一名真正的开发人员以后会对此慢慢有自己的体会。

案例讲解

当前流行的前端开发工具之一Visual Studio Code（以下简称VS Code），是由微软公司开发的，其深受广大开发人员的欢迎。它是开源软件，拥有丰富的生态。VS Code可以跨平台，能在Windows、macOS等各种操作系统上使用并提供相同的开发体验。

请读者先到VS Code官网下载并安装VS Code。在本节中将简单介绍使用VS Code编写JavaScript代码的方法。

2.2.1 创建基础的HTML文件

在网页中使用JavaScript的方式有嵌入式和链接式两种。
- 嵌入式是指直接在<script>标记内部编写JavaScript代码。
- 链接式是指使用<script>标记的src属性来链接.js文件。

对于特别简单的JavaScript代码，我们可以直接用嵌入式将其写在HTML文件中。而如果真

< 16 >

正在开发比较复杂的项目时，应该认真组织程序的结构，一般都会把JavaScript代码作为独立文件，然后以链接式将其引入HTML文件。下面以嵌入式为例来讲解，先创建基础的HTML文件，然后编写JavaScript代码。

VS Code是一个轻量级但功能强大的源代码编辑器，它适合用于编辑任何类型的文本文件。如果要用VS Code新建HTML文件，则可以先选择"文件"菜单中的"新建文件"命令（或者使用快捷键Ctrl+N），直接创建一个名为"Untitled-1"的文件，如图2.1所示。

此时它还不是HTML文件。然后选择"文件"菜单中的"保存"命令（或者使用快捷键Ctrl+S），此时会弹出选择框，我们选择一个文件夹来保存文件，并将文件命名为"1.html"，单击"保存"。此时VS Code会根据文件扩展名将该文件识别为HTML文件，并且"Untitle-1"变成了"1.html"。

创建了空白文件后，我们可以快速生成HTML文件结构。输入html，VS Code会立即给出智能提示，如图2.2所示。

图 2.1　创建新文件

图 2.2　给出智能提示

选择"html:5"，表示用HTML5文件结构来生成整个文件结构，生成的代码如下。

```
1   <!DOCTYPE html>
2   <html lang="en">
3   <head>
4     <meta charset="UTF-8">
5     <meta http-equiv="X-UA-Compatible" content="IE=edge">
6     <meta name="viewport" content="width=device-width, initial-scale=1.0">
7     <title>Document</title>
8   </head>
9   <body>
10
11  </body>
12  </html>
```

可以看到基础的HTML文件结构已经存在，而且代码有不同的颜色，这就是VS Code强大的代码着色功能的体现。下面正式开始编写JavaScript代码。

2.2.2　编写JavaScript代码

为了体现VS Code的智能提示功能，先在<head>标记内部插入<script>标记，然后输入以下代

< 17 >

码，以创建一个数组。

```
let stack = new Array();
```

VS Code对JavaScript提供智能提示功能，如图2.3所示，输入stack之后，再输入一个点，这时VS Code中会出现一个下拉列表框，提示数组的各种方法。因为VS Code识别出stack是一个数组类型的变量，stack具有数组的一些属性，VS Code将这些属性提供给开发者直接选择，可以避免开发者输入错误代码，从而提高开发效率。VS Code有很多类似的功能，以帮助开发者提高开发效率和质量。

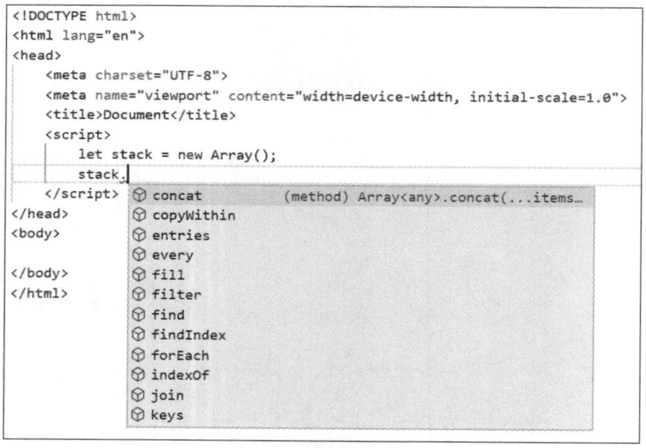

```
<!DOCTYPE html>
<html lang="en">
<head>
    <meta charset="UTF-8">
    <meta name="viewport" content="width=device-width, initial-scale=1.0">
    <title>Document</title>
    <script>
        let stack = new Array();
        stack.
    </script>        ⊗ concat        (method) Array<any>.concat(...items…
</head>          ⊗ copyWithin
<body>           ⊗ entries
                 ⊗ every
</body>          ⊗ fill
</html>          ⊗ filter
                 ⊗ find
                 ⊗ findIndex
                 ⊗ forEach
                 ⊗ indexOf
                 ⊗ join
                 ⊗ keys
```

图 2.3　VS Code 的智能提示功能

编写好代码后要记得按快捷键Ctrl+S保存。

2.2.3　在浏览器中查看与调试代码

通常进行Web前端开发时，都会使用Chrome浏览器来测试结果是否正确，因为Chrome浏览器具有丰富的开发者工具，调试代码非常方便。编者建议读者当一个页面在Chrome浏览器中显示正确以后，再使用其他浏览器做兼容性测试。

我们用以下内容做一个简单的页面，作为一个简单的演示，这个页面的<body>中没有任何元素，在<head>部分加入一个<script>标记（可省略不写）以及两行JavaScript代码，代码如下。

```
1    <!DOCTYPE html>
2    <html>
3    <head>
4        console.log("通过输出一些内容的方式，可以看到运行结果")
5        console.log(new Date())
6    </head>
7    <body>
8    </body>
9    </html>
```

< 18 >

!注意

上述代码中<script>标记（省略未写）没有带任何属性，我们在看一些网页的源代码时，常常看到这个标记被写为<script type = "text/javascript">，即给<script>标记设置了type属性，说明该脚本是用JavaScript语言写的，但其实这是画蛇添足，<script>标记的type属性的默认值就是 text/javascript，因此可以省略不写，这样还可以保持代码简洁。

一个页面写好并保存之后，在文件管理器中双击页面，就可以用浏览器直接打开该页面。一般会由计算机上设置的默认浏览器打开页面。例如打开test.html，可以看到浏览器中是空白的，没有任何内容，如图2.4所示。注意两点。

- 地址栏中显示的地址是以file://开头的，而不是以http://开头的。这说明test.html是本地文件，而不是一个Web服务器上的网址。
- 单击右上角的 ⋮ 图标，展开菜单，找到图2.4所示的"开发者工具"，打开开发者工具。打开开发者工具的快捷键是Ctrl+Shift+I，由于其特别常用，建议读者记住这个快捷键。

图 2.4　在 Chrome 浏览器中打开 test.html

打开开发者工具以后，可以看到图2.5所示的结果，浏览器下方出现了一些新的内容。单击"Console"，打开控制台面板，可以看到两行内容，它们正是上面在<script>标记里面写的两行JavaScript代码的输出结果，还给出了相应代码所在的文件和行数。用这种方式，可以非常方便地看到程序运行过程中的一些结果，这也是很便捷的一种调试方法。

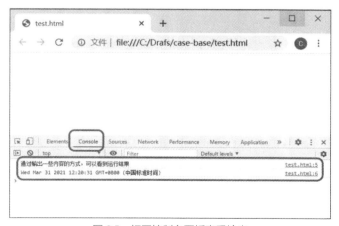

图 2.5　打开控制台面板查看输出

< 19 >

> ✏️ **说明**
>
> Chrome浏览器的开发者工具包含了一整套非常强大的工具，可以用于监控、调试页面。页面包括HTML元素、CSS样式和JavaScript逻辑。读者在实践过程中，应该尽快掌握开发者工具的使用方法，这样以后在学习JavaScript的时候，可以实现事半功倍。

在没有Chrome及开发者工具之前，人们常常使用alert()输出一些内容，用于调试代码。例如把<head>中的console.log(new Date()) 改为 alert (new Date())，那么页面中会弹出一个提示框，显示需要展示的内容，如图2.6所示。现在，alert()已经很少用了。

图 2.6 用提示框展示内容

2.3 关键字与保留字

在2.1节介绍了如何编写和查看一个带有JavaScript脚本程序的页面之后，接下来就可以正式开始学习JavaScript语言了，希望读者能够坚持到底。

知识点讲解

为了使不同浏览器或环境中的JavaScript保持统一，ECMA制定了一个统一的标准，也就是ECMA-262标准，它定义的语言被称为ECMAScript，而JavaScript就是对ECMAScript的实现。

ECMA-262标准定义了它所支持的一套关键字（keyword）。这些关键字，不能被作为变量名或者函数名使用，否则解释程序就会报错。下面是ECMAScript 2015（简称ES6）的关键字完整列表。

1	break	case	catch	class	continue
2	debugger	default	delete	do	else
3	export	extends	finally	for	function
4	if	import	in	instanceof	new
5	return	super	switch	this	throw
6	try	typeof	var	void	while
7	with	yield			

ECMA-262标准还定义了一套保留字，用于将来可能出现的情况。同样，保留字也不能被作为变量或者函数的名称。以下是ES6中保留字的完整列表。

1	await	enum	implements	interface	let
2	package	protected	private	public	static

< 20 >

2.4　变量

在日常生活中有很多东西是固定不变的，而有些东西则会发生变化，例如人的生日是固定不变的，但年龄和心情却会随着时间的变化而改变。在讨论程序设计时，那些发生变化的东西被称为变量。

如2.1节所述，JavaScript中变量是通过let关键字来声明的，例如：

```
1   let girl;
2   let boy = "zhang";
```

需要注意声明和初始化的区别。

上面的语句中第1行先声明了一个变量girl，但并没有对它进行初始化。因此此时它的值，甚至它的类型都尚未确定。此时，它的值是undefined，undefined也是JavaScript的关键字。

第二行中的变量boy不仅被声明了，并且它的初始值被设置成了字符串zhang。由于JavaScript是弱类型，因此浏览器等解释程序会自动创建一个字符串值，而无须明确地进行类型声明。另外，还可以用let同时声明多个变量：

```
let girl = "Jane", age=19, male=false;
```

上面的代码首先定义了girl字符串为Jane，接着定义了数值age为19，最后定义了布尔值male为false。即使这3个变量属于不同的数据类型，但在JavaScript中都是合法的。

此外，与C语言等不同的是，JavaScript可以在同一个变量中存储不同的数据，即可以更换变量存储的内容的数据类型，如下所示：

```
1   let test = "Hello world!";
2   console.log(test);
3   //一些别的代码
4   test = 19820624;
5   console.log(test);
```

以上代码会先后输出字符串Hello world!和数值19820624，这说明变量test的数据类型从字符串变成了数值。

> **！注意**
>
> 读者应养成良好的编程习惯。即使JavaScript能够为一个变量赋多种数据类型，但这种方法在绝大多数情况下并不推荐读者使用。读者在使用变量时，同一个变量建议只存储一种数据类型的数据。

另外，JavaScript还可以不声明变量就直接使用，如下所示：

```
1   let test1 = "Hello";
2   console.log(test1);
3   test2 = test1 + " world!";
4   console.log(test2);
```

以上代码中并没有使用let来声明变量test2，而是直接使用了它，这样仍然可以正常输出结

< 21 >

果，且在浏览器控制台的输出结果如下：

```
1    Hello
2    Hello world!
```

但这是非常值得注意的，在实际编程过程中，千万不要这样做。JavaScript的解释程序在遇到未声明过的变量时，会自动用该变量创建一个全局变量，并将其初始化为指定的值。因此为了养成良好的编程习惯，变量在使用前都应当被声明。另外，变量的名称须遵循如下3条规则：

- 首字符必须是字母（大小写均可）、下画线（ _ ）或者美元符号（ $ ）；
- 余下的字符可以是下画线、美元符号、任意字母或者数字字符；
- 变量名不能是关键字或者保留字。

下面是一些合法的变量名：

```
1    let test;
2    let $fresh;
3    let _Zhang01;
```

下面则是一些非法的变量名：

```
1    let 4abcd;              //数字开头，非法
2    let blog'sName;         //对于变量名，单引号（ ' ）是非法字符
3    let false;              //不能使用关键字作为变量名
```

为了代码清晰易懂，通常会采用一些著名的命名方式来为变量命名，主要有Camel（驼峰）标记法、Pascal（帕斯卡）标记法。

驼峰标记法是指首字母小写，接下来各个单词都以大写字母开头的方法，例如：

```
let myStudentNumber = 2001011026, myEnglishName = "Mike";
```

帕斯卡标记法是指首字母大写，接下来各个单词都以大写字母开头的方法，例如：

```
let MyStudentNumber = 2001011026, MyEnglishName = "Mike";
```

但在实际开发中，通常会有一些约定俗成的习惯方式。例如比较流行的面向对象语言中都有"类-实例"结构，类的名称一般采用帕斯卡标记法，而实例的名称一般采用驼峰标记法。

例如"重型汽车"类的名称叫作HeavyCar，由这个类产生的实例的名称叫作heavyCar。后面的章节还会对此进行详细介绍。

除了上面介绍的两种变量命名方式之外，在Web页面开发中，还常常会遇到另一种命名方式，例如页面中的对象的CSS类的名称或者id属性的名称，通常使用Kebab命名方式，即各个单词之间用"-"连接，例如下面的代码。

```
1    <body>
2        <p id="most-import-content">正文内容</p>
3    </body>
```

其中的most-import-content就使用了Kebab命名方式，每个单词之间用"-"连接。

< 22 >

2.5 数据类型

JavaScript一共有7种数据类型，它们又被分为两类（简单数据类型和复杂数据类型），其结构如下。

知识点讲解

- 简单数据类型：
  - ☆ 数值型（number）；
  - ☆ 字符串型（string）；
  - ☆ 布尔型（boolean）；
  - ☆ 未定义（undefined）；
  - ☆ 空（null）；
  - ☆ 符号型（symbol）。
- 复杂数据类型：对象（object）。

> **✎ 说明**
>
> 未定义在2.3节我们已经遇到了，此外，符号型是ES6引入的新类型，本书中将不会涉及这个新类型，其余类型本书都会进行讲解。本节主要讲解最常用的一些数据类型。

2.5.1 数值型

在JavaScript中如果希望某个变量包含一个数值，仅须使用统一的数值型，而不需要像在其他语言中那样分为各种长度的整数以及浮点数类型。下面例子中都是正确的数值表示方法，相关文件请参考本书配套的资源文件：第2章\2-2.html。

```
1    <title>数值计算</title>
2    <script>
3    let myNum1 = 23.345;
4    let myNum2 = 45;
5    let myNum3 = -34;
6    let myNum4 = 9e5;           //科学记数法
7    console.log(myNum1 + ", " + myNum2 + ", " + myNum3 + ", " + myNum4);
8    </script>
```

以上代码的运行结果如下，从中可以清楚地看到各个数值的输出结果，此处不再一一讲解。

```
23.345, 45, -34, 900000
```

> **✎ 说明**
>
> 本书中很多例子都会使用console.log()来输出结果，结果在浏览器中能够非常方便地被查看。例如上述HTML文件，在Chrome浏览器中打开后，可以按快捷键Ctrl+Shift+I来打开浏览器的开发者工具，然后切换到控制台查看输出结果，如图2.7所示。

< 23 >

图 2.7　使用控制台查看输出结果

对于数值型，如果希望将其转换为科学记数法的形式，则可以采用toExponential()方法。该方法接收一个参数，表示要输出的数的小数位数。科学记数法的使用方式如下，相关文件请参考本书配套的资源文件：第2章\2-3.html。

```
1  <script>
2  let fNumber = 895.4;
3  console.log(fNumber.toExponential(1));
4  console.log(fNumber.toExponential(2));
5  </script>
```

上述代码的输出结果如下，读者可以自行实验各种其他数值。

```
1  9.0e+2
2  8.95e+2
```

2.5.2　字符串型

1．基本用法

字符串由零个或者多个字符构成。字符包括字母、数字、标点符号和空格等。字符串必须由单引号或者双引号标注，下面两条语句有着相同的效果：

```
1  let language = "JavaScript";
2  let language = 'JavaScript';
```

单引号和双引号通常可以根据个人喜好任意使用，但针对一些特殊情况则需要根据所标注的字符串来加以正确的选择。例如字符串里包含单引号时应该把整个字符串用双引号标注，字符串里包含双引号时则用单引号标注，如下所示：

```
1  let sentence = "let's go";
2  let case = 'the number "2001011026"';
```

也可以使用字符（\）转义（escap）的方法来输出更复杂的字符串，如下所示：

< 24 >

```
1    let score = "run time 3\'15\"";
2    console.log(score);
```

以上代码的输出结果如下。

```
run time 3'15"
```

> **注意**
>
> 为了养成一种良好的编程习惯，无论使用双引号还是单引号，最好在同一脚本中保持一致。如果在同一脚本中一会儿使用单引号，一会儿使用双引号，代码可能会变得难以阅读。

2．模板字符串

在实际开发中，我们经常会遇到最终需要的字符串是由若干部分拼接而成的情况。传统的方法是使用"+"运算符把各个部分组合在一起，例如下面的代码：

```
1    let age = 10;
2    let name = "Mike";
3    let greeting = "I am " + name + ". I am " + age + "years old."
```

上述代码输出的结果是"I am Mike. I am 10 years old."。上述代码实际上是把这一句话拆分成了5句话，用"+"运算符连接起来，这样很不方便。

ES6中引入了一个新的方法，将字符串两端的双引号或单引号换成一个特殊的符号"'"（一般是主键盘区数字键1左边的键），这样字符串就变成了"模板字符串"。当字符串中需要插入特定的内容时，可以用"${}"标注插入的内容，例如将上述代码的第3行改为：

```
let greeting2 = 'I am ${ name }. I am ${ age } years old.'
```

输出的结果完全相同，但是无论是输入代码的时候，还是阅读检查代码的时候，都清晰很多。

3．字符串长度

字符串具有length属性，它可以返回字符串中字符的个数，例如：

```
1    let sMyString = "hello world";
2    console.log(sMyString.length);
```

以上代码的输出结果为11，即hello world字符串的字符个数。需要特别指出，即使字符串中包含双字节（与ASCII相对，ASCII只占用一个字节）字符，每个字符也只算一个字符，读者可以自己用中文字符进行实验。

反过来，如果希望获取指定位置的字符，则可以使用charAt()方法。第一个字符的索引为0，第二个字符的索引为1，依次类推，如下所示：

```
1    let sMyString = "Hello world!";
2    console.log(sMyString.charAt(4));
```

以上代码的输出结果是o，即第5个字符为字母o。

< 25 >

> **⓵ 注意**
>
> 　　从全世界范围来看，有多种文字，每种文字都有各自的字符，特别是亚洲的中日韩等的文字数量巨大。因此如何在计算机中存储更多的字符，是一个非常复杂的问题。人们经过不懈的努力，形成了各种标准，并逐步应用到了实际生活中。因此，简单地使用charAt()方法获取字符串的长度是不可靠的。例如在字符串中有中文字符，就可能无法获取正确的结果。

4．子字符串

　　如果需要从某个字符串中取出一段子字符串，则可以采用slice()、substring()或substr()方法。其中slice()和substring()都可以接收两个参数，分别表示子字符串的起始位置和终止位置，并返回二者之间的子字符串，但不包括终止位置的那个字符。如果第二个参数不设置，则默认到字符串的末尾，即返回从起始位置到字符串末尾的子字符串。slice()与substring()的用法如下，相关文件请参考本书配套的资源文件：第2章\2-4.html。

```
1   <script>
2   let myString = "hello world";
3   console.log(myString.slice(1,3));
4   console.log(myString.substring(1,3));
5   console.log(myString.slice(4));
6   console.log(myString);          //不改变原字符串
7   </script>
```

　　输出结果如下，可以看出slice()和substring()方法都不会改变原始的字符串，只会返回子字符串而已。

```
1   el
2   el
3   o world
4   hello world
```

　　这两个方法的区别主要是对于负数的处理。负数参数对于slice()而言是从字符串的末尾往前计数的。而substring()则会直接将负数作为0来处理，并将两个参数中较小的作为起始位置，较大的作为终止位置，即substring(2,-3)等同于substring(2,0)。例如下面的代码，相关文件请参考本书配套的资源文件：第2章\2-5.html。

```
1   let myString = "hello world";
2   console.log(myString.slice(2,-3));
3   console.log(myString.substring(2,-3));
4   console.log(myString.substring(2,0));
5   console.log(myString);
```

　　上述代码的输出结果如下，从中能够清晰地看到slice()方法与substring()方法的区别。

```
1   llo wo
2   he
3   he
4   hello world
```

< 26 >

对于substr()方法，两个参数分别表示起始字符串的位置和子字符串的长度，例如：

```
1    let myString = "hello world";
2    console.log(myString.substr(2,3));
```

输出结果如下，其使用起来同样十分方便。开发者可以根据自己的需要选用不同的方法。

```
     llo
```

5．搜索

搜索操作对于字符串来说十分平常。JavaScript提供了indexOf()和lastIndexOf()两种搜索方法。它们的不同之处在于前者从前往后搜索，后者从后往前搜索，返回值都是子字符串的起始位置（位置都是由前往后从0开始计数的）。如果找不到则返回−1。indexOf()和lastIndexOf()的用法如下，相关文件请参考本书配套的资源文件：第2章\2-6.html。

```
1    let myString = "hello world";
2    console.log(myString.indexOf("l"));          //从前往后
3    console.log(myString.indexOf("l",3));         //可选参数，从第几个字符开始往后找
4    console.log(myString.lastIndexOf("l"));       //从后往前
5    console.log(myString.lastIndexOf("l",3));     //可选参数，从第几个字符开始往前找
6    console.log(myString.lastIndexOf("V"));       //大写字母V找不到，返回−1
```

输出结果如下，两种方法都十分便利。

```
1    2
2    3
3    9
4    3
5    -1
```

2.5.3　布尔型

JavaScript中同样有布尔型，它只有两种可取的值：true和false。从某种意义上说，为计算机设计程序就是跟布尔值打交道，计算机就是0和1的世界。

与字符串型不同，布尔型不能用引号标注。例如下面的代码，实例文件请参考本书配套的资源文件：第2章\2-7.html。

```
1    let married = true;
2    console.log("1. " + typeof(married));
3    married = "true";
4    console.log("2. " + typeof(married));
```

布尔值true和字符串"true"是两个完全不同的值。代码中第一条语句把变量married设置为布尔值true，接着又把字符串"true"赋给变量married。

以上代码的输出结果如下，可以看到第一句输出数据类型为boolean，而第二句为string，即方法typeof()可以获取变量的数据类型。从这里也可以看出，JavaScript语言中没有指定变量的类

< 27 >

型不代表没有类型。变量是有类型的，只是它的类型在赋值时才会被确定。

```
1   1. boolean
2   2. string
```

2.5.4 数据类型转换

所有语言的重要特性之一就是可以进行数据类型转换，JavaScript也不例外，它为开发者提供了大量简单的数据类型转换方法。通过一些全局函数，还可以实现更为复杂的转换。

例如将数值型转换为字符串型，可以直接利用加号（+）将数值加上一个长度为零的空串，或者通过toString()方法，例如（本书配套资源文件：第2章\2-8.html）：

```
1   let a = 3;
2   let b = a + "";
3   let c = a.toString();
4   let d = "student" + a;
5   console.log('a: ' + typeof(a));
6   console.log('b: ' + typeof(b));
7   console.log('c: ' + typeof(c));
8   console.log('d: ' + typeof(d));
```

以上代码的输出结果如下，从中可以清楚地看到a、b、c、d这4个变量的数据类型。

```
1   a: number
2   b: string
3   c: string
4   d: string
```

这是最简单的数值型转换为字符串型的方法。下面几行有趣的代码或许会让读者对这种转换方法有更深入的认识。

```
1   let a=b=c=4;
2   console.log(a+b+c.toString());
```

以上代码的输出结果是84。

数值型转换为字符串型，如果使用toString()方法，则可以加入参数，直接进行进制的转换。例如（本书配套资源文件：第2章\2-9.html）：

```
1   let a=11;
2   console.log(a.toString(2));
3   console.log(a.toString(3));
4   console.log(a.toString(8));
5   console.log(a.toString(16));
```

进制转换的运行结果如下。

```
1   1011
2   102
3   13
4   b
```

< 28 >

将字符串型转换为数值型，JavaScript提供了两种非常方便的方法，分别是parseInt()和parseFloat()。正如方法的名称所表示的含义一样，前者将字符串转换为整数，后者转换为浮点数。只有字符串型才能使用这两种方法，如果不是字符串型，则直接返回NaN。

在判断字符串是否是数值字符之前，parseInt()与parseFloat()都会仔细分析该字符串。parseInt()方法首先会检查索引为0的字符，判断其是否是数值字符。如果不是则直接返回NaN，不再进行任何操作。如果该字符为数值字符，则检查索引为1的字符，并进行同样的判断，直到发现非数值字符或者字符串结束为止。通过下面的示例，相信读者会对parseInt()有很好的理解，相关文件请参考本书配套的资源文件：第2章\2-10.html。

```
1    console.log(parseInt("4567red"));
2    console.log(parseInt("53.5"));
3    console.log(parseInt("0xC"));           //直接进制转换
4    console.log(parseInt("Mike"));
```

以上语句的运行结果如下，对于每一句的具体转换方式这里不再一一讲解，从例子中也能清晰地看到parseInt()的转换方法。

```
1    4567
2    53
3    12
4    NaN
```

利用parseInt()方法的参数，同样可以轻松地实现进制转换。例如（本书配套资源文件：第2章\2-11.html）：

```
1    console.log(parseInt("AF",16));
2    console.log(parseInt("11",2));
3    console.log(parseInt("011"));           //0开头，默认为八进制
4    console.log(parseInt("011",8));
5    console.log(parseInt("011",10));        //指定为十进制
```

以上代码的输出结果如下，从中可以很清楚地看到parseInt()方法强大的进制转换功能。

```
1    175
2    3
3    11
4    9
5    11
```

parseFloat()方法与parseInt()方法的处理方式类似，这里不再重复讲解。读者可以直接通过下面的代码进行学习，并自行观察该方法的不同结果，相关文件请参考本书配套的资源文件：第2章\2-12.html。

```
1    console.log(parseFloat("34535orange"));
2    console.log(parseFloat("0xA"));            //不再有默认进制，直接输出第一个字符"0"
3    console.log(parseFloat("435.34"));
4    console.log(parseFloat("435.34.564"));
5    console.log(parseFloat("Mike"));
```

以上代码最终的运行结果如下。

< 29 >

```
1    34535
2    0
3    435.34
4    435.34
5    NaN
```

> **注意**
>
> 本节中介绍了一些在JavaScript中常用的类型转换方法，但是这也是JavaScript神奇又让人困惑的一个方面。在上面的例子中已经可以看到，JavaScript会"自作主张"地进行很多"隐式"的类型转换。读者若对这些转换的规则不是特别熟悉，则可能会得到一些意想不到的结果。在介绍完2.4.5小节之后，我们会再对此做一些补充说明，以期引起读者的注意。

> **说明**
>
> 学习到这里，我们已经接触到了JavaScript的6种简单数据类型中的4种：未定义、数值型、字符串型、布尔型。

2.5.5 数组

如果某个变量是离散的，那么在任意时刻其只能有一个值。字符串、数值和布尔值都属于离散值（scalar）。如果想用一个变量来存储一组值，最基本的方式就是使用数组（array）。需要注意的是，字符串、数值和布尔值都属于JavaScript的简单数据类型，而数组则属于另外一种对象类型。也就是说，对象类型有很多种，数组是其中之一，它用来构造比简单数据类型更复杂的数据结构。

知识点讲解

> **说明**
>
> ES6中已经引入了新的集合类型的数据结构，但是数组仍然是最常用的。在后面的章节我们也会涉及ES6中引入的集合类型。

数组可以被理解为由名称相同的多个值构成的一个集合，集合中的每个值都是这个数组的元素（element）。例如可以使用变量team来存储一个团队里所有成员的名字。声明以及初始化一个数组通常有两种方法（实际上还有其他方法，但它们超出了本书的讲解范畴，不过有兴趣的读者可以进一步学习）。

1. 用字面量方式声明数组

在JavaScript中最简单的方式是使用字面量方式声明数组，如下所示。

```
1    let team = [ "Tom", "Mike", "Jane"];
2    let numbers = [ 1, 3, 7, 9, 12]
```

在JavaScript中，数组都是变长数组，不需要预先指定数组长度。

< 30 >

2．用Array类型的构造函数声明数组

前面提到，在JavaScript中数组本质上是一个对象类型，因此可以像创建一个对象那样创建一个数组。我们还没有详细讲解对象的知识，这里提前使用一下。对象类型的本质是它有构造函数，使用new运算符调用一个构造函数就能创建出一个该类型的对象。最简单的代码如下所示。

```
let team = new Array ();
```

可以看到Array类型的构造函数就是 Array()，前面加一个new关键字，本质上它是一个运算符，就像加号一样，这一点初学者可能不太能理解。

上面的代码表示将变量team初始化为一个数组，数组中没有任何元素，它等价于：

```
let team = [];
```

此外，还可以在构造函数中指定数组中的元素，代码如下所示。

```
let team = new Array ("Tom", "Mike", "Jane");
```

它等价于：

```
let team = [ "Tom", "Mike", "Jane"];
```

数组被定义好之后，访问其中元素的方法与C语言等大多数语言相同，即在方括号内指定元素索引（或者称为下标）即可。例如上面定义的team数组，team[0] 的值就是Tom，team[2]的值就是Jane。

> **！注意**
>
> JavaScript和C语言一样，数组的索引从0开始排列。

从上面的例子中可以看出，JavaScript的数组是动态数组，或者叫作变长数组，不需要事先指定长度。可以随时改变数组中的元素，改变元素之后它的长度也会随之而变。不过，如果需要的话，也可以指定数组的元素个数，即数组的长度（length）。

JavaScript还提供了另一种方式来初始化数组，且在必要时可以指定数组长度，参考如下代码。

```
1  let team = new Array(3);          //一个3个人的团队（team）
2  team[0] = "Tom";
3  team[1] = "Mike";
4  team[2] = "Jane";
```

以上代码先创建了空数组team，然后定义了3个数组元素，每增加一个数组元素，数组的长度就会动态地增长1。

3．数组的一些常用操作

与字符串的length属性一样，我们也可以通过数组的length属性来获取其长度，而数组的索引同样也是从0开始的，例如（本书配套资源文件：第2章\2-13.html）：

```
1  let aMap = new Array("China","USA","Britain");
2  console.log(aMap.length + " " + aMap[2]);
```

< 31 >

以上代码的运行结果如下，数组的长度为3，而aMap[2]获得的是数组的最后一项，即Britain。

```
3 Britain
```

另外，通过下面的示例代码，相信读者会对数组的长度有更深入的理解。相关文件请参考本书配套的资源文件：第2章\2-14.html。

```
1   let aMap = new Array("China","USA","Britain");
2   aMap[20] = "Korea";
3   console.log(aMap.length + " " + aMap[10] + " " + aMap[20]);
```

上述代码的运行结果如下。

```
21 undefined Korea
```

对于数组而言，通常需要将其转换为字符串再进行使用。toString()方法可以很方便地实现这个功能，例如（本书配套资源文件：第2章\2-16.html）：

```
1   let aMap = ["China","USA","Britain"];
2   console.log(aMap.toString());
3   console.log(typeof(aMap.toString()));
```

输出结果如下，转换后直接将各个数组元素用逗号进行连接。

```
1   China,USA,Britain
2   string
```

如果不希望用逗号对元素进行（转换后的）连接，而是希望用指定的符号，则可以使用join()方法。该方法接收的参数即表示用来连接数组元素的字符串，用法如下，相关文件请参考本书配套的资源文件：第2章\2-17.html。

```
1   let aMap = ["China","USA","Britain"];
2   console.log(aMap.join());           //无参数，等同于toString()
3   console.log(aMap.join(""));         //不用连接符
4   console.log(aMap.join("]["));       //用][来连接
5   console.log(aMap.join("-cc-"));     //用-CC-来连接
```

输出结果如下，从结果中可以看出join()方法功能的强大。

```
1   China,USA,Britain
2   ChinaUSABritain
3   China][USA][Britain
4   China-cc-USA-cc-Britain
```

数组可以很轻松地转换为字符串。对于字符串，JavaScript同样提供了split()方法来将其转换为数组。split()方法接收的参数表示分割字符串的标识，用法如下，相关文件请参考本书配套的资源文件：第2章\2-18.html）

```
1   let sFruit = "apple,pear,peach,orange";
2   let aFruit = sFruit.split(",");
3   console.log(aFruit.join("--"));
```

< 32 >

以上代码的输出结果如下。

```
apple--pear--peach--orange
```

数组里面的元素顺序在很多时候是开发者所关心的。JavaScript提供了一些简单的方法用于调整数组元素之间的顺序。reverse()方法可以将数组的元素反序排列，示例如下，相关文件请参考本书配套的资源文件：第2章\2-19.html。

```
1   let aFruit = ["apple","pear","peach","orange"];
2   console.log(aFruit.reverse().toString());
```

输出结果如下，可以看到数组的元素进行了反序排列。

```
orange,peach,pear,apple
```

对于字符串而言，没有类似reverse()的方法。因此可以利用split()将其转换为数组，再利用数组的reverse()方法进行反序排列，最后用join()方法转换为字符串，例如：

```
1   let myString = "abcdefg";
2   console.log(myString.split("").reverse().join(""));
3   /*  split("")将每一个字符转换为一个数组元素
4       reverse()反序排列数组中的元素
5       join("")将无连接符的数组转换为字符串
6   */
```

以上代码的运行结果如下，字符串成功地反序了，实例文件请参考本书配套的资源文件：第2章\2-20.html。

```
gfedcba
```

对于数组元素的排序，JavaScript还提供了更为强大的sort()方法，简单运用如下：

```
1   let aFruit = ["pear","apple","peach","orange"];
2   aFruit.sort();
3   console.log(aFruit.toString());
```

以上代码的运行结果如下，数组按照字母顺序重新进行了排列，实例文件请参考本书配套的资源文件：第2章\2-21.html。

```
apple,orange,peach,pear
```

作为本小节的最后一个小案例，演示一下数组作为栈所支持的方便操作。JavaScript的数组提供了push()和pop()方法，可以非常方便地实现栈的功能。因为不需要知道数组的长度，所以在根据条件将结果一一保存到数组时特别实用，在后续章节的案例中会反复使用它们。这里仅说明这两个方法如何使用，代码如下，案例文件请参考本书配套的资源文件：第2章\2-22.html。

说明

栈是一种简单的数据结构，是具有后进先出特征的线性表（一维数据结构）。栈可以被理解为具有入栈（push）和出栈（pop）这两个操作的数组，最先入栈的元素最后出栈，最后入栈的元素最先出栈。

< 33 >

```
1    let stack = new Array();
2    stack.push("red");
3    stack.push("green");
4    stack.push("blue");
5    console.log(stack.toString());
6    let vItem = stack.pop();
7    console.log(vItem);
8    console.log(stack.toString());
```

以上代码的运行结果如下，数组被看成一个栈，通过push()、pop()做入栈和出栈的处理。

```
1    red,green,blue
2    blue
3    red,green
```

本章小结

本章介绍了JavaScript语言的一些基础知识，重点是构成一个程序的"原子"——变量，或者称为"数据的表示"。读者无论编写多复杂的程序或者系统，首先必须要能把数据和信息用计算机能理解的方式表示出来。不同的语言有各自的表达方式和体系。学习一门语言，首先要理解这门语言是如何构造它的数据类型体系的。

习题 2

一、关键词解释

VS Code　　调试　　关键字　　保留字　　数据类型　　类型转换　　数组　　字面量
构造函数

二、描述题

1. 请简单列出常用的关键字和保留字。
2. 请简单描述一下JavaScript中有哪几种数据类型。
3. 请简单描述一下本章介绍的声明数组的方式。
4. 请简单描述一下本章介绍的数组常用的方法，以及它们各自的含义。

三、实操题

统计某个字符串在另一个字符串中出现的次数，例如统计下面这段话中JavaScript出现的次数。

第1章对JavaScript进行了概述性的介绍，从本章开始将对JavaScript进行深入讨论，并分析JavaScript的核心ECMAScript，让读者从底层了解JavaScript的编写，包括JavaScript的基本语法、变量、关键字、保留字、语句、函数等。

< 34 >

第 **3** 章 程序控制流与函数

通过在第2章所学的JavaScript的数据类型体系，我们已经能够将复杂的信息通过一定的方式表达为JavaScript引擎能理解的数据了。接下来，我们需要了解一下，一个程序到底是如何运行的，输入的数据经过哪些过程最终才能变为我们需要的结果。本章思维导图如下。

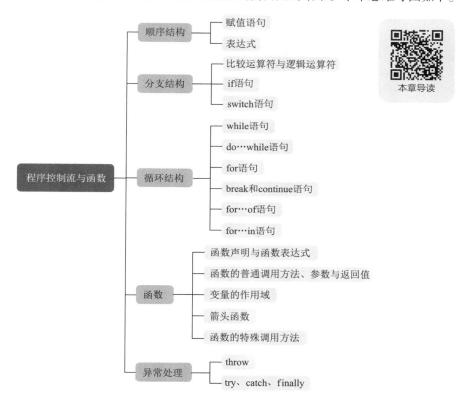

3.1 顺序结构：赋值语句与表达式

目前的所有计算机，无论运算速度多快，功能多强大，本质上都仍属于"冯·诺依曼"体系的机器。计算机自发明出来已有70多年，但是从最根本的结构来说，并没有改变，核心的原理依然可以被描述为"程序存储，集中控制"。程序的运行可以被称为"指令流"的运行，也就是程序的指令就好像水一样在流动。

知识点讲解

我们编写程序的本质就是设计和控制程序流动的方式。问题是时代的声音，回答并指导解决问题是理论的根本任务。荷兰著名计算机科学家迪杰斯特拉提出的结构化程序设计理论指出，从本质上说，程序流有且仅有3种结构。

- 顺序结构。
- 分支结构。
- 循环结构。

在本节中先介绍最简单的顺序结构。顾名思义，顺序结构就是语句一条一条地按顺序编写好，执行的时候按顺序依次执行。最常用的就是赋值语句，例如 a = 3; 就是一个赋值语句——将3赋给变量a。

与赋值语句相关的一个重要的概念是表达式。每种程序设计语言都会设计好若干种数据类型以及相应的一整套运算符。各种类型的字面量、常量以及变量通过运算符组织在一起，最终可以计算出某个特定的唯一的结果。

例如下面的代码：

```
1    let a;
2    a = (4+5)*4;
3    const b = 3*3;
```

以上代码首先声明了一个变量a，此时还没有给它赋值，因此它的值是 undefined。然后通过一个表达式给它赋值，它的值就变成了36。

接下来又通过const关键字声明了一个常量b。const和let很相似，区别在于const声明的是常量，也就是不再能修改值的量，而let声明的是变量。因此声明常量的同时必须要给它赋值，否则以后就没有机会给它赋值了。

📑 知识点

目前主流的"最佳实践"建议开发者在写代码时，优先使用const来声明量，只有当要声明的量将来会改变时才会使用let来声明量。

在上面的代码中除了变量a和常量b之外，还有4、5这些量，它们被称为字面量，即不包含变量或常量而可以直接得到结果的量。

与赋值语句相关的另一个重要概念就是运算符与优先级。每一种语言都会提供若干种运算符，并规定运算符之间的优先级关系。通常都和我们日常理解的优先级一致，比如"先乘除后加减""有括号的时候先算括号内的部分，多层括号从最里面的开始算起"等，一般凭直觉就可以写对。

⊗ 注意

通常高级语言的运算符种类很多，如JavaScript有二十多种运算符。有的时候也会遇到比较复杂的特殊情况，不一定能凭直觉判断运算符的优先级。这时可以查一下手册，或者增加一些冗余的括号，以确保优先级的正确。但是千万不要想当然，因为这种时候一旦出错，后面就很难发现。

< 36 >

3.2　分支结构：条件语句

与其他程序设计语言一样，JavaScript也可以通过各种条件语句来进行流程上的判断。本节对条件语句进行简单的介绍，包括各种运算符以及逻辑语句等。

知识点讲解

3.2.1　比较运算符

JavaScript中的比较运算符主要包括等于（==）、严格等于（===）、不等于（!=）、不严格等于（! ==）、大于（>）、大于或等于（>=）、小于（<）、小于或等于（<=）等。

从字面意思就很容易理解它们的含义，简单示例如下，实例文件请参考本书配套的资源文件：第3章\3-1.html。

```
1    <script>
2    console.log("Pear" == "Pear");
3    console.log("Apple" < "Orange");
4    console.log("apple" < "Orange");
5    </script>
```

以上代码的输出结果如下。

```
1    true
2    true
3    false
```

从输出结果可以看到，比较运算符是区分大小写的。因此通常在比较字符串时，为了排序的正确性，往往将字符串中的字符统一转换成大写字母或者小写字母再进行比较。JavaScript提供了toUpperCase()和toLowerCase()这两种方法，前者如下所示：

```
console.log("apple".toUpperCase() < "Orange".toUpperCase());
```

其输出结果为true。

值得说明的是，在JavaScript中要区分==和===，==被称为等于，===被称为严格等于。

- 使用==的时候，如果两个比较对象的类型不相同，则会先进行类型转换，然后做比较；如果转换后二者相等，则返回true。
- 使用===的时候，如果两个比较对象的类型不相同，则不会进行类型转换，而会直接返回false。

只有类型相同才会进行比较，并根据比较结果返回true或false。

> **！注意**
>
> 当前很多软件开发团队的最佳实践规定：在实际开发中，一律使用===，禁止使用==。

3.2.2　逻辑运算符

JavaScript跟其他程序设计语言一样，逻辑运算符主要包括与运算（&&）、或运算（||）和非

< 37 >

运算（!）。与运算（&&）表示两个条件都为true时，整个表达式的值才为true，否则为false。或运算（||）表示两个条件只要有一个为true，整个表达式的值便为true，否则为false。非运算（!）就是简单地将true变为false，或者将false变为true。简单示例如下，实例文件请参考本书配套的资源文件：第3章\3-2.html。

```
1  <script>
2  console.log(3>2 && 4>3);
3  console.log(3>2 && 4<3);
4  console.log(4<3 || 3>2);
5  console.log(!(3>2));
6  </script>
```

输出结果如下，读者可以自己再多实验一些情况。

```
1  true
2  false
3  true
4  false
```

3.2.3　if语句

if语句是JavaScript中最常用的语句之一，它的语法如下所示：

```
if(condition) statement1 [else statement2]
```

其中condition可以是任何表达式，其值甚至不必是真正的布尔值，因为ECMAScript会自动将其转换为布尔值。如果条件计算结果为true，则执行statement1；如果条件计算结果为false，则执行statement2（如果statement2存在，注意else部分不是必需的）。每个语句可以是单行代码，也可以是代码块，简单示例如下，实例文件请参考本书配套的资源文件：第3章\3-3.html。

```
1  <html>
2  <head>
3  <title>if语句</title>
4  </head>
5  <body>
6  <script>
7  //首先获取用户输入的数据，并用Number()将其强制转换为数字
8  let iNumber = Number(prompt("输入一个5~100的数字", ""));
9  if(isNaN(iNumber))                          //判断输入的是否是数字
10     alert("请确认你的输入正确");
11 else if(iNumber > 100 || iNumber < 5)       //判断输入的数字范围
12     alert("你输入的数字范围不在5~100 ");
13 else
14     alert("你输入的数字是:" + iNumber);
15 </script>
16 </body>
17 </html>
```

以上代码首先用prompt()方法让用户输入一个5~100的数字，如图3.1所示。接着用Number()

< 38 >

将其强行转换为数字。

　　然后对用户的输入进行判断，并用if语句对判断出的不同结果执行不同的语句。如果输入的不是数字，则会提示输入非法；如果输入的数字不在5～100，则会提示数字范围不对；如果输入正确，则显示用户的输入，如图3.2所示。这也是典型的if语句的使用方法。

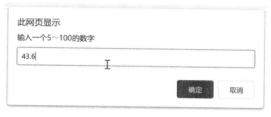

图3.1　输入框　　　　　　　　　　　　　　　　　图3.2　显示用户的输入

　　其中方法Number()将参数转换为数字（无论是整数还是浮点数）。如果转换成功则返回转换后的结果，如果转换失败则返回NaN。函数isNaN()用来判断参数是否是NaN。如果是NaN则返回true，如果不是NaN则返回false。

　　在多重条件语句中，需要注意else与if的匹配问题。考虑如下场景：根据一个分数，给出评级，如果大于100分则评为good，小于60分则评为fail，其他为pass。

```
1  let s=200, result;
2  if(s > 100)
3      result = "good";
4  else if(s >= 60)
5      result = "pass";
6  else
7      result = "fail";
```

　　先将条件按顺序排好，从一端开始依次写else和if，逻辑非常清晰。另外，JavaScript像C语言一样，当程序中有嵌套时，else总会与离它最近的一个尚未被else匹配过的if匹配，例如上面最后一个else会与第一个if匹配。

3.2.4　switch语句

　　当需要判断的情况比较多的时候，通常采用switch语句来实现，它的语法如下所示：

```
1  switch(expression){
2      case value1: statement1
3          break;
4      case value2: statement2
5          break;
6      ......
7      case valuen: statementn
8          break;
9      default: statement
10 }
```

　　如果expression的值等于某个value，就执行相应的statement。break语句会使代码跳出switch语句。如果没有break语句，代码就会继续进入下一个情况。关键字default表示表达式不等于其

< 39 >

中任何一个value时所进行的操作。简单示例如下，实例文件请参考本书配套的资源文件：第3章\3-4.html。

```html
1   <html>
2   <head>
3   <title>switch语句</title>
4   </head>
5
6   <body>
7   <script>
8   let iWeek = parseInt(prompt("输入1～7的整数",""));
9   switch(iWeek){
10      case 1:
11          alert("Monday");
12          break;
13      case 2:
14          alert("Tuesday");
15          break;
16      case 3:
17          alert("Wednesday");
18          break;
19      case 4:
20          alert("Thursday");
21          break;
22      case 5:
23          alert("Friday");
24          break;
25      case 6:
26          alert("Saturday");
27          break;
28      case 7:
29          alert("Sunday");
30          break;
31      default:
32          alert("Error");
33  }
34  </script>
35  </body>
36  </html>
```

以上代码同样先利用prompt()方法提示用户先输入1～7的一个整数，如图3.3所示。然后根据用户的输入输出相应的星期，如图3.4所示。

图 3.3　用户输入整数

图 3.4　输出相应的星期

< 40 >

3.3　循环语句

知识点讲解

循环语句的作用是反复执行同一段代码。尽管循环语句可被分为几种不同的类型，但它们的基本原理几乎都是一样的：只要给定的条件仍能得到满足，包含在循环体里的代码就会重复地执行下去，一旦条件不再满足则终止。本节简要介绍JavaScript中常用的几种循环语句。

3.3.1　while语句

while语句是前测试循环语句，这意味着终止循环的条件判断是在执行内部代码之前，因此循环的主体可能根本不会被执行，其语法如下：

```
while(expression) statement
```

当expression为true时，程序会不断地执行statement语句，直到expression变为false。例如使用while语句求和，实例文件请参考本书配套的资源文件：第3章\3-5.html。

```
1    let i=iSum=0;
2    while(i<=100){
3        iSum += i;
4        i++;
5    }
6    console.log(iSum); //5050
```

以上代码是简单地求1～100加和的方法，这里不再细讲每行代码，其运行结果是5050。

3.3.2　do…while语句

do…while语句是while语句的另外一种表示方法，它的语法结构如下所示：

```
1    do{
2        statement
3    }while(expression)
```

与while语句不同的是它将条件判断放在了循环之后，这就保证了循环体statement至少会被执行一次，在很多时候这是非常实用的。简单示例如下，实例文件请参考本书配套的资源文件：第3章\3-6.html。

```
1    <html>
2    <head>
3    <title>do…while语句</title>
4    </head>
5
6    <body>
7    <script>
8    let aNumbers = new Array();
9    let sMessage = "你输入了:\n";
10   let iTotal = 0;
```

< 41 >

```
11  let vUserInput;
12  let iArrayIndex = 0;
13  do{
14      vUserInput = prompt("输入一个数字，0表示退出","0");
15      aNumbers[iArrayIndex] = vUserInput;
16      iArrayIndex++;
17      iTotal += Number(vUserInput);
18      sMessage += vUserInput + "\n";
19  }while(vUserInput != 0)          //当输入为0（默认值）时退出循环体
20  sMessage += "总数:" + iTotal;
21  alert(sMessage);
22  </script>
23  </body>
24  </html>
```

以上代码利用循环不断地让用户输入数字，如图3.5所示。在循环体中将用户的输入存入数组aNumbers，然后不断地求和，并将所求结果赋给变量iTotal，相应地sMessage也会不断更新。

当用户的输入为0时退出循环体，并输出计算的求和结果，如图3.6所示。利用do…while语句就保证了循环体在判断条件之前，至少执行了一次。

图 3.5　提示用户输入数字

图 3.6　求和结果

> **注意**
>
> 　　上面输出的求和结果中小数位数很多，这是浮点数的精度问题。保留两位小数可以用toFixed(2)方法，4.4.2小节会对此进行介绍。

3.3.3　for语句

for语句是前测试循环（也称for循环）语句，在进入循环之前能够初始化变量，并且能够定义循环后要执行的代码，其语法如下：

```
for(initialization; expression; post-loop-expression) statement
```

执行过程如下。

（1）执行初始化initialization语句。

（2）判断expression是否为true，如果是则继续，否则终止整个循环体。

（3）执行循环体statement代码。

（4）执行post-loop-expression代码。

< 42 >

（5）返回步骤（2）继续判断。

for循环最常用的形式是for(let i=0;i<n;i++){statement}，它表示循环一共执行n次，非常适用于已知循环次数的运算。上一个例子3-6.html中，iTotal的计算通常采用for循环来实现，如下所示，实例文件请参考本书配套的资源文件：第3章\3-7.html。

```
1    <html>
2    <head>
3    <title>for语句</title>
4    </head>
5
6    <body>
7    <script>
8    let aNumbers = new Array();
9    let sMessage = "你输入了:\n";
10   let iTotal = 0;
11   let vUserInput;
12   let iArrayIndex = 0;
13   do{
14       vUserInput = prompt("输入一个数字，0表示退出","0");
15       aNumbers[iArrayIndex] = vUserInput;
16       iArrayIndex++;
17   }while(vUserInput != 0)              //当输入为0（默认值）时退出循环体
18   //for循环遍历数组的常用方法:
19   for(let i=0;i<aNumbers.length;i++){
20       iTotal += Number(aNumbers[i]);
21       sMessage += aNumbers[i] + "\n";
22   }
23   sMessage += "总数:" + iTotal;
24   alert(sMessage);
25   </script>
26   </body>
27   </html>
```

以上代码的运行结果如图3.7所示，整个过程与3-6.html完全相同，但在具体实现时，求和以及输出结果的运算都用for循环来完成，而do…while语句只负责用户的输入，结构更加清晰、合理。

图 3.7　for 循环

3.3.4　break和continue语句

break和continue语句对循环中的代码运行提供了更为严格的流程控制。break语句表示立即退出循环，阻止程序再次运行循环体中的任何代码。continue语句表示退出当前循环，根据控制表达式还允许进行下一次循环。

3.3.3小节的例子中并没有对用户的输入做容错判断，下面用break和continue语句分别对其进行优化，以适应不同的需求。首先使用break语句，在用户输入非法字符时跳出，代码如下，实例文件请参考本书配套的资源文件：第3章\3-8.html。

< 43 >

```
1    <html>
2    <head>
3    <title>break语句</title>
4    </head>
5
6    <body>
7    <script>
8    let aNumbers = new Array();
9    let sMessage = "你输入了: \n";
10   let iTotal = 0;
11   let vUserInput;
12   let iArrayIndex = 0;
13   do{
14       vUserInput = Number(prompt("输入一个数字，0表示退出","0"));
15       if(isNaN(vUserInput)){
16           sMessage += "输入错误，请输入数字，0表示退出 \n";
17           break;                    //输入错误时直接退出整个循环体
18       }
19       aNumbers[iArrayIndex] = vUserInput;
20       iArrayIndex++;
21   }while(vUserInput != 0)          //当输入为0（默认值）时退出循环体
22   //for循环遍历数组的常用方法:
23   for(let i=0;i<aNumbers.length;i++){
24       iTotal += Number(aNumbers[i]);
25       sMessage += aNumbers[i] + "\n";
26   }
27   sMessage += "总数:" + iTotal;
28   alert(sMessage);
29   </script>
30   </body>
31   </html>
```

以上代码对用户输入进行了判断，如果用户输入为非数字，如图3.8所示，则用break语句强行退出整个循环体，并提示用户出错，如图3.9所示。

图 3.8　输入非数字　　　　　　　　　　　　　　　图 3.9　提示输入错误

有时候用户可能仅仅是不小心按错了键盘的某个键，导致输入错误，此时用户可能并不想退出，而希望继续输入。这时候可以用continue语句来退出当次循环而继续下一次的循环。改为使用continue语句，代码如下，实例文件请参考本书配套的资源文件：第3章\3-9.html。

```
1    <html>
2    <head>
3    <title>continue语句</title>
```

< 44 >

```
4    </head>
5    <body>
6    <script>
7    let aNumbers = new Array();
8    let sMessage = "你输入了: \n";
9    let iTotal = 0;
10   let vUserInput;
11   let iArrayIndex = 0;
12   do{
13       vUserInput = Number(prompt("输入一个数字，0表示退出","0"));
14       if(isNaN(vUserInput)){
15           alert("输入错误，请输入数字，0表示退出");
16           continue;                    //输入错误则退出当前循环而继续下一次循环
17       }
18       aNumbers[iArrayIndex] = vUserInput;
19       iArrayIndex++;
20   }while(vUserInput != 0)              //当输入为0（默认值）时退出循环体
21   //for循环遍历数组的常用方法:
22   for(let i=0;i<aNumbers.length;i++){
23       iTotal += Number(aNumbers[i]);
24       sMessage += aNumbers[i] + "\n";
25   }
26   sMessage += "总数:" + iTotal;
27   alert(sMessage);
28   </script>
29   </body>
30   </html>
```

将循环体中的容错判断代码改为continue后，当用户输入非数字时会弹出对话框进行提示，如图3.10所示。continue语句不是跳出整个循环体，而是跳出当前循环，此时用户可以继续输入直到输入0为止。

在实际运用中，break和continue都是十分重要的流程控制语句，读者可以根据不同的需要合理地运用它们。

图 3.10　改为 continue 语句后的提示

3.3.5　实例：九九乘法表

九九乘法表是每一位小学生都需要熟记的。如果要将其显示到网页上，则可以利用循环进行计算，再配合表格进行显示，实现最终的效果，如图3.11所示。

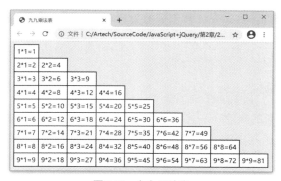

图 3.11　九九乘法表

< 45 >

首先分析乘法表的结构。乘法表一共9行，每一行的单元格个数会随着行数的增加而增加。在Web中没有阶梯形的表格，因为<table>永远是矩形的。但我们可以通过"障眼法"来实现阶梯形的表格，即仅令有内容的单元格<td>加上边框：

```
<td style='border:2px solid #004B8A; background:#FFFFFF;'>具体内容</td>
```

而没有内容的单元格则隐藏边框：

```
<td style='border:none;'></td>
```

只需要两个for循环语句嵌套，外层循环为每行的内容，内层循环为一行内的各个单元格，并且在内层循环中使用if语句做判断，如此即可实现乘法表的显示，完整代码如下，实例文件请参考本书配套的资源文件：第3章\3-10.html。

```
1    <!DOCTYPE html>
2    <html>
3    <head>
4    <title>九九乘法表</title>
5    </head>
6
7    <body bgcolor="#e0f1ff">
8    <table cellpadding="6" cellspacing="0" style="border-collapse:collapse; border:none;">
9    <script>
10   for(var i=1;i<10;i++){          //乘法表一共9行
11     document.write("<tr>");        //每行是<table>的一行
12       for(j=1;j<10;j++)            //每行都有9个单元格
13       if(j<=i)                     //有内容的单元格
14         document.write("<td style='border:2px solid #004B8A; background:#FF
             FFFF;'>"+i+"*"+j+"="+(i*j)+"</td>");
15       else                         //没有内容的单元格
16         document.write("<td style='border:none;'></td>");
17       document.write("</tr>");
18   }
19   </script>
20   </table>
21   </body>
22   </html>
```

以上代码将<script>放在<table>与</table>之间，这样便通过循环产生了表格每行以及每个单元格的内容。主要代码的具体含义在注释中都有分析，此处不再重复讲解。在浏览器中的显示效果如图3.11所示，可以看到代码的兼容性很好。

3.3.6　for…of语句

在ES6中引入了一个新的概念——"迭代器"。数组或其他集合类的对象内部都实现了迭代器，从而可以更方便地遍历其中的元素。在实际开发中，大多数需要对数组元素进行循环处理的场景，采用for…of语句都会比使用传统的for语句更方便。

举个简单的例子，假设在一个数组中记录了所有团队成员的名字：

< 46 >

```
let team = ["Tom", "Mike", "Jane"];
```

现在需要将所有成员两两配对，组成二人小组，每组由一个组长及一个组员组成。那么如何求出所有可能的二人小组呢？请先看下面的传统for语句如何实现。

```
1    let pairs = [];   //用于保存最终的结果
2
3    for(let i=0; i< team.length; i++)
4    for(let j=0; j< team.length; j++){
5        if(team[i] !== team[j])
6            pairs.push([team[i],team[j]]);
7    }
```

可以看到，这是一个二重循环，分别从0到（length−1）进行索引，并在每次循环中比较两个元素，如果不同就把这两个元素组成一个数组，再将其加入最终的结果数组。这是常规的做法，但是用新的for…of方式又应该如何实现呢？

```
1    let pairs = [];   //用于保存最终的结果
2    for(let a of team)
3    for(let b of team) {
4        if(a !== b)
5            pairs.push([a,b];
6    }
```

可以看到，代码的逻辑没有变化，但是编写的代码变少了，而且更加清晰易读了。其中的关键代码是for(let a of team)。这句代码的意思是在每次循环前，把team中当前的那个元素赋给变量a。这种方式受到了广大程序员的欢迎，因此近年来各种主流的程序设计语言都增加了迭代器机制，用于实现类似的功能。

3.3.7　for…in语句

除for…of之外，还有一个看起来与for很相似，但是相差很大的循环方式：for…in语句。它通常用来枚举对象的属性，但是到目前为止我们还没有真正讲解对象和属性的支持，所以只能做一点简单的介绍。1.1节提到过JavaScript是面向对象的语言，因此会遇到大量的对象，例如在浏览器中会遇到document、window等对象。for…in语句的作用是遍历一个对象的所有属性，语法形式如下。

```
for(property in expression) statement
```

它将遍历expression对象中的所有属性，并且每一个属性都执行一次statement循环体。如下为遍历window对象（浏览器窗口）的方法：

```
1    for(let i in window)
2        document.write(i+"="+window[i]+"<br>");
```

尽管不知道window对象有多少属性，以及每个属性相应的名称，但通过for…in语句便可很轻松地获得各种属性，运行结果如图3.12所示。

< 47 >

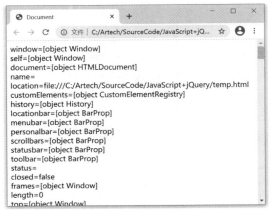

图 3.12　for…in 语句运行结果

3.4　函数

知识点讲解

　　函数是一组可以随时随地运行的语句。简单来说，函数是完成某个功能的一组语句，或者说是一组语句的封装。它可以接收0个或者多个参数，然后执行函数体来完成某些功能，最后根据需要返回或者不返回处理结果。本节主要讲解JavaScript中函数的运用，为后续章节打下基础。

　　函数也是控制程序执行流的一种方式，因此我们将函数放在本章中进行讲解。

3.4.1　定义函数的基本方法

　　最基本的定义函数的方法有两种。

```
1  function functionName([arg0, arg1, …, argN]){
2      statements
3      [return [expression]]
4  }
```

```
1  functionName = function([arg0, arg1, …, argN]){
2      statements
3      [return [expression]]
4  }
```

　　其中function为定义函数的关键字，functionName表示函数的名称，arg表示传递给函数的参数列表，各个参数之间用逗号隔开，参数列表可以为空。statements表示函数体，其可以是各种合法的代码块。expression为函数的返回值，同样为可选项。

　　可以看到两种方法的区别是，我们既可以把函数的名称写在function关键字与它后面的左括号之间，也可以把function关键字和它后面的左括号放在一起，构成一个函数表达式，并将其赋值给函数名。

　　第一种方式就是定义了一个函数，第二种方式则是先定义了一个函数表达式，然后将这个表达式赋值给了函数名。

< 48 >

简单示例如下，两种方法定义的greeting()函数功能一样，接收一个参数name，没有设定返回值，而是直接用提示框显示出相关的文字。

```
1   function greeting(name){
2       console.log('Hello ${name}.');
3   }
4   let greeting = function(name){
5       console.log('Hello ${name}.');
6   }
```

无论用上面的哪种方式定义greeting()函数，调用它的代码是一样的，如下所示：

```
greeting ("Tom");
```

代码执行的结果如下，控制台显示Hello和输入的参数值Tom。

```
Hello Tom.
```

函数greeting()没有声明返回值。即使有返回值，JavaScript也不需要单独进行声明，只需要使用return语句即可，如下所示：

```
1   function sum(num1, num2){
2       return num1 + num2;
3   }
```

以下代码将sum()函数返回的值赋给变量result，并输出该变量的值：

```
1   let result = sum(34, 23);
2   console.log(result);
```

另外，与其他程序设计语言一样，函数在执行过程中只要执行过return语句，便会停止继续执行函数体中的任何代码，因此return语句后的代码都不会被执行。例如下面函数中的console.log()语句永远都不会被执行：

```
1   function sum(num1, num2){
2       return num1 + num2;
3       console.log(num1 + num2);          //永远都不会被执行
4   }
```

有时候一个函数中可以包含多个return语句，如下所示：

```
1   function abs(num1, num2){
2       if(num1 >= num2)
3           return num1 - num2;
4       else
5           return num2 - num1;
6   }
```

由于需要返回两个数字的差的绝对值，因此必须先判断哪个数字大，再用较大的数字减去较小的数字。利用if语句便可以实现根据不同情况调用不同的return语句。

如果函数本身没有返回值，但又希望在某些时候退出函数体，则可以调用没有参数的return

< 49 >

语句来退出函数体，例如：

```
1  function sayName(sName){
2      if(sName == "bye")
3          return;
4      console.log("Hello "+sName);
5  }
```

以上代码中，如果函数的参数为bye则直接退出函数体，不再执行后面的语句。

3.4.2　arguments对象

JavaScript的函数代码中有个特殊的对象arguments，它主要用于访问函数的参数。通过arguments对象，开发者无须明确指出参数的名称就能够直接访问它们。例如用arguments[0]便可以访问第一个参数的值，3.4.1小节的sayName()函数可以重写为：

```
1  function sayName(){
2      if(arguments[0] == "bye")
3          return;
4      console.log("Hello "+arguments[0]);
5  }
```

执行效果与3.4.1小节的示例完全相同，读者可以自己实验。另外还可以通过arguments.length来返回传递给函数的参数个数，例如（实例文件请参考本书配套的资源文件：第3章\3-11.html）：

```
1  <script>
2  function ArgsNum(){
3      return arguments.length;
4  }
5  console.log(ArgsNum("Mike",25));
6  console.log(ArgsNum());
7  console.log(ArgsNum(3));
8  </script>
```

以上代码中，函数ArgsNum()用来判断调用函数时传给它的参数个数，然后输出，显示结果如下。

```
1  2
2  0
3  1
```

!)注意

与其他程序设计语言不同，ECMAScript不会验证传递给函数的参数个数是否等于函数定义的参数个数。任何自定义的函数都可以接收任意个数的参数，而不会引发错误。任何遗漏的参数都会以undefined形式传给函数，而多余的参数将会被自动忽略。

在很多强类型的语言（如Java）中，函数都有"重载"的概念，即对于一个相同的函数名，根据参数的数量和类型的不同，可以定义出不同版本的函数。而JavaScript则通过arguments对

< 50 >

象，根据参数个数的不同会分别执行不同的命令，这样就可以实现函数重载的功能。下面使用arguments对象模拟函数重载，实例文件请参考本书配套的资源文件：第3章\3-12.html。

```html
1   <html>
2   <head>
3   <title>arguments</title>
4   <script>
5   function fnAdd(){
6       if(arguments.length == 0)
7           return;
8       else if(arguments.length == 1)
9           return arguments[0] + 5;
10      else{
11          let iSum = 0;
12          for(let i=0;i<arguments.length;i++)
13              iSum += arguments[i];
14          return iSum;
15      }
16  }
17  console.log(fnAdd(45));
18  console.log(fnAdd(45,50));
19  console.log(fnAdd(45,50,55,60));
20  </script>
21  </head>
22
23  <body>
24  </body>
25  </html>
```

以上代码中，函数fnAdd()根据传递参数个数的不同分别进行判断。如果参数个数为0则直接返回，如果参数个数为1则返回参数值加5的结果，如果参数个数大于1则返回参数值的和，其运行结果如下。

```
1   50
2   95
3   210
```

3.4.3　实例：杨辉三角

著名的杨辉三角相信读者一定不陌生，它是中学数学中必不可少的工具，是由数字排列而成的三角形数表，一般形式如图3.13所示。

杨辉三角的第n行是二项式$(x+y)^{n-1}$展开所对应的系数。例如第4行为$(x+y)^{4-1}$展开式$x^3+3x^2y+3xy^2+1$所对应的系数1、3、3、1，第6行为$(x+y)^{6-1}$展开式$x^5+5x^4y+10x^3y^2+10x^2y^3+5xy^4+1$所对应的系数1、5、10、10、5、1，依此类推。

杨辉三角另外一个重要的特性就是每一行首尾两个数字都是1，中间的数字等于上一行相邻两个数字的和，从图3.13中也能清楚地看出这一点，即排列组合中通常所运用的：

```
C(m,n)=C(m-1,n-1)+C(m-1,n)
```

< 51 >

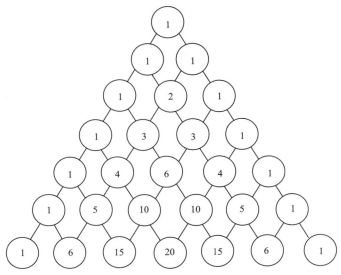

图 3.13　杨辉三角

　　根据以上性质，可以利用函数很轻松地将杨辉三角运算出来。函数接收一个参数，表示希望得到的杨辉三角的行数：

```
1    function Pascal(n){                  //杨辉三角，n为行数
2        //
3    }
```

　　在这个函数中同样采用两个for循环嵌套，外层循环为杨辉三角的行数，内层循环为每行的每一项，如下所示：

```
1    for(let i=0;i<n;i++){               //一共n行
2        for(let j=0;j<=i;j++){         //每行数字的个数即为行号，例如第一行1个数，第二行2个数
3
4        }
5        document.write("<br>");
6    }
```

　　而在每行中每一个数字均为组合数 C_m^n，其中 m 为行号（从0算起），n 为数字在该行中的序号（同样从0算起），即：

```
document.write(Combination(i,j)+"  ");
```

　　其中Combination(i,j)为计算组合数的函数，这个函数单独使用function声明，这样便可以反复调用。这个函数采用了组合数的特性 $C_m^n = C_{m-1}^{n-1} + C_{m-1}^n$。对于这样的特性，最有效的办法就是递归：

```
1    function Combination(m,n){
2        if(n==0) return 1;              //每行第一个数为1
3        else if(m==n) return 1;        //每行最后一个数为1
4        //其余数都是由上一行相邻数相加而来的
5        else return Combination(m-1,n-1)+Combination(m-1,n);
6    }
```

< 52 >

> **!注意**
>
> 　　以上函数在函数中又会调用函数本身，这被称为函数的递归。这在解决某些具有递归关系的问题时十分有效。
>
> 　　要特别指出的是，递归是程序设计中的重要概念和组成部分，但由于篇幅有限，本书不针对递归展开讲解了，仅用本案例做一下演示，有兴趣和能力的读者可以进一步拓展学习，因为理解递归是非常重要的。

　　实现杨辉三角的完整代码如下，实例文件请参考本书配套的资源文件：第3章\3-13.html。

```
1    <!DOCTYPE html>
2    <html>
3    <head>
4    <title>杨辉三角</title>
5    <script>
6    function Combination(m,n){
7        if(n==0) return 1;                        //每行第一个数为1
8        else if(m==n) return 1;                   //每行最后一个数为1
9        //其余数都是由上一行相邻数相加而来的
10       else return Combination(m-1,n-1)+Combination(m-1,n);
11   }
12   function Pascal(n){                            //杨辉三角，n为行数
13       for(let i=0;i<n;i++){                      //一共n行
14           for(let j=0;j<=i;j++) //每行数字的个数即为行号，例如第一行1个数，第二行2个数
15               document.write(Combination(i,j)+"  ");
16           document.write("<br>");
17       }
18   }
19   Pascal(10);                                   //直接传入希望得到的杨辉三角的行数
20   </script>
21   </head>
22
23   <body>
24   </body>
25   </html>
```

　　直接调用Pascal()函数，以10为例得到指定行数的杨辉三角，运行结果如图3.14所示，此时不再需要一行行单独计算了。

3.4.4　变量的作用域

案例讲解

　　在理解了函数的基本用法之后，这里要介绍一个非常重要的概念——作用域。

　　我们在编写程序的时候，需要不断地使用变量，它可能是一个数值、字符串、数组，也可能是一个函数等。因此我们必须要考虑一个问题，如果重名了怎么办？特别是如果要开发一个大型的软件项目，里面的各种

```
1
1 1
1 2 1
1 3 3 1
1 4 6 4 1
1 5 10 10 5 1
1 6 15 20 15 6 1
1 7 21 35 35 21 7 1
1 8 28 56 70 56 28 8 1
1 9 36 84 126 126 84 36 9 1
```

图 3.14　杨辉三角

< 53 >

业务概念和逻辑都非常复杂，如果有的变量不允许重名，那就会产生严重的问题。就像我们每个人的名字，如果国家要求每个新生儿登记户口的时候，都不能和其他人重名，那就是一场"灾难"了。

思考一下如何解决这个问题。

首先，每个人有两个关键的信息，一个是身份证号，一个是姓名。每个人的身份证号是唯一的，而姓名是可以重复的。

其次，当人们需要做一些审核严格的事情的时候（即绝对不能混淆的时候），比如在参加高考、买机票的时候，我们就必须要使用身份证号来作为唯一性标识。而在日常生活中，我们通常使用姓名来标识一个人。

那为什么我们在日常生活中使用可能重复的姓名，却没有引起太多的问题呢？其中的关键就是"作用域"，也可以理解为"上下文"。如果你的生活里认识两个叫张伟的人，但是你并不会把他们弄混，因为一个可能是你的同事，另一个可能是你的亲戚，他们所在的领域不同，从而不会产生混淆。即使你有两个同事都叫张伟，他们可能一个在销售部，另一个在技术部，这里实际上就使用了作用域的概念。相同的名字在不同的作用域会代表不同的变量，因此不会引起混乱。

作用域是所有高级语言都必不可少的概念，不同的语言也有不同的处理方法。早期的JavaScript处理作用域问题的方法比较简单，进而导致了很多问题。在ES6引入了let关键字和作用域以后解决了这些问题。

在ES6中，之所以允许不经let声明就可以使用变量，完全是因为要兼容旧的标准。从ES6自身的角度来说，所有的变量都应该由let关键词声明。

此外，ES6引入了作用域的概念，即每个变量的作用域是包含声明它的let语句的最内层的一对花括号。

例如，下面这段代码定义了一个用于交换两个变量值的函数。

```
1    let a=10;
2    let b=20;
3    function swap(){
4        let temp = a;
5        a = b;
6        b = temp;
7    }
```

可以看到，声明a和b两个变量的let语句外面没有花括号了，因此它们都是全局变量，而在函数内部，这两个变量都被用到了，即全局变量在所有地方都可以使用。再看函数内部声明的temp变量，它外面有一组花括号，因此它的作用域就是这对花括号之间，也就是在swap()函数范围内。在函数外就无法使用temp变量了。

再看一个例子。

```
1    let result;
2    function max(a, b){
3        let result;
4        if(a >= b){
5            result = a;
6        } else {
7            result = b;
8        }
9
```

< 54 >

```
10          return result;
11      }
12
13   result = max(a, b)
```

可以看到在max()函数的外面定义了一个result变量；进入max()函数以后，又定义了result变量。在这种情况下，在max()函数内部的result变量会隐藏外面的同名变量，即在max()函数内部，用到的result变量都是内部声明的result，而不是外面声明的同名变量。

再看一个例子：

```
1   let pairs = [];   //用于保存最终的结果
2   for(let a of team){
3       for(let b of team) {
4           if(a !== b)
5               pairs.push([a,b]);
6       }
7   }
```

最外层声明的pairs变量在循环里是有效的，而对于循环变量来说，虽然它并不在对应的花括号范围内，但其作用域就是循环的范围。

接下来考虑在3.4.1小节中我们定义函数的两种方法。一种是直接定义一个函数，另一种是使用函数表达式的方式定义函数。从输出结果来看，二者的结果似乎是完全相同的，但现在有了作用域的概念，就可以看出二者的区别了。

在第2章中，我们提到JavaScript中声明一个变量要用let关键字，如果不声明就直接使用这个变量，它会被自动地声明为一个全局变量（相当于在程序的最开头声明），这被称为"变量提升"。

在函数的声明中，也有类似的情况。我们反复提到JavaScript是一种面向对象的语言，因此JavaScript中的函数也是一个对象。每定义一个函数，实际上都是创建了一个对象，因此这个对象就应该要用let声明。如果对象没有经过let声明，它就会自动成为一个全局变量。

再来看一下下面的代码。

```
1   function greeting(name){
2       console.log('Hello ${name}.');
3   }
```

上面这段代码直接定义了greeting()函数，这个函数实际上是一个对象，因此其被自动地设置为了全局变量。而下面的代码则不同：

```
1   let greeting = function(name){
2       console.log('Hello ${name}.');
3   }
```

等号后面定义的是一个函数表达式，将它赋值给greeting变量，由于greeting变量是经由let关键字声明过的，因此它是一个局部变量。当然，如果仅仅是把两个函数写在程序里，则它们没有区别。但是如果某个函数是被定义在一个局部的作用域内的，它们就有区别了。

3.4.5　函数作为函数的参数

JavaScript是一种非常灵活且强大的语言，其很重要的一点体现为函数的用途上。例如，在

< 55 >

JavaScript中，函数可以作为函数的参数传递，这非常有用。

例如，考虑要写扑克游戏的程序，往往须对若干张牌进行排序，要排序就要比较两张牌的大小。而不同的扑克游戏的比较方式可能不一样，比如在有的扑克游戏中会先比较花色，如果花色相同再比较大小，而在有的扑克游戏中则会先比较数值大小，数值相同的情况下再比较花色，甚至还有其他的比较方式。现在我们希望有一个通用的排序函数，让各种扑克游戏都可以调用。

最佳的方案就是将排序的函数和比较大小的函数分离开，因为排序算法是固定的，写一次就行。每次调用排序函数的时候把比较函数作为参数传入，这样无论按照什么方式比较两张牌的大小，都可以统一地调用同一个排序函数。这个例子很好地说明了为什么"函数能够作为函数的参数"是一个很有意义的特性。

下面举一个实际的例子演示一下，JavaScript为乱序的数组提供了排序方法。

```
1    let numbers = [4, 2, 5, 1, 3];
2    numbers.sort();
3    console.log(numbers);
```

说明

从现在开始，我们不再加入console.log()来显示运行结果，因为使用浏览器就可以非常方便地显示运行结果。

执行上面的代码，得到的结果为：

```
> Array [1, 2, 3, 4, 5]
```

可以看到，一个乱序的数组，经过sort()函数后就变成从小到大排列的数组了。但是如果我们希望从大到小排列呢？固然是可以先得到从小到大排列的数组，再调用反序的方法实现。但是JavaScript还为我们提供了一个更直接的方法——在调用sort()函数时，可以接收一个函数参数，将上面的代码做如下修改。

```
1    function compare(a, b){
2        return a-b;
3    }
4    let numbers = [4, 2, 5, 1, 3];
5    numbers.sort(compare);
6    console.log(numbers);
```

可以看到其中定义了一个函数compare()，它的作用是返回两个数的差，然后将其作为参数传入sort()函数中，返回的结果不变。现在将return a-b改为 return b-a。

```
1    function compare(a, b){
2        return b-a;
3    }
4    let numbers = [4, 2, 5, 1, 3];
5    numbers.sort(compare);
6    console.log(numbers);
```

这时数组就变成从大到小排列了，这就是函数作为参数的作用。sort()函数中每次要比较两个元素大小的时候，就调用传入的compare()函数。如果得到的结果是正数就认为前面的数大；

< 56 >

如果等于0，就认为两个数一样大；如果是负数，就认为后面的数大。因此实际上sort()函数并没有比较两个数哪个大，而是将比较大小的任务交给传入的函数了。

因此，回到本小节开头的扑克游戏的例子，排序函数不用关心两张牌的大小是如何计算的，只要交给传进来负责比较的函数就可以了。

把函数作为函数参数的时候，也可以直接使用函数表达式。例如对上面的代码再次改写，我们可以不用占用一个变量，直接将定义函数的表达式作为参数传入，这样写代码就方便了。当然如果这个函数还会在其他很多地方使用，则不妨把它保存到一个变量中。

```
1  let numbers = [4, 2, 5, 1, 3];
2  numbers.sort(function(a, b) {
3      return b - a ;
4  });
5  console.log(numbers); // [5, 4, 3, 2, 1]
```

3.4.6 箭头函数

3.4.1小节介绍了定义函数的两种方式：直接定义与函数表达式。在ES6中又新增加了一种方式，即"箭头函数"。

箭头函数最基本的语法就是将函数表达式中的function改为箭头符号（=>），并移动到参数的右括号后面。=>符号读作"得到"（goes to）。例如3.4.5小节用的compare()函数，稍加改写就变成了箭头函数。

```
let compare = (a, b) => { return a-b; }
```

上面这行代码等号右边读作：输入a和b，得到a-b的差。这是一个表达式，故其也可以被赋给变量compare，赋值后的compare也就是一个函数了。

有以下几点需要注意。

（1）如果在函数体中只有一条语句，也是返回一个值的语句，则可以省略花括号，例如：

```
let compare = (a, b) => a-b;
```

（2）如果某个箭头函数只有一个参数，那么可以省略参数前后的圆括号，例如：

```
let abs = a => a > 0 ? a : -a;
```

（3）但是如果一个箭头函数没有参数，则不能省略参数的圆括号，例如：

```
1  let randomString = () => Math.random().toString().substr(2, 8);
2  let a = randomString();
3  console.log(a);
```

上面代码中利用Math的随机数生成函数生了一个随机的小数，将其转换成字符串后取小数点后8位。

（4）因此也可以把一个箭头函数直接作为参数传递给其他函数，例如：

```
1  let numbers = [4, 2, 5, 1, 3];
```

< 57 >

```
2    numbers.sort((a, b)=>a-b);
3    console.log(numbers);
```

可以看到采用箭头函数方式的代码非常简洁、易读。

要区分清楚把一个函数作为参数传入另一个函数与把一个函数的计算结果作为参数传入另一个函数。

当把一个函数作为参数传入另一个函数时，传入的要么是函数表达式，要么是函数的名字，都不会真正调用传入的函数，也就是函数名后面不会有()和实际参数，例如：

```
aFunction(fooFunction);
```

而当我们把一个函数的结果作为参数传入另一个函数的时候，会真正调用这个函数，例如：

```
bFunction(barFunction(/*实际参数*/));
```

到目前为止我们已经学了在JavaScript中定义函数的3种方式。现在看起来除了形式有区别，还没有发现它们之间实质的区别。在后面的章节中，我们还会继续深入探究它们之间的区别。

3.5 异常处理

知识点讲解

3.3节和3.4节介绍了3种基本的流程控制结构和函数的定义与调用，它们都是程序正常运行条件下的流程结构。但是在实际运行程序时，还会遇到一种特殊的流程结构——"异常处理"，也就是说，当遇到一些错误的时候，需要用一定的语法结构对其进行处理。

参考如下的代码，它实现了一个函数changeNumberBase()，它的功能是输入两个参数并进行进制转换。例如changeNumberBase(256,16)，表示把256换成用十六进制表示的结果，转换后的结果是100。

```
1    <script>
2        function changeNumberBase(num, base){
3            let result = num.toString(base);
4            return result;
5        }
6        console.log(changeNumberBase(256, 16));
7        console.log(changeNumberBase(16, 37));
8        console.log(changeNumberBase(16, 2));
9    </script>
```

执行上面的代码，在控制台显示的结果如图3.15所示。

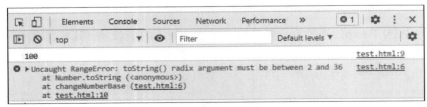

图 3.15　控制台显示的结果

< 58 >

可以看到，代码中3次调用changeNumberBase()函数，第1次调用得到100这个正确的结果。第2次调用时没有得到正确的结果，而是得到红色的报错信息。它的意思是，调用的toString()函数的参数必须大于或等于2并且小于或等于36，而我们调用时的参数是37，所以就报错了。而且一旦报错，后面的语句就不再执行了，因此第3次调用根本就没有执行。

因此，我们可以使用JavaScript语言中的try…catch结构来改变程序原有的流程，代码如下：

```
1   <script>
2       function changeNumberBase(num, base){
3           try{
4               let result = num.toString(base)
5               return result;
6           }
7           catch(err){
8               console.log(err);
9               return -1;
10          }
11      }
12      console.log(changeNumberBase(256, 16));
13      console.log(changeNumberBase(16, 37));
14      console.log(changeNumberBase(16, 2));
15  </script>
```

再次运行，可以看到结果如图3.16所示。在第2次调用时，把代码放在了由try定义的一个代码块中，然后增加了catch代码块。这就意味着在try代码块中，无论发生了任何错误，都会跳到catch代码块继续执行。在catch代码块中将错误信息输出到控制台，然后返回−1。这样做就不会中断程序的运行，而会继续执行第3次调用，因此在图3.16中可以看到最后一行的10000，这是第3次调用，也就是16的二进制形式。

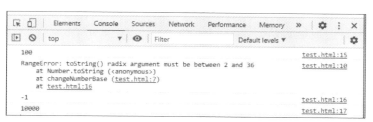

图 3.16　使用 try…catch 结构处理异常

完整的异常处理结构是 try…catch…finally结构。即在catch代码块后面还可以添加一个finally代码块，其中可以放置无论try代码块中是否发生异常都需要执行的代码。

- 如果try代码块中没有发生异常，catch代码块就不会被执行，而会直接执行finally代码块中的语句。
- 如果try代码块中执行到某个语句时发生了异常，就会立即跳入catch代码块执行，然后执行finally代码块中的语句。
- finally代码块可以省略。

JavaScript中还可以使用throw语句抛出异常，从而改变正常的流程。结合throw语句和finally代码块，我们举一个例子，代码如下。

```
1   <script>
2       function changeNumberBase(num, base){
3           try{
```

< 59 >

```
4              if(num <0)
5                   throw new Error("num不能小于0");
6              let result = num.toString(base)
7              return result;
8          }
9          catch(err){
10             console.log(err);
11             return -1;
12         }
13         finally{
14             console.log("如果结果是-1表示出错");
15         }
16     }
17     console.log(changeNumberBase(256, 16));
18     console.log('--------------------');
19     console.log(changeNumberBase(-16, 37));
20     console.log('--------------------');
21     console.log(changeNumberBase(16, 2));
22 </script>
```

在try代码块中，我们先对num参数进行检查，如果其小于0则抛出异常。然后在catch代码块的后面增加一个finally代码块，里面的语句无论是否抛出异常都会被执行。上述例子的运行结果如下。请读者自己来分析一下输出的各行信息及其顺序，这是考核读者是否理解本章知识的一个小测验。

```
1    如果结果是-1表示出错
2    100
3    --------------------
4    Error: num不能小于0
5        at changeNumberBase (test.html:8)
6        at test.html:21
7    如果结果是-1表示出错
8    -1
9    --------------------
10   如果结果是-1表示出错
11   10000
```

本章小结

在本章中，我们讲解了程序流控制的3种基本结构，即顺序结构、分支结构和循环结构，以及相应的一些语法特点。这3种结构与其他高级程序设计语言的比较接近。此外，我们还讲解了函数的相关知识。在JavaScript中，函数是一种特别重要的语法元素，在后面的章节中，我们还会带领读者不断加深对函数的理解。变量的作用域和箭头函数是两个需要读者理解的重点知识。本章最后简单介绍了一种控制流程的结构——异常处理。

< 60 >

一、关键词解释

顺序结构　　分支结构　　循环结构　　函数　　arguments对象　　块级作用域　异常处理

二、描述题

1. 请简单描述一下从本质上来说，程序流有几种结构，分别是什么。

2. 请简单描述一下逻辑运算符主要包括哪几个，它们的含义是什么。

3. 请简单描述一下运算符===和==的区别。

4. 请简单描述一下循环语句中while和do…while的联系和区别。

5. 请简单描述一下循环语句中break和continue的区别。

6. 请简单描述一下for…of和for…in的区别。

7. 请简单描述一下定义函数的方式有几种，分别是什么。

三、实操题

1. 给定一个正整数n，输出斐波那契数列的第n项。斐波那契数列指的是这样一个数列：0、1、1、2、3、5、8、13、21、34…在数学上，斐波那契数列以如下的递推方法而被定义：$F(0)=0$，$F(1)=1$，$F(n)=F(n-1)+F(n-2)$（$n \geqslant 2$，$n \in \mathbf{N^*}$）。

2. 删除数组中的重复项，例如数组['apple', 'orange', 'apple', 'banana', 'pear', 'banana']，去重后应为['apple', 'orange', 'banana', 'pear']。

< 61 >

第4章 JavaScript中的对象

在第2章和第3章中，我们介绍了JavaScript的一些基本概念，实际上仅从前面讲解的内容中还看不出JavaScript特有的一些语法结构和现象。从本章开始，我们就要慢慢深入JavaScript的内部，真正去理解它了。

对象是JavaScript比较特殊的特性之一，严格来说，前面章节介绍的一切（包括函数）都是对象。本章将围绕对象进行讲解，看看JavaScript中的对象和其他语言的有哪些类似的地方，以及有哪些不同之处。本章思维导图如下。

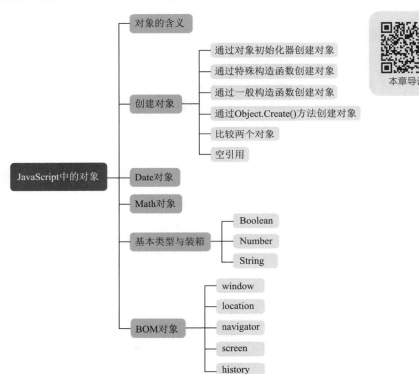

本章导读

4.1 理解对象的含义

知识点讲解

JavaScript中与对象相关的概念比较复杂和特殊，与大多数面向对象语言的有所不同。我们不妨先看一下其他大多数面向对象语言是如何构造和实现对象这个概念的，再看在

JavaScript中有什么不同。

4.1.1　理解常见的"类–对象"结构

"类"和"对象"是大多数面向对象语言中基本的概念，在Java、C++、C#、Python中都是如此。而实际上，其中的思想我们中国人已经使用了上千年了。如图4.1所示，照片里的物品是一个用于制作月饼的模子，可以看到一块木头上雕刻了3个凹陷的有花纹的凹槽，在制作月饼的时候，把材料填入凹槽，压实，然后倒扣出来，就可以快速地做出月饼了。月饼模子上有3个不同形状的凹槽，因此可以制作3种不同的月饼。

如果从面向对象程序设计的角度看，这就是一个典型的"类和对象"的关系。月饼模子相当于一个程序，一共定义了3个不同的"月饼类"，用这个模子，每倒扣一次，就可以产生1个、2个或者3个"月饼对象"。最重要的特点是，从每个"月饼类"产生的"月饼对象"都是一样的。

从这个例子可以看出，类的本质就是一个模板，利用这个模板可以产生无限量的对象实体。一个对象也可以被称为一个实例，这两个术语是可以通用的。从类产生对象的过程通常被称为创建。

当然，在我们实际编程的过程中，从同一个类中创建出来的对象不一定完全一模一样。这就好比一般的图章是固定的，但是也有一种专门用来盖日期的图章并不固定，如图4.2所示，左边的是月份章，右边的是日期章，图章上的箭头可以旋转以指向不同的数字。这样可以通过设定不同的日期来盖出来变化日期。

图 4.1　月饼模子

图 4.2　日期图章

基于上面的观察，我们可以给出稍微严谨一些的说法。

- 类就是具有相同属性和功能的对象的抽象。
- 对象是一个从类创建出来的实体。

当然，上述说法不能算是非常严谨的定义，至少有"循环定义"的嫌疑。不过现在并不需要追求非常严谨的定义，只要读者能够从上面的实例中充分理解类和对象的关系就可以了。因为如果没有充分实践经验作为基础，真正严谨的定义是难以理解的。

大多数面向对象语言编写的程序，本质上就是一组类的声明。比如，我们必须先制作好一套月饼模子，而后才能用它来制作月饼。制作月饼模子的过程就相当于声明一个类或定义一个类。

仍然使用月饼模子作为例子，用Java语言的语法来声明一个类，代码如下。

```
1    class MoonCake {
2        int radius=10;
```

< 63 >

```
3        int height=3;
4    }
```

class是在Java中声明（定义）一个类的关键字，MoonCake类中还包含了两个成员radius和height，它们代表了月饼的半径和高度。声明了MoonCake类之后，就可以实际"生产"（创建）月饼了，代码如下。

```
1    MoonCake mc1 = new MoonCake();
2    MoonCake mc2 = new MoonCake();
```

从上面的代码中可以看出，我们自己定义的MoonCake类就像是预定义的int、string等类型，被当作一个普通的类型来使用，例如上面声明了两个MoonCake类的变量mc1和mc2。自定义类型的变量不能直接使用，而必须要经过实例化步骤才可以被使用，实例化也被称为创建，须使用new运算符。

4.1.2 理解JavaScript中的对象

在4.1.1小节中我们看到，在Java等语言中，对象是通过类产生的，如果没有类，就不可能产生对象。而JavaScript则非常有趣、特殊，它有对象和实例这两个概念，但是没有类这个概念。对于熟悉了Java等语言的开发者，甚至很难想象这是如何做到的。

> **!注意**
>
> 在ES6中，虽然引入了class关键字，这看似可以采用与大多数语言类似的方法定义类，但其仅是一种"语法糖"，即让程序的编写变得简单，而本质上并没有改变JavaScript原来的体系结构。这个部分的内容我们会在后面的章节再做详细讲解。

在JavaScript中，对象是一种非常重要的数据类型，可以把它简单理解为一个集合。包含在对象里的成员可以通过两种形式来访问，即对象的属性（attribute）和方法（method）。属性是隶属于某个特定对象的变量，方法则是某个特定对象才能调用的函数。

对象是由一些彼此相关的属性和方法集合在一起所构成的一个数据实体。在JavaScript程序中，属性和方法都需要使用如下所示的点语法来访问。

```
1    object.property
2    object.method()
```

假设汽车对象为car，其拥有品牌（brand）、颜色（color）等属性，那么可以通过如下的方法来访问这些属性：

```
1    car.brand
2    car.color
```

再假设car关联着一些诸如move()、stop()、addOil()之类的函数，这些函数就是car对象的方法，可以使用如下语句来调用它们：

```
1    car.move()
2    car.stop()
3    car.addOil()
```

< 64 >

把car的属性和方法全部集合在一起，就得到了一个car对象。换句话说，可以把car对象看作car所有属性和方法的统称。

为了使car对象能够描述一辆特定的汽车，需要创建一个car对象的实例（instance）。实例是对象的具体表现。对象是统称，而实例是个体。例如宝马、奔驰都是汽车，都可以用car来描述，但一辆宝马汽车和一辆奔驰汽车则是不同的个体，有着不同的属性。因此它们虽然都是car对象，却是不同的实例。

在JavaScript中创建对象有很多种不同的方法，下面我们对它们进行介绍。

4.1.3　在JavaScript中创建对象

知识点讲解

1．通过对象初始化器创建对象

这是最简单的一种创建对象的方法，以下是定义对象的语法举例（实例文件请参考本书配套的资源文件：第4章\4-1.html）。

```
1    let car = {
2        brand: 'BMW',
3        color: 'white',
4        move: function () {
5            console.log('the car is moving. ')
6        }
7    }
```

上面的代码定义了一个car（汽车）对象，并对它进行了初始化，然后将其赋值给一个变量car。在初始化这个对象的时候，一共定义了3个成员，分别是两个数据成员（属性）brand（品牌）和color（颜色），以及一个函数成员（方法）move()（移动）。

成员的名称在JavaScript中非常灵活，通常使用字符串作为名称，但也可以有很多其他的形式，后面的章节再对此进行介绍。属性值可以是任意类型（包括其他对象）。像所有JavaScript变量一样，对象（可以是普通变量）的名称和成员名称都区分大小写。

在声明并初始化一个对象以后，就可以访问这个对象了，代码如下：

```
1    //访问已经声明的对象
2    console.log(car.brand)
3    console.log(car.color)
4    car.move()
```

成功执行上述代码后，将显示以下输出。

```
1    BMW
2    white
3    the car is moving.
```

在ES6中，针对某些情况，还有简写形式，例如（实例文件请参考本书配套的资源文件：第4章\4-2.html）：

```
1    let brand = 'BMW'
2    let color = 'white'
```

< 65 >

```
3    let car = {
4        brand,   // 等价于brand: brand
5        color: color
6    }
```

上面的代码中首先定义了两个变量brand和color，并给它们分别赋值，那么接下来用这两个变量初始化car的成员时，就可以使用简写形式。

上面的代码中，color属性没有使用简写，冒号前面的color是属性的名称，冒号后面的color是之前定义好的变量。而brand属性则使用了简写的形式，变量brand的值隐式分配给了对象的属性brand。使用简写语法，JavaScript引擎会在代码中查找具有相同名称的变量。如果找到，则将该变量的值分配给属性；如果找不到，则会引发错误。

2．通过特殊构造函数创建对象

JavaScript提供了一个被称为Object()的特殊构造函数来构建对象，new运算符用于创建对象的实例。以下是定义对象的语法举例（实例文件请参考本书配套的资源文件：第4章\4-3.html）。

```
1    let car = new Object()
2    car.brand= 'BMW'
3    car.color = 'white'
4    car.move= function () {
5        console.log('the car is moving. ')
6    }
7
8    //访问已经定义的对象
9    console.log(car.brand)
10   console.log(car.color)
11   car.move()
```

成功执行上述代码后，将显示以下输出。

```
1    BMW
2    white
3    the car is moving.
```

可以看到，使用Object()构造函数，首先创建一个对象，然后向其中加入多个成员，可以实现和前面使用对象初始化器创建对象完全相同的效果。

📝 说明

从这里可以看出JavaScript的灵活性。我们可以随时向一个对象中添加新的成员，这对于Java这样的静态语言是无法做到的。

需要注意的是，对象的未分配属性是未定义的。例如下面的代码（实例文件请参考本书配套的资源文件：第4章\4-4.html）：

```
1    let car = new Object()
2    car.brand= 'BMW'
3    console.log(car.color)
```

执行上述代码后，将显示以下输出。

< 66 >

Undefined

结合上面两种方法，也可以先用对象初始化器来构造一个对象，再向对象中添加属性，如下面的代码所示（实例文件请参考本书配套的资源文件：第4章\4-5.html）。

```
1   let car = {}
2   car.brand= 'BMW'
3   car.color = 'white'
4
5   //访问已经定义的对象
6   console.log(car.brand)
7   console.log(car.color)
```

成功执行上述代码后，将显示以下输出。

```
1   BMW
2   white
```

3. 使用一般构造函数创建对象

除了上述两种方法，在JavaScript中还可以通过一般构造函数创建对象，代码如下（实例文件请参考本书配套的资源文件：第4章\4-6.html）。

```
1   let Car = function() {
2       this.brand= 'BMW'
3       this.color = 'white'
4       this.move = function(){
5           console.log('the car is moving. ')
6       }
7   }
```

上面的代码定义了一个函数，这个函数本身并没有什么特殊之处，但是当使用new运算符调用这个函数的时候，它就不是一个普通的函数了，而是一个构造函数。它会创建出一个对象，并且this关键字就代表了新创建出的对象，因此这个对象包含了3个成员。构造函数的名称我们通常用大写字母开头，表示它是一个类型，而不是一个普通的变量。当然这仅仅是一个普通的习惯，并不是语法强制要求的。接下来就可以通过这个构造函数来创建对象了。

```
1   //创建对象并将其赋值给car变量
2   let car = new Car()
3   //访问已经定义的对象
4   console.log(car.brand)
5   console.log(car.color)
6   car.move()
```

成功执行上述代码后，将显示以下输出。

```
1   BMW
2   white
3   the car is moving.
```

< 67 >

可以看到，从结果来说，使用构造函数创建对象和前两种方法没有什么不同。但值得注意的是，在这里我们是不是可以看到大多数面向对象语言中的"类-实例"结构的影子？JavaScript正是使用构造函数的方式实现了面向对象。后面的章节中我们还会深入研究相关的问题，这里只做简单且直观的演示。

4．通过Object.create()方法创建对象

JavaScript还提供了使用Object.create()创建对象的方法，通过它可以在不定义构造函数的情况下，基于一个对象创建另一个对象，代码如下（实例文件请参考本书配套的资源文件：第4章\4-7.html）。

```
1   //创建一个对象
2   let bmw = new Object()
3   bmw.brand = 'BMW'bmw.color = 'white'
4   bmw.move = function () {
5       console.log('the car is moving. ')
6   }
7
8   //基于上面的对象创建另一个对象
9   let tesla = Object.create(bmw)
10  tesla.brand = 'TESLA'
11  //访问已经定义的对象
12  console.log(tesla.brand)
13  console.log(tesla.color)
14  tesla.move()
```

成功执行上述代码后，将显示以下输出。

```
1   TESLA
2   white
3   the car is moving.
```

可以看到Object.create()方法本质上是根据一个已经存在的对象复制出一个新的对象，然后重新设置对象的属性值。

5．比较两个对象

在JavaScript中，所有类型可被分为两类：基本类型和对象类型。基本类型，例如一个数字变量，是"值类型"；而对象类型则属于"引用类型"。

如果某个变量是值类型，那么这个值就直接在内存的栈中分配空间。如果某个变量是对象类型，那么变量本身同样在栈中，但是它存储的仅仅是一个地址，这个地址指向的是一块在堆中的内存空间，真正的对象就存储在这个空间里。也可以把这个对象的地址称为它的引用，从而把对象称为引用类型。

这也正是对象初始化器和new运算符的作用，当声明一个变量的时候，仅在栈上分配了一块空间。只有当初始化操作完成，或者使用new运算符调用一个构造函数真正创建了对象以后，这个变量才真正可以被访问。

因此，即使两个对象具有完全相同的属性和相同的属性值，这两个对象也不会相等。这是因为它们指向的是不同的内存地址。而如果两个变量指向（或者引用）同一个对象，那么这两个变

< 68 >

量就是相同的。参考如下代码（实例文件请参考本书配套的资源文件：第4章\4-8.html）。

```
1   let obj1 = {name: "Tom"};
2   let obj2 = {name: "Tom"};
3   let obj3 = obj1
4   console.log(obj1 == obj2)     // 返回false
5   console.log(obj1 === obj2)    // 返回false
6   console.log(obj1 == obj3)     // 返回true
7   console.log(obj1 === obj3)    // 返回true
```

在上面的示例中，obj1和obj2是两个不同的对象，它们指向两个不同的内存地址。因此，在进行相等性比较时，尽管看起来它们的内容相同，但是运算后返回的是false。

因为obj3变量被赋值为obj1，所以obj1和obj3指向的内存地址相同，进而在比较相等性时认为二者是相同的。

> **⚠ 注意**
>
> 　　在JavaScript中，==与===这两个运算符的区别在于===表示严格相等，即两个操作数类型相同，且值也相同；而==表示两个被比较的操作数如果类型不同，经过隐式（自动）类型转换之后值相同就认为相等。例如 123=="123"返回true，因为经过类型转换之后二者的值相同；而123==="123"返回false，因为二者类型不同。
>
> 　　在程序设计中，大多数最佳实践的指导原则都规定不能使用==运算符，而只能使用===运算符，以避免在程序中引入错误。

6. 空引用

在第2章中提到过，JavaScript中的简单数据类型共有6种，其中有两种比较特殊，分别是Undefined和Null。Undefined类型的值只有一个，即undefined，表示变量声明了但是从未被初始化，因此无法知道它是什么类型。

接下来介绍Null类型。Null类型的值也只有一个，即null。它表示的是一个引用类型变量，没有指向任何空间地址。在大多数语言（例如C语言）中都有null的存在，表示空指针或空引用，表达的都是同一个意思。例如下面的代码（实例文件请参考本书配套的资源文件：第4章\4-9.html）：

```
1    let mike = {
2        id: 'A23',
3        name: 'Mike'
4    }
5
6    let car = {
7        color: 'white',
8        maker: null,
9        status: 'planning'
10   }
```

上面的代码中先定义了一个对象mike，用于描述一个人；然后定义了一个对象car，用于描述一辆汽车。此时这辆汽车的状态是planning（计划中），因为它的生产者还没有确定。如果某个时刻它的状态变为生产中，并确定了生产它的人，代码就可以改写为：

```
1    let mike = {
```

< 69 >

```
2        id: 'A23',
3        name: 'Mike'
4    }
5
6    let car = {
7        color: 'white',
8        maker: mike,
9        status: 'producing'
10   }
```

null表示变量没有指向任何实际对象。

要注意变量是null和变量是空的对象之间的区别。

```
1    let a = null;
2    let b = { };
3    let c = new Object();
```

上述3行代码中：null表示a为空，不指向任何对象；而b和c都分别指向了一个真实存在的对象，但对象没有任何属性和方法，是内容为空的对象。

4.2 时间日期：Date对象

案例讲解

时间、日期与日常生活息息相关，在JavaScript中用专门的Date对象来处理时间、日期。ECMAScript把日期存储为距离UTC 1970年1月1日0时0分0秒的毫秒数。

✏️ 说明

协调世界时（coordinated universal time，UTC）是所有时区的基准标准时间。最早采用的是格林尼治标准时间（greenwich mean time，GMT），是指位于英国伦敦郊区的皇家格林尼治天文台的标准时间，因为本初子午线被定义为通过那里的经线。现在的协调世界时（UTC）由原子钟提供。

用以下代码可以创建一个新的Date对象。

```
let myDate = new Date();
```

以上代码创建出的myDate对象表示运行这行代码时的系统时间，通常可以利用这一点来计算程序执行的速度，举例如下（实例文件请参考本书配套的资源文件：第4章\4-10.html）：

```
1    <html>
2    <head>
3    <title>Date对象</title>
4    <script>
5    let myDate1 = new Date();      //运行代码前的时间
6    let sum=0;
7    for(let i=0;i<3000000;i++) { sum += i; }
8    let myDate2 = new Date();      //运行代码后的时间
9    console.log(myDate2-myDate1);
10   </script>
```

< 70 >

```
11  </head>
12
13  <body>
14  </body>
15  </html>
```

以上代码在执行前建立了一个Date对象myDate1，执行完毕后又建立了一个Date对象myDate2，二者相减便可得到代码运行所花费的毫秒数，输出结果是47。注意，不同计算机的计算速度有差异，输出结果可能不同。

另外，还可以利用参数来初始化Date对象，常用的方式有以下几种：

```
1  new Date("month dd,yyyy hh:mm:ss");
2  new Date("month dd,yyyy");
3  new Date(yyyy,mth,dd,hh,mm,ss);
4  new Date(yyyy,mth,dd);
5  new Date(ms);
```

前面4种方式都是直接输入年月日等参数，最后一种方式的参数表示创建时间与GMT1970年1月1日0时0分0秒之间相差的毫秒数。各个参数的含义如下。

- yyyy：四位数表示的年份。
- month：用英文表示的月份名称，值为January到December。
- mth：用整数表示的月份，值为0（1月）～11（12月）的整数。
- dd：表示一个月中的第几天，值为1～31的整数。
- hh：表示小时数，值为0～23的整数（24小时制）。
- mm：表示分钟数，值为0～59的整数。
- ss：表示秒数，值为0～59的整数。
- ms：表示毫秒数，值为大于或等于0的整数。

下面是使用上述参数创建Date对象的一些示例：

```
1  new Date("August 7,2008 20:08:00");
2  new Date("August 7,2008");
3  new Date(2008,7,8,20,08,00);
4  new Date(2008,7,8);
5  new Date(1218197280000);
```

以上各种形式的代码都创建了一个Date对象，都表示2008年8月8日，其中1、3、5这3种形式还指定时间是当天的20时08分00秒，其余的形式都表示0时0分0秒。

JavaScript还提供了很多获取时间细节的方法，常用的方法如表4.1所示。

表4.1　获取时间细节的方法

方法	描述
oDate.getFullYear()	返回4位数的年份（如2008、2010等）
oDate.getYear()	根据浏览器的不同返回2位数或者4位数的年份，不推荐使用
oDate.getMonth()	返回用整数表示的月份，值为0（1月）～11（12月）
oDate.getDate()	返回日期，值为1～31
oDate.getDay()	返回星期几，值为0（星期日）～6（星期六）

< 71 >

续表

方法	描述
oDate.getHours()	返回小时数，值为0～23（24小时制）
oDate.getMinutes()	返回分钟数，值为0～59
oDate.getSeconds()	返回秒数，值为0～59
oDate.getMilliseconds()	返回毫秒数，值为0～999
oDate.getTime()	返回从UTC 1970年1月1日0时0分0秒起经过的毫秒数

通过Date对象的方法，可以很轻松地获得一个时间的详细信息，并任意地组合使用，举例如下（实例文件请参考本书配套的资源文件：第4章\4-11.html）：

```
1    let oMyDate = new Date();
2    let iYear = oMyDate.getFullYear();
3    let iMonth = oMyDate.getMonth() + 1;      //月份是从0开始的
4    let iDate = oMyDate.getDate();
5    let iDay = oMyDate.getDay();
6    switch(iDay){
7        case 0:
8            iDay = "星期日";
9            break;
10       case 1:
11           iDay = "星期一";
12           break;
13       case 2:
14           iDay = "星期二";
15           break;
16       case 3:
17           iDay = "星期三";
18           break;
19       case 4:
20           iDay = "星期四";
21           break;
22       case 5:
23           iDay = "星期五";
24           break;
25       case 6:
26           iDay = "星期六";
27           break;
28       default:
29           iDay = "error";
30   }
31   console.log("今天是" + iYear + "年" + iMonth +"月" + iDate + "日," + iDay);
```

以上代码的输出结果如下。

今天是2021年3月23日,星期二

除了获取时间，很多时候还需要对时间进行设置。为此，Date对象同样提供了很多实用的方法，它们基本上与获取时间的方法一一对应，如表4.2所示。

< 72 >

表4.2　Date对象设置时间的方法

方法	描述
oDate.setFullYear(yyyy)	设置日期为某一年
oDate.setYear(yy)	设置日期为某一年，可以接受4位或者2位参数。如果参数为2位，则表示1900 ~ 1999的年份，不推荐使用
oDate.setMonth(mth)	设置月份，参数值为0（1月）~ 11（12月）
oDate.setDate(dd)	设置日期，参数值为1 ~ 31
oDate.setHours(hh)	设置小时数，参数值为0 ~ 23（24小时制）
oDate.setMinutes(mm)	设置分钟数，参数值为0 ~ 59
oDate.setSeconds(ss)	设置秒数，参数值为0 ~ 59
oDate.setMilliseconds(ms)	设置毫秒数，参数值为0 ~ 999
oDate.setTime(ms)	设置日期为从UTC 1970年1月1日0时0分0秒起经过毫秒数后的时间，可以为负数

通过这些方法可以很方便地设置某个Date对象的细节，读者可以自己实验，这里不再一一演示。通常时间计算最常用的是获得距离某个特殊时间为指定天数的日期，代码如下（实例文件请参考本书配套的资源文件：第4章\4-12.html）：

```
1  function disDate(oDate, iDate){
2      let ms = oDate.getTime();              //换成毫秒数
3      ms -= iDate*24*60*60*1000;             //计算相差的毫秒数
4      return new Date(ms);                   //返回新的时间对象
5  }
6  let oBeijing = new Date(2021,0,1);
7  let iNum = 100;                            //前100天
8  let oMyDate = disDate(oBeijing, iNum);
9  console.log(oMyDate.getFullYear()+"年"
10     +(oMyDate.getMonth()+1)+"月"
11     +oMyDate.getDate()+"日"
12     +"距离"+oBeijing.getFullYear()+"年"
13     +(oBeijing.getMonth()+1)+"月"
14     +oBeijing.getDate()+"日为"
15 +iNum+"天");
```

以上代码运行结果如下，通过将时间转化为毫秒数并赋给新的Date对象，便获得了想要的时间。

2020年9月23日距离2021年1月1日为100天

4.3　数学计算：Math对象

除了简单的加减乘除，在某些场合开发者需要进行更为复杂的数学运算。JavaScript的Math对象提供了一系列属性和方法，能够满足大多数场合的需求。

Math对象是JavaScript的全局对象，不需要由函数进行创建。有且只有一个Math对象。表4.3中列出了Math对象的一些常用属性，主要是数学领域的专用值。

< 73 >

表4.3　Math对象的常用属性

属性	说明
Math.E	返回值e（自然对数的底数）
Math.LN10	返回10的自然对数
Math.LN2	返回2的自然对数
Math.LOG2E	返回以2为底的e的对数
Math.LOG10E	返回以10为底的e的对数
Math.PI	返回圆周率 π
Math.SQRT1_2	返回1/2的平方根
Math.SQRT2	返回2的平方根

Math对象还包括许多专门用于进行数学计算的方法，例如min()和max()。这两个方法用来返回一组数中的最小值和最大值，它们均可接受任意多个参数，如下所示（实例文件请参考本书配套的资源文件：第4章\4-13.html）：

```
1   let iMax = Math.max(18,78,65,14,54);
2   console.log(iMax); //78
3   let iMin = Math.min(18,78,65,14,54);
4   console.log(iMin); //14
```

小数转化为整数是数学计算中很常见的运算，Math对象提供了3种方法来做相关的处理，分别是ceil()、floor()、round()。其中ceil()表示向上舍入，它把数字向上舍入为最接近的整数。floor()则正好相反。而round()则是通常所说的四舍五入，简单举例如下（实例文件请参考本书配套的资源文件：第4章\4-14.html）：

```
1   //向上舍入
2   console.log("ceil: " + Math.ceil(-25.6) + " " + Math.ceil(25.6));
3   //向下舍入
4   console.log("floor: " + Math.floor(-25.6) + " " + Math.floor(25.6));
5   //四舍五入
6   console.log("round: " + Math.round(-25.6) + " " + Math.round(25.6));
```

以上代码对这3种方法分别用一个正数25.6和一个负数-25.6进行了测试，运行结果如下，从中能够很明显地看出各种方法的处理结果，读者可根据实际情况进行选用。

```
1   ceil: -25 26
2   floor: -26 25
3   round: -26 26
```

Math对象另外一个非常实用的方法便是用于生成随机数的random()方法。该方法返回一个0~1的随机数，包括0但不包括1。这是在页面上随机显示新闻等的常用方法，可用下面的形式调用random()方法来获得某个范围内的随机数：

```
Math.floor(Math.random() * total_number_of_choices + first_possible_value)
```

以上代码使用的是前面介绍的floor()方法。因为random()返回的都是小数，所以如果想选择一个1~100（包括1和100）的整数，代码如下：

< 74 >

```
let iNum = Math.floor(Math.random()*100 + 1);
```

如果想选择2~99（只有98个整数，第一个值为2）的整数，代码如下：

```
let iNum = Math.floor(Math.random()*98 + 2);
```

通常会将随机选择的相关代码打包成一个函数，以便随时调用。例如随机选取数组中的某一个元素也是采用同样的方法，代码如下（实例文件请参考本书配套的资源文件：第4章\4-15.html）：

```
1  function selectFrom(iFirstValue, iLastValue){
2      let iChoices = iLastValue - iFirstValue + 1;    //计算项数
3      return Math.floor(Math.random()*iChoices+iFirstValue);
4  }
5  let iNum = selectFrom(2,99);                              //随机选择数字
6  let aFruits = ["apple","pear","peach","orange","watermelon","banana"];
7  //随机选择数组元素
8  let sFruit = aFruits[selectFrom(0,aFruits.length-1)];
9  console.log(iNum + " " + sFruit);
```

以上代码将随机选择一个范围内的整数并封装在函数selectFrom()中。随机选择数字、随机选择数组元素都可以调用同一个函数实现，十分方便。输出结果如下，注意每次输出的结果可能不同。

```
21 watermelon
```

除了以上介绍的方法外，Math对象还有很多方法，如表4.4所示，此处不再一一介绍，读者可以逐一实验。

表4.4　Math对象常用的方法

方法	说明
Math.abs(x)	返回x的绝对值
Math.acos(x)	返回x的反余弦值，其中x的范围为[-1,1]，返回值的范围为$[0,\pi]$
Math.asin(x)	返回x的反正弦值，其中x的范围为[-1,1]，返回值的范围为$[-\pi/2,\pi/2]$
Math.atan(x)	返回x的反正切值，返回值的范围为$(-\pi/2,\pi/2)$
Math.atan2(y,x)	返回原点和点(x,y)的连线与x正半轴的夹角，夹角范围为$(-\pi,\pi]$
Math.cos(x)	返回x的余弦值
Math.exp(x)	返回e的x次方
Math.log(x)	返回x的自然对数
Math.pow(x,y)	返回x的y次方
Math.sin(x)	返回x的正弦值
Math.sqrt(x)	返回x的平方根，x必须大于或等于0
Math.tan(x)	返回x的正切值

< 75 >

4.4 基本类型与装箱

知识点讲解

为了方便操作原始值，JavaScript提供了 3 种特殊的引用类型：Boolean、Number和String。这几个类型具有与其他引用类型一样的性质，但也具有与各自基本类型（布尔型、数值型、字符串型）对应的特殊行为。

基本类型使用特别频繁，因此对性能要求很高。通常基本类型占用的内存结构比较简单，但是如果都像对象那样在堆中分配空间，对其进行引用时就会大大降低性能。因此，基本类型都是直接分配在栈上的，而不需要使用堆空间。但是这样也会产生一个问题，当需要对基本类型的值调用一些操作的时候，该如何处理呢？

观察下面的例子：

```
1    let num = 10;
2    let s = num.toExponential(1)
3    console.log(num);                           // "1.0e+1"
```

在这里，num是一个数值型的原始值，这时它就保存在栈空间里。然后第2行在num上调用了toExponential () 方法，并把结果保存到变量s中。原始值本身不是对象，没有方法，那么toExponential ()方法是如何实现的呢？是通过JavaScript引擎对代码进行相关处理而实现的，这个处理操作被称为"装箱"（boxing）操作，也就是创建了一个Number类型的对象，这使得原始值具有了对象的特性。经过装箱操作后，原始值暂时成为了一个对象。但是访问结束后，系统会立即销毁这个对象。

引用类型与原始值包装类型的主要区别在于对象的生命周期。在通过new实例化引用类型后，得到的实例会在离开作用域时被销毁，而自动创建的原始值包装对象则只存在于访问它的那行代码的执行期间。这意味着不能在运行时给原始值经装箱后的对象添加属性和方法。必要时，也可以显式地使用Boolean、Number和String的构造函数创建原始值包装对象，不过应该在确实必要时再这么做。

另外，Object()构造函数作为一个工厂方法，能够根据传入值的类型返回相应原始值包装类型的实例。比如：

```
1    let obj = new Object("some text");
2    console.log(obj instanceof String);         // true
```

传给Object()构造函数的如果是字符串，则会创建一个String的实例；如果是数值，则会创建一个Number的实例；如果是布尔值，则会创建一个Boolean的实例。

注意，使用new调用原始值包装类型的构造函数，与调用同名的强制类型转换函数并不一样。例如下面的代码：

```
1    let value = "25";
2    let number = Number(value);                 // 转型函数
3    console.log(typeof number);                 // number
4    let obj = new Number(value);                // 构造函数
5    console.log(typeof obj);                    // object
```

可以看到在Number()前面是否有new，会对结果产生本质的影响。变量 number 中得到的是

< 76 >

一个值为 25 的原始数值，它是由字符串25转换而来的。而变量 obj 中得到的是一个Number类型的对象。注意二者是有区别的。

4.4.1 Boolean

Boolean是对应布尔值的装箱引用类型。要创建一个Boolean对象，就要使用Boolean()构造函数并传入 true或false，如下所示：

```
let booleanObject = new Boolean(true);
```

Boolean对象在实际开发中用得很少。不仅如此，它还容易引起误会，尤其是在布尔表达式中使用Boolean对象时，比如：

```
1   let falseValue = false
2   result = falseValue && true
3   console.log(result);              // false
4
5   let falseObject = new Boolean(false)
6   let result = falseObject && true
7   console.log(result);              // true
```

在这段代码中，前半部分是常规的代码，false与true进行与操作，结果是false，这是正确且符合"直觉"的。

而后半部分创建了一个值为false的Boolean对象。这时，在一个表达式中将这个对象与一个原始值true进行与操作，得到的结果是true，这个结果初看起来是违背"直觉"的，但这是正确的。其原因在于一个不等于null的对象在进行逻辑运算的时候，都会自动转为true，即falseObject在表达式里表示true，true && true的结果当然是true。

因此，从这里也可以看出，JavaScript这样的弱类型语言，虽然提供了很多自动转换的便利，但是也可能在不经意的时候带来一些容易出错的地方，需要开发者时刻保持注意。

4.4.2 Number

与4.4.1小节介绍的Boolean类型类似，Number是数值装箱后的引用类型。要创建一个Number对象，就要使用Number()构造函数并传入一个数值，如下所示：

```
let numberObject = new Number(10);
```

Number类型还提供了几个用于将数值格式化为字符串的方法。
toFixed()方法返回包含指定小数位数的数值字符串，如：

```
1   let num = 10;
2   console.log(num.toFixed(2)); // "10.00"
```

以上代码的 toFixed()方法接收了参数2，表示返回的数值字符串要包含2位小数。返回值为"10.00"，小数位填充了0。如果数值本身的小数位超过了参数指定的位数，则四舍五入到最接近的小数值：

< 77 >

```
1    let num = 10.005;
2    console.log(num.toFixed(2));                    // "10.01"
```

toFixed()自动舍入的特点可以用于处理货币值。不过需要注意的是，多个浮点数的数学计算不一定会得到精确的结果，比如，0.1 + 0.2 = 0.30000000000000004。注意，toFixed()方法可以表示有 0～20 个小数位的数值。某些浏览器可能支持更大的范围，但0～20是通常被支持的范围。

另一个用于格式化数值的方法是toExponential()，用于返回以科学记数法（也称指数记数法）表示的数值字符串。与toFixed()一样，toExponential()也会接收一个参数，表示结果中小数的位数。来看下面的例子：

```
1    let num = 10;
2    console.log(num.toExponential(1));              // "1.0e+1"
```

这段代码的输出为"1.0e+1"。一般来说，比较小的数不用表示为科学记数法形式。如果想得到数值最适当的形式，则可以使用toPrecision()。toPrecision()方法会根据情况返回最合理的输出结果，可能是固定长度，也可能是科学记数法形式。toPrecision()方法接收一个参数，表示结果中数字的总位数（不包含指数）。来看一个例子：

```
1    let num = 99;
2    console.log(num.toPrecision(1));                // "1e+2"
3    console.log(num.toPrecision(2));                // "99"
4    console.log(num.toPrecision(3));                // "99.0"
```

在这个例子中，首先要用 1 位数字表示数值 99，得到"1e+2"，也就是 100。因为 99 不能只用 1 位数字来精确表示，所以toPrecision()方法就将它舍入为 100，这样就可以只用 1 位数字（及其科学记数法形式）来表示了。用 2 位数字表示 99 得到"99"，用 3 位数字则是"99.0"。在本质上，toPrecision()方法会根据数值和精度来决定调用toFixed()还是toExponential()。为了以正确的小数位精确表示数值，这 3 个方法都会向上或向下舍入。

注意，toPrecision()方法可以表示带 1～21 个小数位的数值。某些浏览器可能支持更大的范围，但1～21是通常被支持的范围。

与Boolean对象类似，Number对象也为数值提供了封装能力。但是，考虑到两者存在同样的潜在问题，因此并不建议直接实例化Number对象。ES6 新增了Number.isInteger()方法，用于辨别数值是否被保存为整数。有时候，小数位的 0 可能会让人误以为数值是浮点数：

```
1    console.log(Number.isInteger(1));               // true
2    console.log(Number.isInteger(1.00));            // true
3    console.log(Number.isInteger(1.01));            // false
```

4.4.3 String

与Boolean和Number类型一样，在JavaScript中，字符串本身是基本类型，而不是引用类型。为了给字符串添加各种辅助方法以及属性，产生了对应的引用类型——String类型。

例如定义了length属性，返回字符串的长度。但要注意，对于中文这样的双字节语言，返回值可能是不准确的。

< 78 >

此外JavaScript中还定义了若干方法，如下所示。

- charAt()：返回指定索引处的字符。
- charCodeAt()：返回一个数字，指示给定索引处字符的Unicode值。
- concat()：合并两个字符串的文本并返回一个新字符串。
- indexOf()：返回调用String对象中指定值第一次出现时的索引。如果没有找到，则返回−1。
- lastIndexOf()：返回调用String对象中指定值最后一次出现时的索引。如果没有找到，则返回−1。
- localeCompare()：返回1个数字，该数字指示引用字符串是位于给定字符串之前还是之后，还是与给定字符串的排序相同。
- match()：用于将正则表达式与字符串匹配。
- replace()：用于查找正则表达式与字符串之间的匹配，并用新的子字符串替换匹配的子字符串。
- search()：执行正则表达式与指定字符串之间匹配的搜索操作。
- slice()：提取字符串的一部分并返回一个新字符串。
- split()：通过将字符串分隔为子字符串来将String对象拆分为字符串数组。
- substr()：通过指定的字符数返回从指定索引开始的字符串中的字符。
- substring()：将字符串中两个索引之间的字符返回到字符串中。
- toLocaleLowerCase()：将字符串中的字符在考虑当前区域设置的同时转换为小写。
- toLocaleUpperCase()：将字符串中的字符在考虑当前区域设置的同时转换为大写。
- toLowerCase()：返回字符转换为小写的调用字符串值。
- toString()：返回表示指定对象的字符串。
- toUpperCase()：返回字符转换为大写的调用字符串值。
- valueOf()：返回指定对象的原始值。
- startsWith()：判断参数是否以某字符串开头。
- endsWith()：判断参数是否以某字符串结尾。
- includes：判断参数是否包含某字符串。
- repeat()：返回将字符串重复指定次数以后的字符串。

这些方法的具体使用方法非常简单，如果需要详细的说明，在网络上搜索一下就会有非常多的讲解。因此，这里只给出简单说明，使读者了解已有哪些方法可以直接使用。

4.5 BOM简介

案例讲解

JavaScript代码是在浏览器中运行的，JavaScript也提供了一系列对象用于与浏览器窗口进行交互。这些对象主要包括window、location、navigator、screen、history等，它们通常被统称为BOM。本节仅对其做简单介绍，读者在实际开发时可以查找与其相关的详细资料。

4.5.1 window对象

window对象表示整个浏览器窗口，其对操作浏览器窗口非常有用。浏览器窗口最常使用4个方法。

< 79 >

- moveBy(dx,dy)。该方法把浏览器窗口相对于当前位置水平向右移动dx个像素，垂直向下移动dy个像素。当dx和dy为负数时则向相反的方向移动。
- moveTo(x,y)。该方法把浏览器窗口移动到用户屏幕的(x,y)处。x和y同样可以使用负数，只不过这样会把窗口移出屏幕。
- resizeBy(dw,dh)。相对于浏览器窗口的当前大小，把宽度增加dw个像素，高度增加dh个像素。两个参数同样都可以使用负数来缩小窗口。
- resizeTo(w,h)。把浏览器窗口的宽度调整为w像素，高度调整为h像素，w和h不能使用负数。

对于以上方法，屏幕的坐标原点都是左上角，x轴的正方向为从左到右，y轴的正方向为从上到下，如图4.3所示。

图4.3　屏幕坐标

以上代码的简单示例如下，读者可以自行实验：

```
1    window.moveBy(20,15);
2    window.resizeTo(240,360);
3    window.resizeBy(-50,0);
4    window.moveTo(100,100);
```

window对象另外一个常用的方法就是open()，它主要用来打开新的窗口。该方法接受4个参数，分别为新窗口的URL（uniform resource locator，统一资源定位符）、新窗口的名称、特性字符串说明，以及新窗口是否替换当前载入页面的布尔值。通常只使用前2个或前3个参数，最简单的示例如下：

```
window.open("http://www.artech.cn","_blank");
```

这行代码表示用户单击了一个超链接，其地址为http://www.artech.cn，打开的是一个新的窗口。当然也可以设置打开_self、_parent、_top或者框架的名称，这些都与HTML中<a>标记的target属性值对应。

以上代码只设置了2个参数，如果设置3个参数，则可以设置被打开窗口的一些特性。第3个参数的设置如表4.5所示。

表4.5　window对象中第3个参数的设置

设置	值	说明
left	Number	新窗口的左坐标
top	Number	新窗口的上坐标
height	Number	新窗口的高度
width	Number	新窗口的宽度
resizable	yes、no	是否能通过拖动来调整新窗口的大小，默认为no
scrollable	yes、no	新窗口是否允许使用滚动条，默认为no
toolbar	yes、no	新窗口是否显示工具栏，默认为no
status	yes、no	新窗口是否显示状态栏，默认为no
location	yes、no	新窗口是否显示Web地址栏，默认为no

< 80 >

这些特性字符串用逗号分隔的。在逗号或者等号前后不能有空格。例如下面语句的字符串是无效的：

```
window.open("http://www.artech.cn","_blank","height=300, width= 400,top
=30, left=40, resizable= yes");
```

由于逗号以及等号前后有空格，因此上面的字符串无效。只有删除空格后，代码才能正常运行，正确代码如下所示：

```
window.open("http://www.artech.cn","_blank","height=300,width=400,top=30,
left=40,resizable=yes");
```

window.open()方法返回新窗口的window对象，利用这个对象就能轻松地操作新打开的窗口，如下：

```
1   let oWin = window.open("http://www.artech.cn",
        "_blank","height=300,width=400,top=30,left=40,resizable=yes");
2   oWin.resizeTo(400,300);
3   oWin.moveTo(100,100);
```

另外还可以调用close()方法关闭新窗口：

```
oWin.close();
```

如果新窗口中有代码段，还可以在代码段中加入如下语句以关闭其自身：

```
window.close();
```

新窗口同样可以对打开它的窗口进行操作，利用window对象的opener属性就可以访问打开它的原窗口，即：

```
oWin.opener
```

!　注意

　　在有些情况下，弹出窗口对网页有利，但通常应当避免弹出窗口，因为大量的"垃圾网站"都是通过弹出窗口来显示小广告的，很多用户对此十分反感，甚至会直接在浏览器中设置屏蔽弹出窗口。

除了弹出窗口外，网页还可以通过其他方式向用户弹出信息，即利用window对象的alert()、confirm()和prompt()方法。

alert()方法前面已经多次使用，它只接收一个参数，即弹出的对话框要显示的内容。调用alert()方法后浏览器会创建一个单选按钮的消息框，如下所示（实例文件请参考本书配套的资源文件：第4章\4-16.html）：

```
alert("Hello World");
```

显示效果如图4.4所示。

通常在用户输入无效数据时会采用alert()方法进行提示，因为它是单向的，所以其不与用户产生交互。另外一个常用的对话框要调用confirm()方法，它

图 4.4　alert() 方法

< 81 >

弹出的对话框除了"确定"按钮外还有"取消"按钮，并且该方法会返回一个布尔值，即当用户选择"确定"时返回true，选择"取消"时返回false，如下所示（实例文件请参考本书配套的资源文件：第4章\4-17.html）：

```
1    if(confirm("确定要删掉整个表格吗？"))
2        alert("表格删除中……");
3    else
4        alert("没有删除");
```

以上代码运行时首先会弹出图4.5所示的对话框，如果选择"确定"则显示"表格删除中……"，如果选择"取消"则显示"没有删除"。

prompt()方法在前面的示例中已经出现过了，它通过让用户输入参数，从而实现进一步的交互。

图4.5　confirm()方法

该方法接收两个参数，第一个参数为显示给用户的文本，第二个参数为文本框中的默认值（可以为空）。这个方法可返回字符串，值为用户的输入，如下所示（实例文件请参考本书配套的资源文件：第4章\4-18.html）：

```
1    let sInput = prompt("输入您的姓名","张三");
2    if(sInput != null)
3        alert("Hello " + sInput);
```

以上代码运行时弹出的对话框如图4.6所示，对话框中已经有默认值显示，并提示用户输入姓名。用户输入的姓名会返回给sInput变量。

window还有一个非常实用的属性，即history。尽管没有办法获取历史页面的URL，但通过history属性可以访问历史页面。如果希望浏览器后退一页则可以使用：

图4.6　prompt()方法

```
window.history.go(-1);
```

如果希望浏览器前进一页，则仅须使用正数1：

```
window.history.go(1);
```

以上两句代码可以分别用back()和forward()来实现同样的效果：

```
1    window.history.back();
2    window.history.forward();
```

4.5.2　location对象

location对象的主要作用是分析和设置页面的URL，它是window对象和document对象的属性（历史遗留下来的一些问题）。location对象表示载入窗口的URL，它的一些属性如表4.6所示。

< 82 >

表4.6　location对象的属性

属性	说明	示例
hash	如果URL包含书签#，则返回该符号后的内容	#section1
host	服务器的名称	learning.artech.cn
href	当前载入窗口的完整URL	https://learning.artech.cn/post.html?id=628
pathname	URL中主机名后的部分	/post.html
port	URL中请求的端口号	80
protocol	URL使用的协议	https
search	执行GET请求的URL中问号（？）后的部分	?id=628

其中location.href是最常用的属性，用于获得或设置窗口的URL，类似于document的URL属性。改变该属性的值就可以将网页导航到新的页面：

```
location.href = "http://www.artech.cn";
```

经过测试发现，location.href对各个浏览器的兼容性都很好，并且会执行该语句之后的其他代码。采用location.href方式导航，新地址会被加入浏览器的历史栈中，放在前一个页面之后，这意味着可以通过浏览器的"后退"按钮访问之前的页面。

如果不希望用户通过"后退"按钮来访问原来的页面，例如针对安全级别较高的银行系统等情景，则可以利用replace()方法，如下所示：

```
location.replace("http://www.artech.cn");
```

location还有一个十分有用的方法reload()，用来重新加载页面。reload()方法接收一个布尔值，接收的如果是false则从浏览器的缓存中重载页面，如果是true则从服务器上重载页面，默认值为false。因此要从服务器重载页面可以使用如下代码：

```
location.reload(true);
```

4.5.3　navigator对象

在客户端浏览器检测中很重要的对象之一就是navigator对象。navigator对象是最早实现的BOM对象之一，始于Netscape Navigator 2.0和IE 4.0。该对象包含了浏览器信息的一系列属性，包括名称、版本号、平台等。

navigator对象的属性和方法非常多，但4种常用的浏览器IE、Firefox、Opera和Safari都支持的属性和方法并不多，具体如表4.7所示。

表4.7　navigator对象的属性和方法

属性/方法	说明
appCodeName	浏览器代码名的字符串表示（例如"Mozilla"）
appName	官方浏览器名的字符串表示
appVersion	浏览器版本信息的字符串表示

< 83 >

续表

属性/方法	说明
javaEnabled()	布尔值，设置是否启用Java
platform	运行浏览器的计算机平台的字符串表示
plugins	安装在浏览器中的插件的组数
taintEnabled()	布尔值，设置是否启用数据感染
userAgent	用户代理字符串的字符串表示

其中常用的是userAgent属性，通常浏览器的判断操作都是通过该属性来完成的。基本的方法就是先将它的值赋给一个变量，代码如下（实例文件请参考本书配套的资源文件：第4章\4-19.html）：

```
1   let sUserAgent = navigator.userAgent;
2   document.write(sUserAgent);
```

以上代码在Windows 10计算机上的IE 11和Chrome 89中的运行结果分别如图4.7和图4.8所示，从运行结果就能看出userAgent属性的强大。

图 4.7　IE 11 上的运行结果

图 4.8　Chrome 89 上的运行结果

因此只要总结出主流浏览器的主流版本所显示的userAgent，就能够对浏览器各方面的信息做很好的判断。这里不再一一分析各种浏览器的细节，直接给出最终示例如下（实例文件请参考本书配套的资源文件：第4章\4-20.html），有兴趣的读者可以安装多个浏览器，在多个操作系统中进行测试。

```
1   <html>
2   <head>
3   <title>检测浏览器和操作系统</title>
4   <script>
5   let ua = navigator.userAgent;
6   console.log(ua);
7   //检测浏览器
8   let isChrome = ua.indexOf("Chrome") > -1;
9   let isIE = ua.indexOf("MSIE") > -1 || ua.indexOf("rv:") > -1;
10  let isFirefox = ua.indexOf("Firefox") > -1;
11  let isSafari = ua.indexOf("Safari") > -1 && !isChrome;
12  let isOpera = ua.indexOf("OP") > -1 && !isChrome;
13
14  //检测操作系统
15  let isWin = (navigator.platform == "Win32") || (navigator.platform == "Windows");
16  let isMac = (navigator.platform == "Mac");
17  let isUnix = (navigator.platform == "X11") && !isWin && !isMac;
18
19  if(isChrome) document.write("Chrome");
20  if(isSafari) document.write("Safari");
```

< 84 >

```
21  if(isIE) document.write("IE");
22  if(isFirefox) document.write("Mozilla");
23  if(isOpera) document.write("Opera");
24
25  if(isWin) document.write("Windows");
26  if(isMac) document.write("Mac");
27  if(isUnix) document.write("Unix");
28  </script>
29  </head>
30
31  <body>
32  </body>
33  </html>
```

以上代码在Windows 10计算机的IE 11和Chrome中运行的结果如图4.9所示。

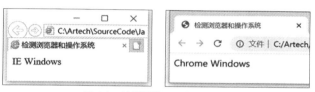

图 4.9　检测浏览器和操作系统

4.5.4　screen对象

screen对象是window对象的属性之一，主要用来获取用户的屏幕信息，因为有时候需要根据用户屏幕的分辨率来调节新打开窗口的大小。screen对象包括的属性如表4.8所示。

表4.8　screen对象的属性

属性	说明
availHeight	窗口可以使用的屏幕高度，其中包括操作系统元素（如windows工具栏）所需要的空间，单位是像素（px）
availWidth	窗口可以使用的屏幕宽度
colorDepth	用户表示颜色的位数
height	屏幕的高度
width	屏幕的宽度

在确定窗口大小时，availHeight和availWidth属性非常有用。例如可以使用如下代码来填充用户的屏幕：

```
1  window.moveTo(0,0);
2  window.resizeTo(screen.availWidth, screen.availHeight);
```

4.5.5　history对象

history对象表示当前窗口从首次使用以来用户的导航历史记录。因为history是window的属性，所以每个window都有自己的history对象。出于安全考虑，history对象不会暴露用户访问过的URL，但通过它可以在不知道实际URL的情况下前进和后退。

< 85 >

1．导航

go()方法可以在用户历史记录中沿任何方向导航，可以前进也可以后退。这个方法只接收一个参数，这个参数可以是一个整数，表示前进或后退多少步。负值表示在历史记录中后退（类似单击浏览器的"后退"按钮），而正值则表示在历史记录中前进（类似单击浏览器的"前进"按钮）。下面来看几个例子：

```
1    // 后退一页
2    history.go(-1);
3
4    // 前进一页
5    history.go(1);
6
7    // 前进两页
8    history.go(2);
```

go()方法的参数也可以是一个字符串，这种情况下浏览器会导航到历史记录中包含该字符串的第一个位置。最接近的位置可能涉及后退，也可能涉及前进。如果历史记录中没有匹配的项，则这个方法什么也不做，如下所示：

```
1    // 导航到最近的wrox.com页面
2    history.go("wrox.com");
3
4    // 导航到最近的nczonline.net页面
5    history.go("nczonline.net");
```

go()有两个简写方法：back()和forward()。顾名思义，这两个方法模拟了浏览器的"后退"按钮和"前进"按钮：

```
1    // 后退一页
2    history.back();
3
4    // 前进一页
5    history.forward();
```

history对象还有一个length属性，表示历史记录中有多个条目。这个属性反映了历史记录的数量，包括可以前进和后退的页面。对于窗口或标签页中加载的第一个页面，它的history.length等于1。

通过以下方法测试history.length，可以判断用户浏览器的起点是不是用户窗口中的页面：

```
1    if (history.length == 1){
2        // 这是用户窗口中的第一个页面
3    }
```

history对象通常被用于创建"后退"和"前进"按钮，以及确定页面是不是用户历史记录中的第一条记录。

< 86 >

> ⚠ **注意**
>
> 　　如果页面URL发生变化，则会在历史记录中生成一条新记录。对于 2009 年以来发布的主流浏览器，同时还会改变URL的哈希值（因此，把location.hash 设置为一个新值会在这些浏览器的历史记录中增加一条记录）。这个方法常被单页应用程序框架用来模拟前进和后退，这样做是为了避免因导航而触发页面刷新。

2．历史状态管理

　　现代 Web 应用程序开发中最难的环节之一是历史状态管理。用户的每次单击都会触发页面刷新的时代早已过去，"后退"和"前进"按钮代表着"帮我切换一个状态"的历史也随之结束了。为了解决这个问题，首先出现的是hashchange事件。HTML5也为 history对象增加了方便的状态管理特性。

　　hashchange会在页面 URL 中#后面的内容变化时被触发，开发者可以在此时执行某些操作。状态管理 API 则可以让开发者改变浏览器 URL 而不会加载新页面。为此，可以使用history.pushState()方法。这个方法接收 3 个参数：一个state对象、一个新状态的标题和一个（可选的）相对 URL。例如：

```
1   let stateObject = {foo:"bar"};
2   history.pushState(stateObject, "My title", "baz.html");
```

　　pushState()方法执行后，状态信息就会被推到历史记录中，浏览器地址栏的内容也会改变以反映新的相对 URL。除了这些变化之外，即使location.href返回的是地址栏中的内容，浏览器也不会向服务器发送请求。第二个参数并未被当前事件所使用，因此既可以传一个空字符串，也可以传一个短标题。第一个参数应该包含正确初始化页面状态所必需的信息。为防止滥用，这个状态的对象大小是有限制的，通常为500KB ~ 1MB。

　　因为 pushState()会创建新的历史记录，所以也会相应地启用"后退"按钮。此时单击"后退"按钮，就会触发window对象上的popstate事件。popstate事件的对象有一个state属性，其中包含通过pushState()第一个参数传入的state对象：

```
1   window.addEventListener("popstate", (event) => {
2       let state = event.state;
3       if (state) { // 第一个页面加载时状态是null
4       processState(state);
5       }
6   });
```

　　基于这个状态，应该把页面重置为状态对象所表示的状态（因为浏览器不会自动处理）。记住，页面初次加载时没有状态。因此单击"后退"按钮直到返回最初页面时，event.state都是null。

　　可以通过 history.state 获取当前的状态对象，也可以使用 replaceState()并传入与 pushState()前2个参数同样的参数来更新状态。更新状态不会创建新历史记录，只会覆盖当前状态：

```
    history.replaceState({newFoo: "newBar"}, "New title");
```

　　传给 pushState()和 replaceState()的 state 对象应该只包含可以被序列化的信息。因此DOM元

< 87 >

素并不适合放到状态对象里保存。

> **注意**
>
> 使用 HTML5进行状态管理时，要确保通过pushState()创建的每个"假"URL 背后都对应着服务器上一个真实的物理 URL。否则，单击"刷新"按钮会导致 404 错误。所有单页应用程序（SPA，single page application）框架都必须通过服务器或客户端的某些配置解决这个问题。

本章小结

本章重点讲解了JavaScript中对象的概念，使用了多种方法创建JavaScript对象。然后介绍了内置的Date和Math对象，以及这两个对象常用的方法。接着简要说明了JavaScript提供的3种特殊的引用类型：Boolean、Number和String。它们对基本类型进行了装箱。最后介绍了在浏览器中常用的JavaScript对象，这些对象在网页开发中经常会被用到。后面还会继续介绍其他常用的对象。

习题 4

一、关键词解释

类　　对象　　构造函数　　Date对象　　Math对象　　装箱　　Boolean　　Number　　String　　BOM

二、描述题

1. 请简单描述一下如何通过Object()构造函数创建对象。
2. 请简单列出String类型常用的方法和属性，它们的含义是什么。
3. 请简单描述一下location对象的作用是什么，常用的属性都有哪些。
4. 请简单描述一下使用哪个对象可以检测当前使用的是什么浏览器，可以检测操作系统的属性是什么。
5. 请简单描述一下screen对象的作用是什么，常用的属性有哪些。
6. 请简单描述一下history对象的作用是什么，常用的方法及含义是什么。

三、实操题

做一个简易的自动售货系统，售货柜中有若干种商品，每种商品有名称（name）、价格（price）、库存（stock）三个属性。实现以下功能。

- 售货柜可以列出当前的所有商品，每种商品显示各自的名称、库存和价格。
- 给售货柜补货，即给指定名称的商品添加一定数量的库存。
- 销售商品，给定商品的名称和数量以及顾客预支配金额，判断金额是否足够，若不够则进行提醒，若足够则减库存并找零。

提示：创建两个类，一个是售货柜类（SellingMachine），另一个是商品类（Product）。

< 88 >

第**5**章　在JavaScript中使用集合

　　在前面的章节中，我们都是使用变量来存储信息的，这样就会存在一些限制。变量声明一次只能包含一个基本类型的值或者对象。这意味着要在程序中存储n个值，就需要声明n个变量。因此，当需要存储有很多个值的集合时，使用多个变量就会变得非常烦琐，甚至是不可行的。此外，即使我们按照需要的数量定义了很多个变量，但是依然很难按照一定的规律对其中某个或某些变量进行检索和操作。

　　因此，JavaScript和很多高级程序设计语言一样，引入了数组等概念来解决这个问题。早期的程序设计语言（包括早期版本的JavaScript语言）都仅有数组这个单一的集合类型，后来逐渐发现在写程序的时候，开发人员在面对的数据结构情况更复杂时，需要各种不同性质的集合类型，此时数组就显得不够用了。因此各种程序语言一方面扩充了各种新的集合类型，另一方面提供了更为灵活的模式，例如迭代器等抽象程度更高的基础结构。便于开发人员不仅能使用语言本身提供的集合类型，还能根据自己的需要扩展出新的适合的集合类型。本章思维导图如下。

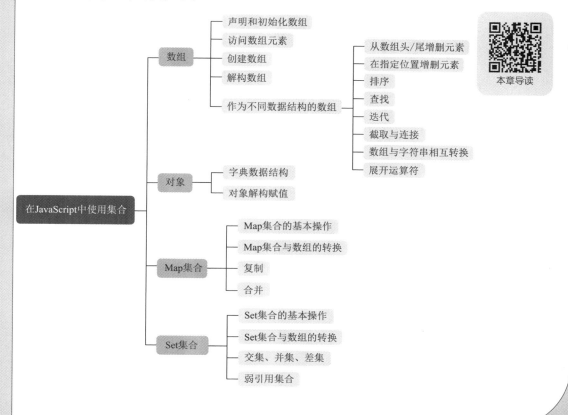

5.1 数组

数组（Array）是最基本的集合类型，由于JavaScript是弱类型语言，因此 JavaScript的数组和大多数语言的数组有所区别。在大多数语言中，当声明一个数组的时候，就会指定其类型。例如，如果需要一个字符串类型的数组，那么这个数组中的所有元素都必须是字符串类型的。而在JavaScript中，没有元素类型必须相同这一限制，一个数组的各个元素都可以是任意类型的数据。此外，JavaScript中的数组也没有长度限制，或者说其长度是可以动态改变的。只要加入新元素，数组的长度就会增加。

案例讲解

5.1.1 数组的基本操作

由于在JavaScript中数组里可以存在各种类型的数据，因此使用起来非常灵活。接下来先介绍数组的一些基本操作。

1．声明和初始化数组

在JavaScript中声明和初始化数组，最简单的方法是直接采用字面量的方式。例如，let numList = [2,4,6,8]将创建一个数组类型的变量。

2．访问数组元素

在数组名称的后面加上方括号，方括号里面指定要访问的元素索引，即可访问指定的数组元素。代码如下：

```
1    let alphas;
2    alphas = ["1","2","3","4"]
3    console.log(alphas[0]);
4    console.log(alphas[1]);
```

成功执行上述代码后，将显示以下输出。

```
1    1
2    2
```

举例：使用单条语句声明和初始化数组（实例文件请参考本书配套的资源文件：第5章\5-1.html）。

```
1    let nums = [1,2,3,3]
2    console.log(nums[0]);
3    console.log(nums[1]);
4    console.log(nums[2]);
5    console.log(nums[3]);
```

成功执行上述代码后，将显示以下输出。

```
1    1
2    2
3    3
4    3
```

< 90 >

3．创建数组

除了直接使用字面量的方式，还可以使用Array对象创建数组。Array()构造函数可以传递：

- 数组或表示大小的数值；
- 逗号分隔的值列表。

以下实例使用此方法创建数组（实例文件请参考本书配套的资源文件：第5章\5-2.html）：

```
1    let arrNames = new Array(4)
2    for(let i = 0;i< arrNames.length;i++) {
3        arrNames[i] = i * 2
4        console.log(arrNames[i])
5    }
```

成功执行上述代码后，将显示以下输出。

```
1    0
2    2
3    4
4    6
```

Array()构造函数也可以接收以逗号分隔的值，代码如下（实例文件请参考本书配套的资源文件：第5章\5-3.html）：

```
1    let names = new Array("Mary","Tom","Jack","Jill")
2    for(let i = 0;i<names.length;i++) {
3        console.log(names[i])
4    }
```

成功执行上述代码后，将显示以下输出：

```
1    Mary
2    Tom
3    Jack
4    Jill
```

4．解构数组

在ES6中引入了对数组的解构操作。当我们需要从一个数组中挑选一些元素对另外的一些变量赋值时，使用解构操作就特别方便。实例如下（实例文件请参考本书配套的资源文件：第5章\5-4.html）。

```
1    let color = ['red', 'green', 'blue'];
2    let [first, second] = color;
3    console.log(first); //red
4    console.log(second); //green
```

解构的语法是let（或者const）后面跟上用一对方括号标注的变量列表，然后用一个数组对它进行赋值操作，这时前面变量的值为对应位置上的数组元素的值。

如果不想要数组中的某个元素，相应位置上的元素留空，用逗号分隔即可，如下代码（实例文

< 91 >

件请参考本书配套的资源文件：第5章\5-5.html）表示跳过2个元素，而把第3个元素赋值给变量third。

```
1    let color = ['red', 'green', 'blue'];
2    let [, , third] = color;
3    console.log(third);    // blue
```

在解构时，如果希望从某个元素开始，把剩下的所有元素作为一个新的数组赋值给一个变量，则可以使用如下方式（实例文件请参考本书配套的资源文件：第5章\5-6.html）。

```
1    let color = ['red', 'green', 'blue'];
2    let [first, ...rest] = color;
3    console.log(rest);    // ['green', 'blue']
```

用这种方法也可以方便地实现数组的复制（实例文件请参考本书配套的资源文件：第5章\5-7.html）：

```
1    let color = ['red', 'green', 'blue'];
2    let [...rest] = color;
3    console.log(rest);    // ['red', 'green', 'blue']
```

5.1.2 作为不同数据结构的数组

在实际开发中，经常会用到一些线性数据结构，比如先进先出的队列、先进后出的栈等。在JavaScript中，也为数组提供相应的一些方法，可以实现对这些数据结构的支持。

1．从数组末尾增删元素

array.push() 将一个或多个元素增加到数组的末尾，并返回新数组的长度。例如（实例文件请参考本书配套的资源文件：第5章\5-8.html）：

```
1    const array = [1, 2, 3];
2    const length = array.push(4, 5);
3    console.log(array);    // array: [1, 2, 3, 4, 5]
4    console.log(length);   // length: 5
```

array.pop()从数组末尾删除最后一个元素，并返回最后一个元素的值。数组为空时返回undefined。例如（实例文件请参考本书配套的资源文件：第5章\5-9.html）：

```
1    const array = [1, 2, 3];
2    const popped = array.pop();
3    console.log(array);    // array: [1, 2]
4    console.log(popped);   // popped: 3
```

2．从数组开头增删元素

array.unshift()将一个或多个元素添加到数组的开头，并返回新数组的长度。例如（实例文件请参考本书配套的资源文件：第5章\5-10.html）：

```
1    const array = [1, 2, 3];
2    const length = array.unshift(4, 5);
3    console.log(array);    // array: [ 4, 5, 1, 2, 3]
```

< 92 >

```
4    console.log(length);              // length: 5
```

array.shift()删除数组的第一个元素，并返回第一个元素。数组为空时返回undefined。例如（实例文件请参考本书配套的资源文件：第5章\5-11.html）：

```
1    const array = [1, 2, 3];
2    const shifted = array.shift();
3    console.log(array);               // array: [2, 3]
4    console.log(shifted);             // shifted: 1
```

3．在指定位置增删元素

array.splice()从数组中删除元素，需要带有两个参数，形如array.splice(start, deleteCount)。返回值是由被删除的元素组成的一个新的数组。如果只删除一个元素，则返回只包含一个元素的数组；如果没有删除元素，则返回空数组。参数的含义如下。

- start 指定修改开始的索引（从0计数）。如果超出了数组的长度，则从数组末尾开始添加内容；如果是负值，则表示从数组末位开始的第几位（从1计数）。
- deleteCount（可选），从start开始计算要删除的元素个数。如果 deleteCount 是 0，则不删除元素。这种情况下，至少应添加一个新元素。如果deleteCount大于start之后的元素的总数，则start位置后面的元素都将被删除（含第start位）。

例如（实例文件请参考本书配套的资源文件：第5章\5-12.html）：

```
1    const deleted = [1, 2, 3, 4, 5].splice(1,3);
2    console.log(deleted);             //[2,3,4]
```

该方法同时还可以实现添加元素的功能，这时将需要添加的元素从第3个参数位置开始传入，例如（实例文件请参考本书配套的资源文件：第5章\5-13.html）：

```
1    const array = [1, 2, 3, 4, 5]
2    array.splice(2, 0, 8, 9);         // 在索引为2的位置插入
3    console.log(array);               // array 变为 [1, 2, 8, 9, 3, 4, 5]
```

4．排序

array.sort()方法用于对数组的元素进行排序，并返回原数组。如果不带参数，则按照字符串Unicode的顺序进行排序。例如（实例文件请参考本书配套的资源文件：第5章\5-14.html）：

```
1    const array = ['a', 'd', 'c', 'b'];
2    array.sort();
3    console.log(array);               //['a', 'b', 'c', 'd']
```

如果传入一个比较函数作为参数，则比较函数的规则是：（1）传两个形参；（2）当返回值为正数时，交换传入的两个形参在数组中的位置。参考如下代码，请读者熟悉箭头函数的语法。

```
1    [1, 8, 5].sort((a, b) => a-b); // 从小到大排序
2    // [1, 5, 8]
3
4    [1, 8, 5].sort((a, b) => b-a); // 从大到小排序
5    // [8, 5, 1]
```

< 93 >

5．查找

（1）indexOf()、lastIndexOf()与includes()。

indexOf()和lastIndexOf()方法分别返回某个指定的元素在数组中首次出现的索引和最后出现的索引。这两个方法都接收两个参数，即要查找的元素和开始查找的索引。这两个方法都返回查找的项在数组中的索引，或者在没找到的情况下返回–1。

includes()则通过返回的布尔值来判断数组是否包含指定参数。例如（实例文件请参考本书配套的资源文件：第5章\5-16.html）：

```
1    [2, 9, 7, 8, 9].indexOf(9);          // 1
2    [2, 9, 7, 8, 9].lastIndexOf(9);      // 4
3    [2, 9, 7, 8, 9].includes(9);         // true
```

（2）find() 与 findIndex()。

find()和 findIndex()方法都可以用于找出第一个符合条件的数组元素。参数是一个函数，所有数组元素依次执行该函数，直到找出第一个返回值为true的元素，然后返回该元素。如果没有符合条件的元素，则返回undefined。区别是find()返回元素本身，而findIndex()返回元素的索引。例如（实例文件请参考本书配套的资源文件：第5章\5-17.html）：

```
1    [1, 4, -5, 10].find((n) => n %2 === 0)
2    // 4, 返回第一个偶数
```

（3）array.filter()。

array.filter()方法使用指定的函数测试所有元素，并创建一个包含所有测试函数返回true的元素的新数组。例如（实例文件请参考本书配套的资源文件：第5章\5-18.html）：

```
1    [1, 4, -5, 10].filter((n) => n %2 === 0)
2    //返回原数组中所有偶数组成的新数组[4, 10]
```

6．迭代

array.forEach()为数组的每个元素执行函数参数所指定的方法。例如（实例文件请参考本书配套的资源文件：第5章\5-19.html）：

```
1    let a = [];
2    [1, 2, 3, 4, 5].forEach(item =>a.push(item + 1));
3    console.log(a); // [2,3,4,5,6]
```

array.map()方法返回一个由原数组中的每个元素调用以参数传入的函数后的返回值组成的新数组。例如（实例文件请参考本书配套的资源文件：第5章\5-20.html）：

```
1    let a = [1, 2, 3, 4, 5].map(item => item + 2);
2    console.log(a); // [3,4,5,6,7]
```

array.every()方法把数组中的所有元素当作参数，传入指定的测试函数。如果所有元素都返回true，那么array.every()方法返回true，否则返回false。例如（实例文件请参考本书配套的资源文件：第5章\5-21.html）：

< 94 >

```
1    [1, 4, -5, 10].every((n) => n %2 === 0)
2    // false，存在非偶数元素，所以返回false
```

array.some()与array.every()方法类似，也是把数组中的所有元素当作参数，传入指定的测试函数。区别是只要存在元素返回true，array.some()方法就返回true，否则返回false。例如（实例文件请参考本书配套的资源文件：第5章\5-22.html）：

```
1    [1, 4, -5, 10].some((n) => n %2 === 0)
2    // true，存在偶数元素，所以返回true
```

此外，在实际开发中经常遇到的一个情况是需要根据给出的数组复制出一个新的数组，这时就可以使用Array.from()方法。

```
1    let a = [1, 4, -5, 10]
2    let b = Array.from(a);
```

7. 截取与连接

array.slice() 方法实现截取原数组的一部分，然后返回包含一部分元素的新的数组。它需要指定一个或两个参数：

- start（必填），设定新数组的起始索引（索引从0开始算起）。如果参数是负数，则表示从数组尾部开始算起（−1 指最后一个元素，−2 指倒数第二个元素，以此类推）。
- end（可选），设定新数组的结束索引。如果不填写该参数，则默认截取到数组结尾；如果是负数，则表示从数组尾部开始算起（−1 指最后一个元素，−2指倒数第二个元素，以此类推）。

例如（实例文件请参考本书配套的资源文件：第5章\5-23.html）：

```
1    // 获取仅包含最后一个元素的子数组
2    let array = [1,2,3,4,5];
3    array.slice(-1);           // [5]
4    // 获取不包含最后一个元素的子数组
5    let array2 = [1,2,3,4,5];
6    array2.slice(0, -1);    // [1,2,3,4]
```

该方法并不会修改数组，而是会返回一个子数组。如果想删除数组中的一段元素，则应该使用介绍过的array.splice()方法。

array.concat()将多个数组连接为一个数组，并返回连接好的新的数组。

```
1    const array = [1,2].concat(['a', 'b'], ['name']);
2    // [1, 2, "a", "b", "name"]
```

8. 数组与字符串相互转换

array.join()将数组中的元素通过参数指定的字符连接成字符串，并返回该字符串。如果不指定连接符，则默用英文逗号（,）。例如（实例文件请参考本书配套的资源文件：第5章\5-24.html）：

< 95 >

```
1    const array = [1, 2, 3];
2    let str = array.join(',');
3    // str: "1,2,3"
```

如果数组中的某一项的值是null或者undefined，那么该值在array.join()、array.toLocaleString()、array.toString()和array.valueOf()方法返回的结果中以空字符串表示。

与array.join方法相反的是str.split()方法，它用于把一个字符串分割成字符串数组。例如（实例文件请参考本书配套的资源文件：第5章\5-25.html）：

```
1    let str = "abc,abcd,aaa";
2    let array = str.split(",");// 在每个逗号(,)处进行分割
3    // array: [abc,abcd,aaa]
```

9. 展开运算符

展开运算符是...。5.1.1小节讲解数组解构的时候，我们也见过这个符号，在那里它用于表示不定元素，而这里则完全不同。它在这里表示的是展开运算符，即将一个数组转为用空格分隔的参数序列。

```
1    console.log(...[1, 2, 3])
2    //1 2 3
3
4    console.log(1, ...[2, 3, 4], 5)
5    // 1 2 3 4 5
```

该运算符主要用于函数调用，参考下面的例子（实例文件请参考本书配套的资源文件：第5章\5-26.html）。

```
1    function add(x, y, z) {
2      return x + y + z;
3    }
4
5    const para = [4, 5, 6];
6    console.log(add(...[4, 5, 6]))
7    //15
```

注意，展开运算符如果放在圆括号中，JavaScript引擎就会认为这是函数调用，就会报错。

```
1    console.log((...[1,2]))
2    // Uncaught SyntaxError: Unexpected number
3
4    console.log(...[1, 2])
5    // 1,2
```

5.2 对象

知识点讲解

与常用的基于类的语言不同，JavaScript中的对象（Object）本身就可以被看作一个集合。比

< 96 >

如在Java这样的语言中，对象必须要通过类来创建；而一个类一旦被定义好，我们就不能随意修改其结构了。因此一个普通的对象不可能被用作集合。在Java、C#这样的语言中通常会有专门定义好的各种集合类型，例如字典、链表等。

而JavaScript中的对象可以随时动态地增加属性和值，它本身就是一个很好的类似于字典的集合数据结构。本书第4章中已经详细介绍了对象的知识，这里不做详细讲解，仅举一个例子进行说明。通常所说的字典就是指key : value（键值对）的集合，如下所示。

```
1   let dict = {
2       key1 : value1 ,
3       key2 : value2 ,
4       //……
5   };
```

如果把代码中的dict当作一个对象，那么key1等都被称为属性，冒号后面的value1等被称为属性值。而如果把dict当作一个字典，那么key1等都被称为键，冒号后面的value1等被称为值，一组键和值和在一起就被称为一个键值对。

下面看几个基本操作，首先创建一个空字典：

```
let dict = {};
```

接着向字典中添加一个键值对，或更新某个键对应的值：

```
1   dict[new_key] = new_value;
2   //或者
3   dict.new_key = new_value;
```

此外还可以访问一个键值对：

```
1   let value = dict[key];
2   //或者
3   let value = dict.key;
```

遍历一个字典中的所有键值对：

```
1   for(let key in dict) {
2       console.log(key + " : " + dict[key]);
3   }
```

和5.1节介绍的数组类似，对象也可以使用解构，用于变量声明。例如（实例文件请参考本书配套的资源文件：第5章\5-27.html）：

```
1   let node = {
2       name: 'mike',
3       age: 25
4   };
5   let {name, age} = node;
6   console.log(name);      // mike
7   console.log(age);       // 25
```

< 97 >

5.3 集合类型

ES6中引入了两个集合类型，Map集合与Set集合。本节对它们进行介绍。

案例讲解

5.3.1 Map集合

5.2节中介绍了JavaScript的对象可以作为字典类型的数据结构使用，但是后来ES6中专门引入了一个Map集合类型，用于记录字典类型的数据。下面的实例代码（实例文件请参考本书配套的资源文件：第5章\5-28.html）演示了如何使用Map集合。

1．Map集合的基本操作

下面看几个基本操作，首先创建一个空字典：

```
let map = new Map();
```

接着向字典中添加一个键值对，或更新某个键对应的值：

```
map.set("key1", "value1")
```

此外还可以访问一个键值对。

```
let value = map.get("key1");
```

遍历一个字典中的所有键值对，注意要用for…of，而不是for…in。

```
1  for(let [key, value] of map) {
2      console.log(key + " : " + value);
3  }
```

如果只需要遍历每个键值对中的键，则有：

```
1  for(let key of map.keys()) {
2      console.log(key);
3  }
```

如果只需要遍历每个键值对中的值，则有：

```
1  for(let key of map.values()) {
2      console.log(value);
3  }
```

也可以使用map的forEach()方法，参数是一个处理函数，表示对每个键值对要进行的操作：

```
1  map.forEach(function(value, key) {
2    console.log(key + " = " + value);
3  })
```

作为参数的函数也可以写成箭头函数的形式：

< 98 >

```
map.forEach((value, key)=> console.log(key + " = " + value))
```

2. Map集合与数组的转换

```
1  let kletray = [["key1", "value1"], ["key2", "value2"]];
2
3  // Map()构造函数可以将一个二维键值对数组转换成一个Map集合
4  let myMap = new Map(kletray);
5
6  // 使用Array.from()函数可以将一个Map集合转换成一个二维键值对数组
7  let outArray = Array.from(myMap);
```

3. 复制

```
1  let myMap1 = new Map([["key1", "value1"], ["key2", "value2"]]);
2  let myMap2 = new Map(myMap1);
3
4  console.log(myMap1 === myMap2);
5  // 输出false。 Map()构造函数生成实例，并迭代出新的对象
```

4. 合并

```
1  let first = new Map([[1, 'one'], [2, 'two'], [3, 'three'],]);
2  let second = new Map([[1, 'uno'], [2, 'dos']]);
3
4  // 合并两个Map集合时，如果有重复的键值，则后面的会覆盖前面
5  // 对应值即uno、dos、three
6  let merged = new Map([...first, ...second]);
```

可以看到，对于大多数场景，对象和Map是可以互相替换的。如果是简单的开发（比如通常的Web页面开发），则用哪一个都行，完全可以根据开发者的个人偏好进行选择。

> **！注意**
>
> Map集合的性能主要涉及4个方面：内存占用、插入性能、查找性能、删除性能。使用Map集合的程序都会比使用对象的程序更好。

5.3.2 Set集合

Set集合是ES6引入的另一种集合类型，它更接近于普通的数组，可以存储所有类型的值。Map集合与Set集合的区别在于Set集合的元素必须是唯一的，即不能重复。

由于Set集合中存储的值必须是唯一的，因此需要判断两个值是否恒等。有几个特殊值需要特殊对待。

- +0 与 −0 在判断唯一性的时候是恒等的，在 Set 集合中只能存在一个。

< 99 >

- undefined 与 undefined 是恒等的，在 Set 集合中只能存在一个。
- NaN 与 NaN 是不恒等的，但是在 Set 集合中只能存在一个。
- {}与{}是不恒等的，在一个Set集合中可以存在多个{}。

以下案例代码参见本书配套的资源文件：第5章\5-29.html。

1. Set集合的基本操作

Set集合的基本操作就是向集合中加入一个元素，如果加入的元素已经存在，就忽略本次加入操作。

```
1   let set = new Set();
2
3   set.add(1);
4   set.add(5);
5   set.add(5);
6   set.add("text");
7   let o = {a: 1, b: 2};
8   set.add(o);
9   set.add({a: 1, b: 2});
10  console.log(set.size); //5
```

经过上述操作后，Set集合中有5个元素，数值5虽然加入了两次，但是第二次是无效的。最后两次插入的对象的内容看起来一样，但实际上是两个对象，因此它们都会被加入Set集合中。

2. Set集合与数组的转换

Set集合与数组可以相互转换。

```
1   // 数组转换为Set集合
2   let mySet = new Set(["value1", "value2", "value3"]);
3   // 用展开操作符将Set集合转换为数组
4   let myArray = [...mySet];
```

通过数组与Set集合的相互转换，可以实现数组去重功能，代码如下。

```
1   let a = [1, 2, 3, 3, 4, 4];
2   let set = new Set(a);
3   a = [...set]; // [1, 2, 3, 4]
```

3. 并集、交集、差集

求两个集合的并集、交集和差集是经常会遇到的场景，下面的代码给出了对应的演示。

```
1   let a = new Set([1, 2, 3]);
2   let b = new Set([4, 3, 2]);
3   let union = new Set([...a, ...b]);                  // {1, 2, 3, 4}
4   let intersect = new Set([...a].filter(x => b.has(x)));   // {2, 3}
5   let difference = new Set([...a].filter(x => !b.has(x)));  // {1}
```

< 100 >

4．弱引用Set集合和弱引用Map集合

ES6中还引入了弱引用集合的概念，这里做一下简单介绍。对于一个普通的Set集合，当一个对象加入这个集合以后，这个集合就对这个对象产生了引用。例如下面的代码：

```
1    let s = new Set();
2    let a = {n: 3};
3    s.add(a);
```

这是由于对象是引用类型，因此变量a和集合s都会它的引用。如果在某一个时刻将变量a赋值为其他值，例如赋置为null，此时除了s之外，对原来a指向的这个对象就没有其他引用了。

对于普通的Set集合和Map集合，无论元素是否仍有其他引用，都会保留，而不会释放，这样做通常不会有问题。但是在某些特定的场景，可能会希望一旦集合中的某个元素没有其他引用了，就自动地从集合中移除它。为此，ES6引入了WeakSet和WeakMap两个类型，用来满足这种场景的需求。

例如在很多Web前端框架中，会用集合来追踪记录网页上的DOM元素。当网页上的某个元素被移除以后，自然希望内存中的集合也随之将相应的元素移除，以保证其与实际页面的DOM结构一致，这时WeakSet或者WeakMap就有用武之地了。

本章小结

对集合的操作是任何程序设计语言都会提供的，在开发过程中随时会遇到。本章重点讲解了JavaScript中的数组对象Array，并且详细介绍了操作数组的各种方法，希望读者能够熟练运用它们。特别地，JavaScript中的对象也能够被当作一种键值对集合来处理，这种方式带来了极大的方便。最后本章简单介绍了ES6中引入的两个集合类型，即Map集合与Set集合，它们也是其他语言中常用的集合类型。

习题5

一、关键词解释

数组　　解构　　展开运算符　　Map集合　　Set集合　　并集　　交集　　差集

二、描述题

1. 请简单描述一下操作数组的常用方法有哪些。
2. 请谈一谈你对展开运算符的理解。
3. 请简单描述一下Map集合的作用。
4. 请简单描述一下Set集合的作用。

三、实操题

以下是某个班级学生的成绩，分别包含学生的学号及其语文、数学、英语三科成绩，请按要

< 101 >

求编写程序。

（1）计算每个人的总分，并按总分排名输出学号和总分。

（2）统计各单科成绩的前三名，并输出对应的学号和成绩。

```
1    const scores = [
2      { number: 'N1047', chinese: 95, math: 79, english: 98 },
3      { number: 'N1176', chinese: 84, math: 72, english: 76 },
4      { number: 'N1087', chinese: 82, math: 99, english: 97 },
5      { number: 'N1808', chinese: 77, math: 89, english: 70 },
6      { number: 'N1365', chinese: 93, math: 79, english: 71 },
7      { number: 'N1416', chinese: 90, math: 91, english: 91 },
8      { number: 'N1048', chinese: 74, math: 89, english: 85 },
9      { number: 'N1126', chinese: 74, math: 82, english: 85 },
10     { number: 'N1386', chinese: 77, math: 77, english: 85 },
11     { number: 'N1869', chinese: 90, math: 74, english: 99 }
12   ]
```

< 102 >

第 **6** 章　类与原型链

在第1章中已经提到，JavaScript是基于原型的面向对象语言，而不是基于类的面向对象语言。在ES5及以前的版本中，只有对象而没有类。但在ES6中通过增加5个关键字（class、constructor、static、extends、super），实现了类似于大多数语言的"类-实例"结构的面向对象，但其本质仍是ES5及以前版本中建立的基于原型的面向对象。

本章中，我们先从易于理解的类语法开始，讲解面向对象的语法。然后在6.3节中介绍在ES5语法下如何实现等效的类和继承关系，这部分是全书中很难理解的部分。本章思维导图如下。

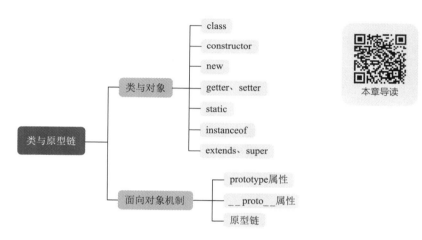

本章导读

6.1　使用类语法实现封装

通常提到的面向对象思想包括3个核心要点：封装、继承和多态。由于JavaScript的弱类型机制天然具有多态性，因此本节重点讲解在ES6中如何实现数据的封装与继承。

知识点讲解

6.1.1　类的声明与定义

类可以被看作数据或信息结构的模板。当我们需要描述某个结构化的数据或信息时，通常要描述以下3个相关的东西。

- 这种信息叫什么？
- 它包含哪些属性？
- 它包含哪些行为？

现在，我们要描述一个几何对象，例如点，我们已经给它起了一个名字"点"，但还需要确定它有哪些属性。例如它的位置，通常用x坐标和y坐标表示。此外还可以定义它的行为，例如"移动"。那么到这里，我们已经可以用面向对象的方式描述点的信息了。

首先使用类声明的方式声明一个Point类：

```
1   class Point{
2       constructor() {
3           this.x = 0;
4           this.y = 0;
5       }
6   }
```

- class是一个关键字，用来声明一个类。
- class后面跟着一个类的名字，这里是Point。
- 接下来在花括号中定义了一个看起来像是函数的结构，它的名字是constructor，被称为构造函数。constructor这个名字不能改，每个类都需要一个构造函数。如果一个类没有定义构造函数，JavaScript引擎也会自动为其创建一个默认的构造函数。
- 在构造函数内部，定义了两个属性，分别是点的x坐标和y坐标。注意x和y前面都有this.。this是一个关键字，它表示其后的对象是由其所在的类创建出的对象（也称实例）。因此this.x和this.y是一个对象的两个属性。我们暂时将它们都赋值为0，因此这个点就在坐标原点。

声明一个类还可以使用类表达式的语法形式：

```
1   let Point = class {
2       constructor() {
3           this.x = 0;
4           this.y = 0;
5       }
6   }
```

6.1.2　通过类创建对象

当一个类被定义好之后，可以使用new运算符创建对象，一个类可以产生任意多个对象（实例）。例如：

```
1   let p1 = new Point();
2   let p2 = new Point();
```

上面两行代码创建了p1和p2这两个对象，它们有各自的属性。虽然它们的属性值都是0，但是这两个点是两个独立的对象。

一个平面上有无数个点，每个点的坐标都不一样，因此需要能够创建位于不同位置的点。这时可以修改构造函数，让它带有坐标值的参数，代码如下。

< 104 >

```
1    let Point = class {
2    constructor(x, y) {
3            this.x = x;
4            this.y = y;
5        }
6    }
```

> ⚠ **注意**
>
> 　　this.x和x的区别：前者表示对象的属性，后者表示传入的参数。不要把二者弄混。

　　接下来，在创建对象的时候，就可以带上坐标参数了。现在可以创建两个位置不同的点，如下所示。

```
1    let p1 = new Point(0, 0);
2    let p2 = new Point(100,100);
```

　　这样在调用这个构造函数创建对象的时候，必须传入x和y坐标值。如果使用默认参数语法，则可以定义默认值。

```
1    let Point = class {
2        constructor(x=0, y=0) {
3            this.x = x;
4            this.y = y;
5        }
6    }
```

　　在创建对象的时候，如果不带参数，那么创建的点就位于(0, 0)。

```
1    let p1 = new Point();
2    let p2 = new Point(100,100);
```

　　在JavaScript中，如果调用构造函数时不带参数，则可以省略圆括号，例如下面两行代码是等价的。

```
1    let p1 = new Point;
2    let p2 = new Point();
```

6.1.3　定义方法与调用方法

　　除了属性之外，一个类中最重要的就是方法，它用来指定一个对象能够做什么。例如我们可以定义一个点移动自身位置的方法以及输出信息的方法。

　　案例文件：第6章\1-class.html

```
1    class Point{
2        constructor(x=0, y=0) {
3            this.x = x;
4            this.y = y;
```

< 105 >

```
5          }
6      move(deltaX, deltaY){
7          this.x = this.x + deltaX;   //也可以使用 += 运算符
8          this.y = this.y + deltaY;   //也可以使用 += 运算符
9          }
10     draw(){
11         console.log('这是一个Point, 位于(${this.x},${this.y})');
12         }
13 }
```

上面的代码中我们增加了两个函数的定义。这里需要注意两点：（1）constructor()和其他方法都不要加function关键字；（2）方法之间不要加分号或逗号。

```
1  let p = new Point(10, 10);
2  p.move(50,30);
3  p.draw();
```

运行结果为：

```
这是一个Point, 位于(60,40)
```

这个结果是符合预期的，10+50=60，10+30=40。

可以看到，在JavaScript中定义类与用Java、C#等语言定义类的区别是，在JavaScript的类定义中，常常只有方法和构造函数，而没有对属性的声明。这是由于JavaScript中不需要专门声明属性，而可以使用this来引用对象的属性。但是如果需要，也可以像使用Java、C#等语言一样，声明属性。例如：

```
1  class Point{
2      x = 0;
3      y = 0;
4      move(deltaX, deltaY){
5          this.x = this.x + deltaX;
6          this.y = this.y + deltaY;
7      }
8  }
```

6.1.4 存取器

ES6提供了存取器（也称访问器）机制，用于拦截外部对属性的访问，从而实现对内部状态的隔离和保护。例如，我们可能不希望从类的外部直接修改坐标的属性值，因此可以设置一个set存取器（setter）来改变点的位置。如果经常需要计算一个点距离原点的距离，则可以设置一个get存取器（getter）。

get和set存取代码的方法就是在相应的名称前面加上get和set，基本用法如下：

```
1  class Sample{
2      constructor() {
3          }
4      get prop(){
```

< 106 >

```
5            return this._prop;
6        }
7        set prop(value){
8            this._prop = value ;
9        }
10   }
```

通过prop的get、set存取器可以间接读写this._prop变量。下面在Point类中分别设置两个存取器：

- get distance() 用于读取位置信息，计算定点到原点的距离；
- set position() 用于根据给定的位置参数，设置定点的*x*和*y*坐标。

案例文件：第6章\2-getter-setter.html

```
1    class Point{
2        constructor(x=0, y=0) {
3            this.x = x;
4            this.y = y;
5        }
6        move(deltaX, deltaY){
7            this.x = this.x + deltaX;
8            this.y = this.y + deltaY;
9        }
10       get distance(){
11           return Math.sqrt(this.x * this.x + this.y * this.y);
12       }
13       set position(value){
14           this.x = value.x;
15           this.y = value.y;
16       }
17       draw(){
18           console.log('这是一个Point, 位于(${this.x},${this.y})');
19           console.log('与坐标原点相距 ${this.distance}');
20       }
21   }
```

然后使用上面定义的类：

```
1    let p = new Point();
2    p.position = {x:100,y:100};
3    p.draw();
```

可以看到当我们用对象{100,100}对position进行赋值的时候，就调用了相应的set存取器，从而修改了*x*、*y*的属性值。当读取distance的值时，就调用了get存取器。运行结果如下所示。

```
1    这是一个Point, 位于(100,100)
2    与坐标原点相距 141.4213562373095
```

< 107 >

> ❗ **注意**
>
> 定义存取器时是在定义一个函数，只是加上了 get 和 set。而调用存取器时，就像使用变量，而不是调用一个函数。
>
> 定义 get 存取器的函数不能有参数，定义 set 存取器的函数只有一个参数。因此定义 set 存取器时，要把 x 和 y 两个值组成一个对象。

6.1.5　static

使用 static 关键字，可以声明一个类中的静态方法。调用的时候，使用类的名称而不是对象；并且在静态方法中，不能使用 this 调用实例，因为静态方法不与实例相关。例如下面的代码：

完整代码参见案例文件：第 6 章\3-static.html

```
1    class Point{
2
3        //前面的代码省略
4
5        static className(){console.log("Point");}
6    }
7
8    let point = new Point();
9    Point.className();
10   point.className();
```

在 6.1.4 小节代码的基础上，我们增加了一个静态方法，用于输出类的名字，注意调用的时候要写：Point.className()。如果像最后一行那样，写成 point.className() 就会报错，因为 point 是 Point 的实例，而静态方法只能调用类的名称。在内部的其他方法中，如果要调用静态方法，也不能使用 this.className()，而要使用 Point.className()。

除了普通的方法，6.1.4 小节介绍的存取器也可以设为静态的，这里不再举例介绍。

6.1.6　instanceof 运算符

当我们需要判断一个对象是不是某个类的实例时，可以使用 instanceof 运算符。如果是的话则返回 true，否则返回 false。下面的代码演示了它的用法。

完整代码参见案例文件：第 6 章\4-instanceof.html

```
1    class Point{
2        //定义同前
3    }
4    var point = new Point ()
5    var isPoint = point instanceof Point;
6    console.log('point is ${(isPoint?"":"not")}an instance of Point');
```

< 108 >

6.2 使用类语法实现继承

面向对象的思想来源于现实世界的模拟，现实中的各种事物之间往往存在着联系。当两个概念之间存在着"is-a"（是一个）关系的时候，就可以使用继承的思想。例如，圆形可以被看作一个半径大于0的点，即"圆形是一个点"，因此二者满足"is-a"关系。

在6.1节中，我们已经定义了点这个概念，那么可以认为圆形和点之间存在着继承关系。除了圆形之外，几何中还有很多形状，比如矩形、正方形等。矩形除了位置之外，还有长和宽。基于点这个类，我们可以写出其他新的形状类，并且不必重复书写已经在点中定义过的那些信息。

首先基于点（Point）派生出圆形（Circle）类，代码如下。

完整代码参见文件：第6章\5-inheritance.html

```
1   class Circle extends Point{
2       constructor(radius, x=0, y=0){
3           super(x,y);
4           this.radius = radius;
5       }
6       get area(){
7           return Math.PI*this.radius*this.radius;
8       }
9       draw(){
10          super.draw();
11          console.log('面积是${this.area}');
12      }
13  }
14
15  let p = new Point(5,10);
16  p.draw();
17  let c = new Circle(10,20,30);
18  c.draw();
```

看一下上面的代码，我们新声明了一个Circle类，并用extends关键字说明它继承自Point类。Circle类中有3个成员。

- 构造函数：圆形的构造函数有3个参数，除了x和y（表示坐标）之外，还有圆形的半径radius。构造函数中先使用super关键字调用了基类（也叫父类，即Point类）的构造函数，x和y作为参数传入；然后把半径参数值赋给this.radius，也就是半径属性。
- area存取器：根据半径求出圆形面积。
- draw()方法：在函数中先用super关键字调用基类的draw()方法，然后执行下面的语句。

注意，原来在Point类的draw()方法中，有这样一条语句：

```
console.log('这是一个Point, 位于(${this.x},${this.y})');
```

现在我们把这条语句改为：

```
1   console.log(
2       '这是一个${this.constructor.name}, 位于(${this.x},${this.y})');
```

< 109 >

运行后输出的结果如下，前两行表示声明的一个点(5,10)和执行draw()方法后得到的输出结果；后3行表示声明的一个圆心为(20,30)且半径为30的圆形和执行圆形的draw()方法后得到的输出结果。

```
1    这是一个Point，位于(5,10)
2    与坐标原点相距 11.180339887498949
3    这是一个Circle，位于(20,30)
4    与坐标原点相距 36.05551275463989
5    面积是314.1592653589793
```

值得注意的是，p.draw()输出了前两行，c.draw()输出了后3行。基类和子类中有同名的方法，这种方式叫作子类的方法覆盖了基类的方法。当调用子类的draw()方法时，通过super.draw()会先执行基类的draw()方法，然后执行在子类中添加的逻辑。

> **技巧**
>
> 有趣的是，第一句话中会输出实例的类型名称，而两个实例都正确地输出了自己的类型名称。这里使用的是实例的构造函数的name属性（this.constructor.name），其是一个获取实例类型的技巧。

> **说明**
>
> ES6引入的extends关键字不仅能让子类继承父类定义的成员，还能让子类继承父类的静态方法，如6.1.5小节定义的Point.classNAME()静态方法。

下面再对这个案例进行扩展，完整代码如下。

案例文件：第6章\6-sample.html

```
1    class Point {
2        constructor(x=0, y=0) {
3            this.x = x;
4            this.y = y;
5        }
6        move(deltaX, deltaY){
7            this.x = this.x + deltaX;
8            this.y = this.y + deltaY;
9        }
10       get distance(){
11           return Math.sqrt(this.x * this.x + this.y * this.y);
12       }
13       set position(value){
14           this.x = value.x;
15           this.y = value.y;
16       }
17       get area(){
18           return 0;
19       }
20       draw(){
21           console.log(
22   '这是一个${this.constructor.name}位于(${this.x},${this.y})');
```

< 110 >

```
23          console.log('距离原点${this.distance}');
24          console.log('面积是${this.area}');
25      }
26  }
27
28  class Rectangle extends Point{
29      constructor(width, height, x=0, y=0){
30          super(x,y);
31          this.width = width;
32          this.height = height;
33      }
34      get area(){
35          return this.width * this.height;
36      }
37  }
38
39  class Square extends Rectangle{
40      constructor(side=10, x=0, y=0){
41          super(side, side, x,y);
42      }
43      set side(value){
44          this.width = value;
45          this.height = value;
46      }
47  }
48
49  //输出结果
50  let p = new Point(5,10);
51  p.draw();
52  console.log("----------------------");
53  let r = new Rectangle(6,12,20,30);
54  r.draw();
55  console.log("----------------------");
56  let s = new Square(15,20,30);
57  s.draw();
58  console.log("----------------------");
59  s.side = 100;
60  s.draw();
```

在这个程序中,我们把area()移到了基类Point中,使用draw()输出位置、距离、面积这3个信息,然后做了两级继承。

首先派生出矩形类,在构造函数中增加了宽度和高度属性的初始化,接着定义了矩形的面积计算方法。

然后在矩形类的基础上,又派生出正方形类。正方形类并没有增加新的属性,实际上它的继承是增加了一个对宽度和高度属性的约束。在构造函数中,边长参数会同时传给高度和宽度。另外还增加了一个set存取器,可以改变正方形的边长,实际上是修改其高度值和宽度值。

```
1    这是一个Point位于(5,10)
2    距离原点11.180339887498949
3    面积是0
4    ----------------------
```

< 111 >

```
5    这是一个Rectangle位于(20,30)
6    距离原点36.05551275463989
7    面积是72
8    ---------------------
9    这是一个Square位于(20,30)
10   距离原点36.05551275463989
11   面积是225
12   ---------------------
13   这是一个Square位于(20,30)
14   距离原点36.05551275463989
15   面积是10000
```

希望读者能够认真地研究一下上述代码，虽然其很短，但它非常清晰地说明了面向对象的核心思想。

6.3 基于构造函数和原型的面向对象机制

6.1节和6.2节介绍了如何使用class、extends等ES6中引入的关键字来实现类的定义以及面向对象的相关内容。从语法角度看，其似乎和其他面向对象语言差不多。这正是ES6引入这些关键字的目的——使开发人员可以更方便且简洁地构建对象继承体系。但是这其实只是一些语法层面的改进，通常被称为"语法糖"，因为它并没有改变JavaScript特有的原型链机制。

为了使读者能够理解原型继承的机制，我们在本节进行简要的介绍。但是在实际开发中，大多数主流的浏览器对ES6的支持已经非常好了，完全可以使用6.2节介绍的语法实现。熟悉原型继承机制可以便于开发者阅读、分析其他项目中的源代码，这对开发者的技术提高会很有帮助。

6.3.1 封装

我们把6.2节的案例化简一下。用class声明一个Point类，它有*x*和*y*两个属性，还有两个方法，一个用于改变位置，另一个用于求面积值。

案例代码：第6章\7-es6-class.html

```
1    class Point {
2        constructor(x, y) {
3            this.x = x;
4            this.y = y;
5        }
6        move(deltaX, deltaY){
7            this.x = this.x + deltaX;
8            this.y = this.y + deltaY;
9        }
10       area(){
11           return 0;
12       }
13   }
```

如果基于ES5及之前的版本，则与上面代码完全等效的代码的写法如下。

< 112 >

案例代码：第6章\8-es5-function.html

```
1   function Point(x, y){
2       this.x = x;
3       this.y = y;
4       this.move = function(deltaX, deltaY){
5           this.x += deltaX;
6           this.y += deltaY;
7       };
8       this.area = function(){
9           return 0;
10      }
11  }
```

ES5中的写法看起来定义的是一个函数，但实际上无论用上面两种写法中的哪一种来定义Point类，用起来是完全等效的，都可以进行如下调用。

```
1   let p = new Point(5,10);
2   console.log('area = ${p.area()}');
3   console.log('x=${p.x}, y=${p.y}');
4   p.move(10,20);
5   console.log('x=${p.x}, y=${p.y}');
```

二者的执行结果都一样，如下所示：

```
1   area = 0
2   x=5, y=10
3   x=15, y=30
```

可以看到在JavaScript中，通过普通的函数语法（通过new运算符调用的时候，即构造函数）就可以定义出和类等价的结构。实际上在ES6中并没有真正引入类这个概念，用class关键字定义出来的仍然是一个构造函数。

在JavaScript对象中，属性成员和方法成员并没有本质的区别。对象就是一个可以动态改变的集合，里面的成员的值可以是数值、字符串等，也可以是函数。

6.3.2 继承

6.3.1小节演示了如何使用函数来实现基本的数据封装，下面看一下继承是如何实现的。假设用ES6语法，以6.3.1小节的Point类为基类，派生出一个Circle类：

案例代码：第6章\9-inheritance-class.html

```
1   class Circle extends Point{
2       constructor(radius, x, y){
3           super(x, y);
4           this.radius = radius;
5       }
6       area(){
7           return Math.PI * this.radius * this.radius;
8       }
9   }
```

< 113 >

Circle类的构造函数比Point类的构造函数多了一个参数（radius），此外其继承了Point类的move()方法，并且重写（覆盖）了area()方法，即Circle类和Point类都定义了area()方法，但是二者各自计算面积的算法不同。所谓继承，要实现的就是"基类有的，子类都有，并且子类还可以增加新成员。"

接下来的任务是用函数方式等效地定义Circle类，代码如下。

案例代码：第6章\10-inheritance-function.html

```
1  function Circle(radius, x, y){
2      Point.call(this, x, y);
3      this.radius = radius;
4      this.area = function(){
5          return Math.PI * this.radius * this.radius;
6      }
7  }
```

可以看到Circle()同样是一个函数，输入的参数除了x和y，还多了一个radius参数。这里遇到一个前面没有见过的调用方法：用Point()函数的call()方法调用Point()函数。

在JavaScript中，除了通常采用的函数调用方式之外，还可以采用call()方法。假设func()是一个函数，那么下面两种调用方式都是可行的，只是在绝大多数情况下都会使用第一种方式。

```
1  func(x,y)
2  func.call(obj, x, y)
```

在JavaScript中，每个函数都属于某个对象。若函数没有直接声明在某个对象中，那么它就是属于全局对象的，函数中的this就指向这个对象。在某些特殊的情况下，对象a要调用对象b中的某个函数，就可以用func.call(a)实现。这里正是这种情况，我们希望在Circle对象里调用Point对象的构造函数，这样可以通过call()方法把Circle对象的this指针（作为第一个参数）传给Point构造函数。

通过实际运行下面的语句，可以发现上述代码的运行效果与用class相比完全等效。

```
1  let c = new Circle(5,10,10);
2  console.log('area = ${c.area()}');
3  console.log('x=${c.x}, y=${c.y}');
4  c.move(10,20);
5  console.log('x=${c.x}, y=${c.y}');
```

两种方式的运行结果如下：

```
1  area = 78.53981633974483
2  x=10, y=10
3  x=20, y=30
```

说明

虽然JavaScript中没有引入类，但是构造函数从本质上实现了与类相同的功能。因此也常常把构造函数称作类，这不会影响理解。

再总结一下，假设有一个构造函数SomeClass()，那么使用new SomeClass()创建一个对象的过程可分为以下4步。

< 114 >

（1）创建一个空的简单JavaScript对象（使用 { }）。

（2）将该对象的constructor属性设置为SomeClass。

（3）将步骤（1）新创建的对象作为SomeClass的this。

（4）执行SomeClass()函数，如果没有返回对象，则返回this。

如果基类的所有成员都写在构造函数中，那么只需要在子类的构造函数中调用基类的构造函数，就可以完成继承。

6.3.3　原型与原型链

通过在子类构造函数中调用基类构造函数，可以实现继承。但是实际上JavaScript可以通过原型链机制提供比普通语言更灵活强大的面向对象机制。

普通的语言能实现的就是前面介绍的这种方式，一旦基于一个类创建了若干实例，此后就不能再动态修改类并把修改同时传递给它的实例了。而JavaScript则不同，它可以实现即使创建类以后仍然可以修改类，并将修改反映到它的所有实例上，这种方式带来了巨大的灵活性。

实现这种灵活的核心机制就是原型链机制。对于一个对象，构造函数只能执行一次，因此即使构造函数修改了，也无法通过它把变化传递给已经创建好的对象。因此JavaScript为每个对象提供了一个特殊的共享属性，它是一个对象，名字是__proto__。与此同时，构造函数还有一个预置的属性叫prototype。每次声明一个构造函数的时候，同时就创建了这个原型对象，并将构造函数的prototype属性指向了这个对象。然后基于构造函数实例化创建出它的对象的时候，这个对象的__proto__属性也会指向这个对象。因此构造函数和基于它创建的所有对象，都可以找到这个对象。当需要同一个构造函数的所有实例一起增加属性或者方法时，只要把属性或者方法加入相应的原型对象，所有实例就都同时拥有了新增的属性或者方法。

例如，我们把对Point的定义稍微做一些修改。假设开始时在构造函数中没有定义move()方法，后来需要加入这个方法。为了能让已经存在的Point实例和以后创建的实例都能使用新增加的move()方法，那么就不应该修改构造函数，而应该将move()方法加入原型对象中。

案例代码：第6章\11-inheritance-prototype.html

```
1  function Point(x, y){
2      this.x = x;
3      this.y = y;
4      this.area = function(){
5          return 0;
6      }
7  }
8  Point.prototype.move = function(deltaX, deltaY){
9      this.x += deltaX;
10     this.y += deltaY;
11 };
```

:::注意
构造函数的prototype属性和对象的__proto__属性是不同的。上述代码通过Point构造函数的prototype属性来添加move()方法，那么所有已经存在的对象的__proto__对象也可以使用这个方法了。因为它们本来就是同一个__proto__对象。
:::

< 115 >

　　但是当需要继承的时候，通过new Circle()创建出的对象就会遇到一点问题。按照6.3.2小节讲解的new运算符执行的4个步骤，通过new Circle()创建的对象的__proto__对象与Point对象的__proto__对象是没有关系的两个对象，因此子类圆形就不会获得move()方法，这会导致子类圆形没有实现完整的继承。

　　如果这样执行，会得到报错信息"Uncaught TypeError: c.move is not a function。"，即找不到c.move()这个函数。这时需要手动将Circle的prototype对象的__proto__属性设置为Point对象的prototype属性，代码如下。

```
Circle.prototype.__proto__ = Point.prototype;
```

　　这时再次执行代码，就可以看到基类圆形中的move()方法在子类中又可以正常运行了，从而实现了完整的继承。

　　通过这种方式形成了原型链，如图6.1所示，这让子类获得了与基类相同的属性和方法。

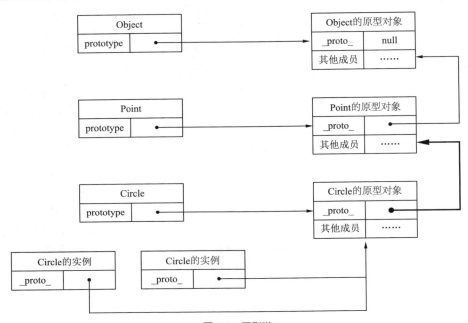

图 6.1　原型链

　　因此，这里的关键是理解原型和原型链的概念。每一个用于创建对象的构造函数都有一个prototype属性，它会指向被创建对象的__proto__属性的原型对象。

　　Circle构造函数中的prototype属性与Circle创建的所有对象的__proto__属性都指向一个Circle的原型对象，这个对象中也有一个__proto__属性。当我们使用上面那条赋值语句把它指向了Point类的原型对象时，就获得了Point类原型中定义的所有属性和方法，从而实现了原型链。图6.1中粗线箭头表示的就是上面赋值语句对应的操作，除它之外的箭头都是自动实现的，包括从Point的原型对象到Object的原型对象的箭头。因为在默认情况下，所有对象都是继承自Object类的。

　　为了使读者对原型链机制有更好的了解，我们再深入扩展一下，理解图6.2的所示含义。Object是一个构造函数，因此它有一个prototype属性，指向Object的原型对象；{ }表示一个简单的对象，它会有一个__proto__属性，也指向Object的原型对象。Object的原型对象中有一个constructor属性，指向Object()构造函数；还有一个__proto__属性，由于Object是所有类型的基类，它没有原型，因此__proto__属性等于null。Object的原型对象中还有很多其他成员，都是为

< 116 >

了给对象提供丰富的功能而存在的。

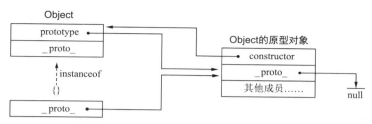

图 6.2　Object 原型对象

　　按照这种方式，原型链还可以不断增加，相应地，继承的体系也就会变得更加复杂。图6.3
展示了JavaScript中数组（Array）和函数（Function）与Object的关系。可以看到Array的原型链
机制和Object的很类似，区别就是Array的原型对象中的__proto__属性指向了Object的原型对象，
从而获得了Object原型对象中定义的所有成员。

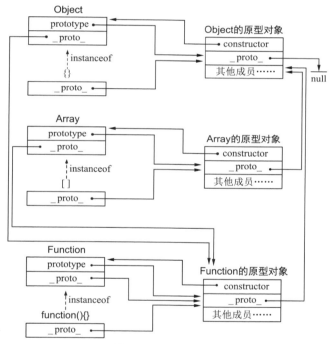

图 6.3　Function 原型对象

　　同时，虽然Object()和Array()都是构造函数，但是在JavaScript中函数也是对象，因此它
们也都包含__proto__属性。由于它们都是构造函数，也就是Function类型的实例，因此它们的
__proto__属性就与Function的prototype属性一致，都指向了Function的原型对象。

　　与之类似，数值型、布尔型、字符串型等类型与数组类型都很类似，它们都继承自Object类
型，与它们稍有区别的一个类型是Function类型，如图6.3所示。Function类型的特殊之处在于，
Function的__proto__属性指向的是它自己的原型对象，这和其他所有类型都不一样。其他类型的
__proto__属性也都指向了Function的原型对象。

　　希望读者能够理解图6.3中所有内容和箭头的含义，理解了这些含义，才能真正理解
JavaScript的原型和原型链机制。

　　需要特别注意，在JavaScript中函数也是对象，因此构造函数也是对象，Function也是Object

< 117 >

的实例。反过来，Object()是一个函数，因此Object也是Function的实例，这一点非常有趣。例如下面的一些表达式，读者需要知道得到这些结果的原因。

```
1    Object instanceof Function                    //true
2    Function instanceof Object                    //true
3    Function.prototype === Function.__proto__      //true
4    Object.__proto__ === Function.prototype        //true
5    Array.__proto__ === Function.prototype         //true
6    Object.__proto__.__proto__ === Object.prototype //true
```

还有一点需要注意，对象本身是不包含构造函数成员的，但是任意一个对象都可以找到constructor属性，例如访问 ({}).constructor得到的就是Object()构造函数。这是因为在{}字面量对象的原型对象中包含constructor属性。这也正是原型链的特性，即试图访问一个对象的属性时，它不仅会搜索该对象，还会搜索该对象的原型，以及该对象原型的原型，依次层层向上搜索，直到找到一个名字匹配的属性或到达原型链的末尾为止。

JavaScript的面向对象机制非常强大且灵活，大多数静态的基于类的面向对象语言能实现的机制，JavaScript都能实现。反之则不行。当然，灵活也是一把双刃剑，也更容易引入一些错误而不易被发现，因此需要开发人员将其理解透彻，再用于开发。

需要特别注意的是，本节中给出的案例主要是帮助读者理解JavaScript内部机制的。虽然__proto__属性实际上并不在ES规范中，但是由于长期被各种浏览器广泛支持和使用，目前主流浏览器厂商都支持它。在ES6中，关于这部分给出了规范的做法，但是作为讲解和学习内容，用__proto__进行演示说明是非常方便且直观的一种方法。在可见的未来，浏览器对它的支持仍会继续。

在实际开发中，如果用到了这部分内容，建议不要使用__proto__属性，并且由于JavaScript非常灵活，从而产生了各种各样的实现方式，每种方法都有利有弊，因此读者在真正做相关的开发工作时，还需要进一步认真学习相关知识。

本章小结

本章的前半部分比较容易理解，使用ES6引入的类语法可以简洁地声明类体系。本章的后半部分讲解了JavaScript特有的通过函数构造原型的机制，这理解起来比较难。希望读者可以认真探索，真正理解相关知识的本质。

习题 6

一、关键词解释

class　　constructor　　this　　new　　存取器　　static　　instanceof　　封装　　继承　　原型　　原型链

< 118 >

二、描述题

1. 请简单说明一下存取器的类型和用法。
2. 请简单说明一下如何判断一个对象是不是某个类的实例。
3. 请简单描述一下使用new关键字创建一个对象的过程。
4. 请简单描述一下call方法的作用。
5. 请简单描述一下面向对象思想所包括的三个核心要点。

三、实操题

假设有一个Person类，其拥有两个属性，即姓名和年龄，并且有一个自我介绍方法，代码如下：

```
1  class Person {
2      constructor(name, age) {
3          this.name = name;
4          this.age = age;
5      }
6      describe() {
7          console.log('${this.name} is ${this.age} years old.');
8      }
9  }
```

请编写代码以实现如下功能。

- 创建一个Student类，使其继承Person类。Student类有一个新的属性——班级（className）。构造函数中需要加入该属性。学生自我介绍时，需要输出自己的班级。
- 创建一个Teacher类，使其继承Person类。Teacher类有两个新的属性——所教科目（subject）和班级数组。一个教师可以教多个班级，即我们可以给教师增加班级。
- 给Teacher类的原型对象增加一个方法，用于判断教师是否教过某个学生。

< 119 >

第7章 DOM

DOM（document object module，文档对象模型）定义了用户操作文档对象的接口，可以说DOM是自HTML将网上相关文档连接起来后最伟大的创新。它使得用户对HTML有了空前的访问能力，并使开发者能将HTML作为XML文档来处理。本章主要介绍DOM的基础知识，包括DOM中的节点、如何使用DOM、CSS和事件等。本章思维导图如下。

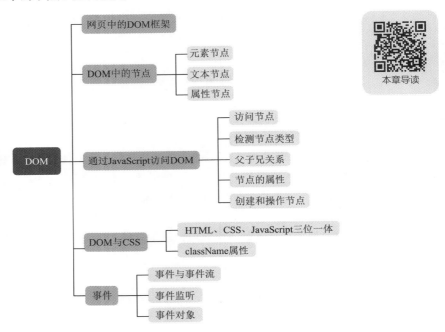

本章导读

7.1 网页中的DOM框架

DOM是网页的核心结构，无论是HTML、CSS还是JavaScript，都和DOM密切相关。HTML的作用是构建DOM结构，CSS的作用是设定样式，JavaScript的作用是读取以及控制、修改DOM。

例如下面这段简单的HTML代码可以表示为树状图，如图7.1所示。

知识点讲解

```
1    <html>
2    <head>
3        <title>DOM Page</title>
4    </head>
5
6    <body>
7        <h2><a href="#tom">标题1</a></h2>
8        <p>段落1</p>
9        <ul id="myUl">
10           <li>JavaScript</li>
11           <li>DOM</li>
12           <li>CSS</li>
13       </ul>
14   </body>
15   </html>
```

在这个树状图中，<html>位于最顶端，它没有父辈，也没有兄弟，被称为DOM的根节点。更深入一层会发现，<html>有<head>和<body>两个分支，它们在同一层而不互相包含，它们之间是兄弟关系，有着共同的父元素<html>。再往深会发现<head>有两个子元素<meta>和<title>，它们互为兄弟。而<body>有3个子元素，分别是<h2>、<p>和<ul>。再继续深入还会发现<h2>和<ul>都有自己的子元素。

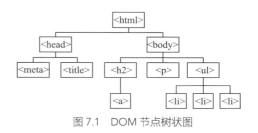

图 7.1　DOM 节点树状图

通过这样的关系划分，整个HTML文件的结构清晰可见，各个元素之间的关系很容易表达出来，这正是DOM所实现的。

7.2　DOM中的节点

节点（node）最初来源于计算机网络，它代表着网络中的一个连接点，可以说网络就是由节点构成的集合。DOM的情况也很类似，文档也可以说是由节点构成的集合。在DOM中有3种节点，分别是元素节点、文本节点和属性节点。本节将一一介绍它们。

7.2.1　元素节点

可以说整个DOM都是由元素节点（element node）构成的。图7.1中显示的所有节点，如<html>、<body>、<meta>、<h2>、<p>、<li>等都是元素节点。各种标记便是这些元素节点的名称，例如文本段落元素的名称为p，无序清单的名称为ul等。

元素节点可以包含其他的元素，例如上例中所有的项目列表<li>都包含在<ul>中，唯一没有被包含的就只有根元素<html>。

< 121 >

7.2.2　文本节点

在HTML中光有标记搭建框架是不够的，页面开发的最终目的是向用户展示内容。例如上例在<h2>标记中有文本标题1，项目列表<li>中有文本JavaScript、DOM、CSS等。这些具体的文本在DOM中被称为文本节点（text node）。

在XHTML文档里，文本节点总是被包含在元素节点的内部，但并不是所有的元素节点都包含文本节点。例如<ul>节点里就没有直接包含任何文本节点，只包含了一些元素节点<li>，<li>中才包含着文本节点。

7.2.3　属性节点

作为页面中的元素，或多或少会有一些属性，例如几乎所有的元素都有一个title属性。开发者可以利用这些属性来对包含在元素里的对象做出更准确的描述，例如：

```
<a title="CSS" href="http://learning.artech.cn">Artech's Blog</a>
```

上面的代码中title="CSS"和href="http://learning.artech.cn"就是两个属性节点（attribute node）。由于属性总是被放在标记里，因此属性节点总是被包含在元素节点中，如图7.2所示。

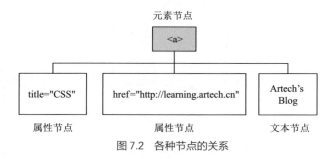

图 7.2　各种节点的关系

7.3　通过JavaScript访问DOM

在了解DOM的框架以及其中的节点后，最重要的是使用这些节点来处理HTML网页。本节主要介绍如何利用DOM来操作页面文档。

每一个DOM节点都有一系列的属性、方法可以使用。首先将常用的属性、方法罗列在表7.1中，供读者需要时查询。

表7.1　节点的属性和方法

属性/方法	类型/返回类型	说明
nodeName	String	节点名称，根据节点的类型而定义
nodeValue	String	节点的值，同样根据节点的类型而定义
nodeType	Number	节点类型

属性/方法	类型/返回类型	说明
firstChild	Node	指向childNodes列表中的第一个节点
lastChild	Node	指向childNodes列表中的最后一个节点
childNodes	NodeList	所有子节点的列表，方法item(i)可以访问第i+1个节点
parentNode	Node	指向节点的父节点，如果该节点已是根节点，则返回null
previousSibling	Node	指向节点的前一个兄弟节点，如果该节点已是第一个节点，则返回null
nextSibling	Node	指向节点的后一个兄弟节点，如果该节点已是最后一个节点，则返回null
hasChildNodes()	Boolean	当childNodes包含一个或多个节点时，返回true
attributes	NameNodeMap	包含一个元素特性的Attr对象，仅用于元素节点
appendChild(node)	Node	将node节点添加到childNodes的末尾
removeChild(node)	Node	从childNodes中删除node节点
replaceChild(newnode, oldnode)	Node	将childNodes中的oldnode节点替换成newnode节点
insertBefore(newnode, refnode)	Node	在childNodes中的refnode节点之前插入newnode节点

7.3.1 访问节点

DOM还提供了一些很便捷的方法来访问某些特定的节点。这里介绍两种常用的方法，即getElementsByTagName()和getElementById()。

getElementsByTagName()用于返回一个包含某个相同标签名的元素的列表。例如<img>标记的标签名为img。下面这行代码可返回文档中所有<li>元素的列表：

```
let oLi = document.getElementsByTagName("li");
```

这里需要特别指出的是，文档的DOM结构必须在整个文档加载完毕后才能正确分析出来，因此以上语句必须在页面加载完成之后执行才能生效。getElementsByTagName()的用法如下，实例文件请参考本书配套的资源文件：第7章\7-1.html。

```
1    <!DOCTYPE html>
2    <html>
3    <head>
4    <title>getElementsByTagName()</title>
5    <script>
6    function searchDOM(){
7        //放在函数内，页面加载完成后才用<body>的onload加载
8        let oLi = document.getElementsByTagName("li");
9        //输出长度、标记名称以及某项的文本节点值
10       console.log(
11   `${oLi.length} ${oLi[0].tagName} ${oLi[3].childNodes[0].nodeValue}`
12   );
13   }
14
```

< 123 >

```
15    </script>
16    </head>
17    <body onload="searchDOM()">
18         <ul>客户端语言
19              <li>HTML</li>
20              <li>JavaScript</li>
21              <li>CSS</li>
22         </ul>
23         <ul>服务器端语言
24              <li>Java</li>
25              <li>PHP</li>
26              <li>C#</li>
27         </ul>
28    </body>
29    </html>
```

以上页面的\<body\>部分由两个\<ul\>组成，分别含有一些项目列表，每个项目列表中各有一些文本内容。通过getElementsByTagName("li")将所有的\<li\>元素取出，并选择性地访问，运行后在控制台得到如下结果。

```
6    LI    Java
```

从运行结果可以看出，该方法将所有的\<li\>元素提取出来，并且利用跟数组类似的方法便可逐一访问。另外，大部分浏览器将标记名tagName设置为大写，应该稍加注意。

除了上述方法以外，getElementById()也是常用的方法之一，该方法返回id为指定值的元素。而标准的HTML中id都是唯一的，因此该方法主要用来获取某个指定的元素。例如在上例中如果某个\<li\>指定了id，则可以直接访问其所对应的元素。例如我们把上面例子中的searchDOM()改为getElementById()方法，实例文件请参考本书配套的资源文件：第7章\7-2.html。

```
1    function searchDOM(){
2         let oLi = document.getElementById("cssLi");
3         //输出标记名以及文本节点值
4         console.log(oLi.tagName + " " + oLi.childNodes[0].nodeValue);
5    }
```

然后为某一个\<li\>元素加上id属性：

```
<li id="cssLi">CSS</li>
```

执行上述语句后，控制台输出：

```
LI    JavaScript
```

可以看到，用getElementById("cssLi")获取指定元素后不再需要像getElementsByTagName()那样用类似数组的方式来访问元素了，因为getElementById()方法返回的是唯一的节点。

7.3.2　检测节点类型

通过节点的nodeType属性可以检测出节点的类型。该属性返回一个代表节点类型的整数值，

< 124 >

其总共有12个可取的值，例如：

```
console.log(document.nodeType);
```

以上代码显示值为9，表示DOCUMENT_NODE节点。然而实际上，对于大多数情况而言，真正有用的还是7.2节中提到的3种节点，即元素节点、属性节点和文本节点，它们的nodeType值如下。

- 元素节点的nodeType值为1。
- 属性节点的nodeType值为2。
- 文本节点的nodeType值为3。

这就意味着可以对某种类型的节点做单独的处理。这在搜索节点的时候非常实用，后面的章节即将介绍这一点。

7.3.3　父子兄关系

父子兄关系是DOM模型中节点之间非常重要的关系，7.3.1小节的例子中已经使用了节点的childNodes属性来访问元素节点所包含的文本节点，本节将进一步讨论父子兄关系在查找节点中的运用。

在获取了某个节点之后，可以通过父子关系，利用hasChildNodes()方法和childNodes属性获取该节点所包含的所有子节点，例如（实例文件请参考本书配套的资源文件：第7章\7-3.html）：

```
1   <!DOCTYPE html>
2   <html>
3   <head>
4   <script>
5   function myDOMInspector(){
6       let oUl = document.getElementById("myList");        //获取<ul>标记
7       let DOMString = "";
8       if(oUl.hasChildNodes()){                            //判断是否有子节点
9           for(let item of oUl.childNodes)                 //逐一查找
10              DOMString += item.nodeName + "\n";
11      }
12      console.log(DOMString);
13  }
14  </script>
15  </head>
16  <body onload="myDOMInspector()">
17      <ul id="myList">
18          <li>Java</li>
19          <li>Node.js</li>
20          <li>C#</li>
21      </ul>
22  </body>
23  </html>
```

这个例子的函数中首先获取<ul>标记，然后利用hasChildNodes()判断其是否有子节点，如果有则利用childNodes遍历它的所有子节点。执行后控制台输出结果如下，可以看到<ul>包括4个文

< 125 >

本节点和3个元素节点。

```
1    #text
2    LI
3    #text
4    LI
5    #text
6    LI
7    #text
```

通过父节点可以很轻松地找到子节点，通过子节点也可以很轻松地找到父节点。利用 **parentNode**属性，可以找到一个节点的父节点，例如（实例文件请参考本书配套的资源文件：第 7章\7-4.html）：

```
1    <!DOCTYPE html>
2    <html>
3    <head>
4    <title>parentNode</title>
5    <script>
6    function myDOMInspector(){
7        let myItem = document.getElementById("cssLi");
8        console.log(myItem.parentNode.tagName);        //访问父节点
9    }
10   </script>
11   </head>
12   <body onload="myDOMInspector()">
13       <ul>
14           <li>Java</li>
15           <li id="cssLi">Node.js</li>
16           <li>C#</li>
17       </ul>
18   </body>
19   </html>
```

通过**parentNode**属性，成功找到了指定节点的父节点，运行代码后在控制台输出：

```
     UL
```

由于大多数节点都拥有**parentNode**属性，因此通常可以"顺藤摸瓜"由子节点一直往上搜 索，直到父节点为止，例如（实例文件请参考本书配套的资源文件：第7章\7-5.html）：

```
1    <!DOCTYPE html>
2    <html>
3    <head>
4    <title>parentNode</title>
5    <script>
6    function myDOMInspector(){
7        let myItem = document.getElementById("myDearFood");
8        let parentElm = myItem.parentNode;
9        while(parentElm.className != "colorful" && parentElm != document.body)
10           parentElm = parentElm.parentNode;        //一直往上搜
11       alert(parentElm.tagName);
```

< 126 >

```
12    }
13    </script>
14    </head>
15    <body onload="myDOMInspector()">
16    <div class="colorful">
17        <ul>
18            <li>Java</li>
19            <li id="cssLi">Node.js</li>
20            <li>C#</li>
21        </ul>
22    </div>
23    </body>
24    </html>
```

以上代码从某个子节点开始，一直向上搜索父节点，直到节点的CSS类名称为colorful或者
<body>节点为止，运行代码后在控制台输出：

```
DIV
```

在DOM中父子关系属于两个不同层次之间的关系，而在同一层中常用的便是兄弟关系。
DOM同样提供了一些属性与方法来处理兄弟之间的关系，简单举例如下，实例文件请参考本书
配套的资源文件：第7章\7-6.html。

```
1     <!DOCTYPE html>
2     <html>
3     <head>
4     <script>
5     function myDOMInspector(){
6         let myItem = document.getElementById("cssLi");
7         //访问兄弟节点
8         let nextListItem = myItem.nextSibling;
9         let nextNextListItem = nextListItem.nextSibling;
10        let preListItem = myItem.previousSibling;
11        let prePreListItem = preListItem.previousSibling;
12        console.log(prePreListItem.tagName +" "+ preListItem.tagName
13        + "  " + nextListItem.tagName +" "+ nextNextListItem.tagName);
14    }
15    </script>
16    </head>
17    <body onload="myDOMInspector()">
18        <ul>
19            <li>Java</li>
20            <li id="cssLi">Node.js</li>
21            <li>C#</li>
22        </ul>
23    </body>
24    </html>
```

以上代码采用nextSibling和previousSibling属性访问兄弟节点。这里访问了选中节点的前一个
兄弟节点、再前一个兄弟节点、后一个兄弟节点、再后一个兄弟节点，共4个兄弟节点，运行代
码后控制台输出如下：

```
LI undefined   undefined LI
```

< 127 >

可以看到li节点的前后兄弟节点都是文本节点，因此它们的tagName属性是undefined。如果我们把上述代码中\<ul\>中的相关代码改为如下写法，即\<li\>之间不要有任何空格：

```
1    <ul>
2        <li>Java</li><li id="cssLi">Node.js</li><li>C#</li>
3    </ul>
```

此时结果就会变为：

```
undefined LI   LI undefined
```

请读者自行思考原因，这也说明虽然HTML中空格不影响页面的显示效果，但是如果涉及JavaScript的时候，源代码的排版也可能会对程序运行结果产生影响。

7.3.4 节点的属性

在找到需要的节点之后通常希望对其属性做相应的设置。DOM定义了两个便捷的方法来查询和设置节点的属性，即getAttribute()方法和setAttribute()方法。

getAttribute()方法是一个函数，它只有一个参数，即要查询的属性名称。需要注意的是，该方法不能通过document对象来调用，只能通过一个元素节点对象来调用。下面的例子便获取了图片的title属性，实例文件请参考本书配套的资源文件：第7章\7-7.html。

```
1    <!DOCTYPE html>
2    <html>
3    <head>
4    <script>
5    function myDOMInspector(){
6        //获取图片
7        let myImg = document.getElementsByTagName("img")[0];
8        //获取图片的title属性
9        console.log(myImg.getAttribute("title"));
10   }
11   </script>
12   </head>
13   <body onload="myDOMInspector()">
14       <img src="01.jpg" title="一幅图片" />
15   </body>
16   </html>
```

以上代码首先通过getElementsByTagName()方法在DOM中找到图片，然后利用getAttribute()方法读取图片的title属性，运行后在控制台中就会显示图片的title属性值了。

除了获取属性外，另外一个方法setAttribute()可以修改节点的相关属性。该方法接收两个参数，第一个参数为属性的名称，第二个参数为要修改的值。代码如下所示，实例文件请参考本书配套的资源文件：第7章\7-8.html。

```
1    <!DOCTYPE html>
2    <html>
3    <head>
```

< 128 >

```
4    <script>
5    function changePic(){
6        //获取图片
7        let myImg = document.getElementsByTagName("img")[0];
8        //设置图片的src和title属性
9        myImg.setAttribute("src","02.jpg");
10       myImg.setAttribute("title","一幅图片");
11   }
12   </script>
13   </head>
14   <body>
15       <img src="01.jpg" title="另一幅图片" onclick="changePic()" />
16   </body>
17   </html>
```

以上代码为<img>标记增添了onclick()函数，单击图片后再利用setAttribute()方法来替换图片的src和title属性，从而实现了单击切换的效果。这种单击图片直接实现切换的方法是经常会被用到的一种方法，我们也可以通过setAttribute()方法更新元素的各种属性来提升用户体验。

7.3.5　创建和操作节点

除了查找节点并处理节点的属性外，DOM同样提供了很多便捷的方法来管理节点，主要包括创建、删除、替换、插入等操作。

1．创建节点

创建节点的过程在DOM中比较规范，而且对于不同类型的节点方法还略有区别。例如创建元素节点采用createElement()，创建文本节点采用createTextNode()，创建文档片段节点采用createDocumentFragment()等。假设有如下HTML文件：

```
1    <html>
2    <head>
3    <title>创建新节点</title>
4    </head>
5    <body>
6
7    </body>
8    </html>
```

希望在<body>中动态添加如下代码：

```
<p>这是一段真实的故事</p>
```

可以利用刚才所提到的两个方法来完成。首先利用createElement()创建<p>元素，如下所示：

```
let oP = document.createElement("p");
```

然后利用createTextNode()方法创建文本节点，并利用appendChild()方法将其添加到oP节点的childNodes列表的最后，如下所示：

< 129 >

```
1    let oText = document.createTextNode("这是一段真实的故事");
2    oP.appendChild(oText);
```

最后再将已经包含了文本节点的元素（oP节点）添加到<body>中，仍然采用appendChild()方法，如下所示：

```
document.body.appendChild(oP);
```

这样便完成了<body>中<p>元素的创建。如果希望观察appendChild()方法添加对象的位置，则可以在<body>中预先设置一段文本，这样就会发现appendChild()方法添加对象的位置永远是在节点childNodes列表的尾部，完整代码如下所示，实例文件请参考本书配套的资源文件：第7章\7-9.html。

```
1    <!DOCTYPE html>
2    <html>
3    <head>
4    <script>
5    function createP(){
6        let oP = document.createElement("p");
7        let oText = document.createTextNode("这是一段感人的故事");
8        oP.appendChild(oText);
9        document.body.appendChild(oP);
10   }
11   </script>
12   </head>
13   <body onload="createP()">
14   <p>事先写一行文字在这里，观察appendChild()方法添加对象的位置</p>
15   </body>
16   </html>
```

代码运行结果表示<p>标记被添加到了<body>的末尾。

2．删除节点

DOM能够创建节点自然也能够删除节点。删除节点是通过父节点的removeChild()方法来实现的。通常的方法是找到要删除的节点，然后利用parentNode属性找到父节点，最后使用removeChild()删除节点即可，例如（实例文件请参考本书配套的资源文件：第7章\7-10.html）：

```
1    <!DOCTYPE html>
2    <html>
3    <head>
4    <script>
5    function deleteP(){
6        let oP = document.getElementsByTagName("p")[0];
7        oP.parentNode.removeChild(oP);          //删除节点
8    }
9    </script>
10   </head>
11   <body>
12   <p onclick="deleteP()">单击一下，这行文字就看不到了</p>
13   </body>
14   </html>
```

< 130 >

以上代码十分简单，运行之后浏览器显示空白，因为在页面加载完成的瞬间<p>节点已经被成功删除了。

3. 替换节点

有的时候不需要创建节点和删除节点，而是需要替换页面中的某个节点。DOM提供了replaceChild()方法来完成这项任务。该方法同样是针对要替换节点的父节点来操作的，例如（实例文件请参考本书配套的资源文件：第7章\7-11.html）：

```
1   <!DOCTYPE html>
2   <html>
3   <head>
4   <script>
5   function replaceP(){
6       let oOldP = document.getElementsByTagName("p")[0];
7       let oNewP = document.createElement("p");            //创建节点
8       let oText = document.createTextNode("这是一个真实的故事");
9       oNewP.appendChild(oText);
10      oOldP.parentNode.replaceChild(oNewP,oOldP);         //替换节点
11  }
12  </script>
13  </head>
14  <body>
15    <p onclick="replaceP()">单击一下，这行文字就被替换了</p>
16  </body>
17  </html>
```

首先创建了一个新的<p>节点，然后利用oOldP父节点的replaceChild()方法将oOldP替换成了oNewP。当<p>标记被单击后，程序就会执行replaceP()函数。

4. 插入节点

7-9.html中新创建的元素<p>插入了<body>子节点列表的末尾，如果希望这个节点插入已知节点之前，则可以采用insertBefore()方法。与replaceChild()方法一样，该方法同样接收两个参数，一个参数是新节点，另一个参数是目标节点，代码如下所示，实例文件请参考本书配套的资源文件：第7章\7-12.html。

```
1   <!DOCTYPE html>
2   <html>
3   <head>
4   <script>
5   function insertP(){
6       let oOldP = document.getElementsByTagName("p")[0];
7       let oNewP = document.createElement("p");            //创建节点
8       let oText = document.createTextNode("这是一个真实的故事");
9       oNewP.appendChild(oText);
10      oOldP.parentNode.insertBefore(oNewP,oOldP);         //插入节点
11  }
12  </script>
13  </head>
```

< 131 >

```
14    <body>
15    <p onclick="insertP()">单击一下，就会有文字插入这行文字之前</p>
16    </body>
17    </html>
```

以上代码新建一个元素节点，然后利用 insertBefore()方法将节点插入目标节点之前，打开页面之后，单击两次<p>标记的结果如图7.3所示。

图 7.3　插入节点

5. 文档片段

通常将节点添加到实际页面中时，页面就会立即更新并反映出这个变化。对于少量的更新情况，前面介绍的方法是非常实用的。而一旦添加的节点非常多时，页面执行的效率就会很低。通常的解决办法是创建一个文档片段，把新的节点先添加到该片段中，然后将它们一次性添加到实际的页面中，如下所示，实例文件请参考本书配套的资源文件：第7章\7-13.html。

```
1     <!DOCTYPE html>
2     <html>
3     <head>
4     <script>
5     function insertColor(){
6         let aColors =
7             ["red","green","blue","magenta","yellow","chocolate"];
8         let oFragment = document.createDocumentFragment();    //创建文档片段
9         for(let item of aColors){
10            let oP = document.createElement("p");
11            let oText = document.createTextNode(item);
12            oP.appendChild(oText);
13            oFragment.appendChild(oP);                //将节点先添加到片段中
14        }
15        document.body.appendChild(oFragment);         //最后一次性添加到页面中
16    }
17    </script>
18    </head>
19    <body onload="insertColor()">
20    </body>
21    </html>
```

原本页面的<body>元素内部是空的，而执行完insertColor()后，页面中插入了5个<p>元素。这5个元素不是一次一次插入页面的，而是先组合在一起成为一个文档片段，然后一次性插入页面的，这种方式性能更好。

7.4　DOM与CSS

CSS是通过标记、类型、ID等来设置元素的样式的，DOM则是通过HTML的框架来实现各个节点操作的。单从对HTML页面的结构分析来看，二者是完全相同的。本节回顾Web标准三位一

< 132 >

体的页面结构，并简单介绍className的运用。

7.4.1 HTML、CSS、JavaScript三位一体

在第1章的1.4节中曾经提到过结构、表现、行为这三者的分离，如今我们对JavaScript、CSS以及DOM有了新的认识，再重新审视一下这种思路，可能会觉得更加清晰。

网页的结构（structure）层由HTML负责创建，标记（tag）会对页面各个部分的含义做出描述。例如<ul>标记表示这是一个无序的项目列表，如下所示：

```
1   <ul>
2       <li>HTML</li>
3       <li>JavaScript</li>
4       <li>CSS</li>
5   </ul>
```

页面的表现（presentation）层由CSS来创建，主要负责如何显示网页中的内容。例如采用蓝色，字体为Arial，粗体显示：

```
1   .myUL1{
2       color:#0000FF;
3       font-family:Arial;
4       font-weight:bold;
5   }
```

行为（behavior）层负责如何令内容对事件做出反应，这是由JavaScript和DOM所完成的。例如当用户单击项目列表时，弹出对话框：

```
1   function check(){
2       let oMy = document.getElementsByTagName("ul")[0];
3       alert("你单击了这个项目列表");
4   }
5
6   <ul onclick="check()" class="myUL1">
7       <li>HTML</li>
8       <li>JavaScript</li>
9       <li>CSS</li>
10  </ul>
```

网页的表现层和行为层总是存在的，即使没有明确地给出具体的定义、指令，因为Web浏览器会把它的默认样式和默认事件加载到网页的结构层上。例如浏览器会在呈现文本的地方留出页边距，会在用户把鼠标指针移动到某个元素上方时弹出title属性的提示框等。

当然这3种技术也是存在重叠区的，例如用DOM来改变页面的结构层，创建元素节点等。CSS中也用:hover这样的伪属性来控制鼠标指针滑过某个元素时的样式。

现在再回头来看Web标准三位一体的结构，其对整个站点的重要性不言而喻。

7.4.2 className属性

前面提到的DOM都是与结构层打交道的，例如查找节点、添加节点等，而DOM还有一个非

< 133 >

常实用的className属性，可以修改一个节点的CSS类，这里对其做简单的介绍。首先看下面的例子，实例文件请参考本书配套的资源文件：第7章\7-14.html。

```
1    <!DOCTYPE html>
2    <html>
3    <head>
4    <style type="text/css">
5    .dark{
6        color:#666;
7    }
8    .light{
9        color:#CCC;
10   }
11   </style>
12   <script>
13   function check(){
14       let oMy = document.getElementsByTagName("ul")[0];
15       oMy.className = "light";            //修改CSS类
16   }
17   </script>
18   </head>
19
20   <body>
21       <ul onclick="check()" class="dark">
22           <li>HTML</li>
23           <li>JavaScript</li>
24           <li>CSS</li>
24       </ul>
25   </body>
26   </html>
```

上述代码还是采用了7.4.1小节的项目列表，但是在单击项目列表时将<ul>标记的className属性进行了修改，用light覆盖了dark，可以看到项目的颜色就由深变浅了。

从上面的例子中也可以很清晰地看到，修改className属性是对CSS样式进行替换，而不是添加。但在很多时候并不希望将原有的CSS样式覆盖，这时完全可以采用追加，前提是保证追加的CSS样式中的各个属性与原先的属性不重复，代码如下：

```
oMy.className += " newCssClass";        //追加newCssClass类，注意输入空格
```

7.5 事件

事件可以说是JavaScript中引人注目的特性。因为它提供了一个平台，让用户不仅能够浏览页面中的内容，还能够跟页面进行交互。本节围绕JavaScript处理事件的特性进行讲解，主要包括事件和事件流、事件监听和事件对象等。

知识点讲解

< 134 >

7.5.1　事件与事件流

事件是发生在 HTML 元素上的某些特定的事情，它的作用是使页面具有某些行为，并执行某些动作。类比生活中的例子，学生听到上课铃响，就会走进教室。这里上课铃响相当于事件，走进教室相当于响应事件的动作。

在一个网页中，已经预先定义好了很多事件，开发人员可以编写相应的事件处理程序来响应相应的事件。

事件可以是浏览器行为，也可以是用户行为。例如下面3个行为都是事件。

● 一个页面完成加载。

● 某个按钮被单击。

● 鼠标指针移到了某个元素上面。

页面随时都会产生各种各样的事件，绝大部分事件我们并不需要关注，我们只需要关注特定、少量的事件。例如鼠标指针在页面上移动的每时每刻都在产生鼠标移动事件，但是除非我们希望鼠标指针移动时产生某些特殊的效果或行为，而在一般情况下我们不会关心这些事件的发生。因此，一个事件中重要的是发生的对象和事件的类型，我们仅关心的是特定目标具有特定类型的事件。

例如某个特定的<div>元素被单击时，我们希望弹出一个对话框。那么，我们就会关心这个<div>元素的"鼠标单击"事件，然后会针对它编写事件处理程序。这里先了解一下相关概念，后面我们再具体讲解如何编写代码。

了解了事件的概念之后，还需要了解事件流的概念。由于DOM是树状结构，因此当某个子元素被单击时，它的父元素实际上也被单击了，它的父元素的父元素也被单击了，一直到根元素。因此鼠标单击产生的并不是一个事件，而是一系列事件，这一系列事件就组成了事件流。

一般情况下，当某个事件发生的时候，实际上都会产生一个事件流。而我们并不需要对事件流中的所有事件都编写处理程序，而只需要对我们关心的那一个事件编写程序进行处理就可以了。

既然事件发生时总是以流的形式依次发生，那么就要分个先后顺序。图7.4说明了一个事件流中各个事件发生的顺序，假设某个页面上有一个<div>元素，它里面有个<p>元素，当单击了<p>元素后，总体来说，浏览器产生事件流的过程可分为3个阶段：从最外层的根元素<html>开始依次向下，称为捕获阶段；到达目标元素时，称为到达阶段；最后依次向上回到根元素，称为冒泡阶段。

DOM规范中规定，捕获阶段不会命中事件，但是实际上目前的各种浏览器对此都进行了扩展，如果需要的话，每个对象在捕获阶段和冒泡阶段都可以获得一次处理事件的机会。

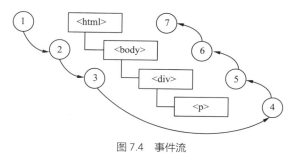

图 7.4　事件流

这里仅做概念描述，等到后面了解具体编程的方法后，我们再来验证一下这里所描述的概念。

< 135 >

7.5.2 事件监听

从7.4节的例子可以看到，页面中的事件都需要一个函数来响应，这类函数通常被称为事件处理（event handler）函数。从另外一个角度来说，这类函数时时都在监听是否有事件发生，因此它们又被称为事件监听（event listener）函数。然而对于不同的浏览器而言，事件监听函数的调用有一定的区别，好在经过多年的发展，目前主流的浏览器已经对DOM规范有了比较好的支持。

1. 简单的行内写法

通常对于简单的事件，没有必要编写大量复杂的代码，在HTML的标签中就可以直接定义事件处理函数，而且通常它们的兼容性很好。例如在下面的代码中，给<p>元素添加一个onclick属性，并通过JavaScript语句直接定义如何响应单击事件：

```
<p onclick="alert('我被单击了');">Click Me</p>
```

这种写法虽然方便，但是有两个缺点：（1）如果有多个元素需要有相同的事件处理方式，则需要为每个元素单独写事件监听函数，这样很不方便；（2）这种方式不符合结构与行为分离的指导思想，因此可以使用下面介绍的更常用的规范方法。

2. 设置事件监听函数

标准DOM定义了两个方法用于添加和删除事件监听函数，即addEventListener()和removeEventListener()。参考下面的实例代码，实例文件位于本书配套的资源文件：第7章\7-15.html。

```
1  <body>
2    <div>
3      <p>这是一个段落<p>
4    </div>
5    <script>
6
7  document
8    .querySelectorAll("*")
9    .forEach(element => element.addEventListener('click',
10     (event) => {
11       console.log(event.target.tagName
12       + " - " + event.currentTarget.tagName
13       + " - " + event.eventPhase);
14     },
15     false   //在冒泡阶段触发事件
16  ));
17  </script>
18  </body>
```

这个案例中，先通过document.querySelectorAll("*")方法获得页面上的所有元素，然后对结果集合中的每一个元素添加事件监听函数。事件监听函数带有3个参数：第1个参数是事件的名称，例如click事件指的就是单击事件；第2个参数是一个函数，我们在这里做的就是在控制台输出事件对象的3个属性；第3个参数用于指定触发事件的阶段，可以省略此参数，其默认值为false，即在冒泡阶段触发事件。

< 136 >

运行上述代码以后，可以看到页面上只有一行文字，用鼠标单击该段落以后，在控制台就会出现如下结果：

```
1    P - P - 2
2    P - DIV - 3
3    P - BODY - 3
4    P - HTML - 3
```

结果中的每一行都输出了事件对象的3个属性：事件的目标、事件在某个阶段的目标、事件所处的阶段。例如：第1行中，第一个值P表示事件目标的标记名称是p，第二个值P表示当前所处阶段目标的标记也是<p>标记，第三个值表示当时所处的阶段，数字2表示事件处于到达阶段。第2行中，第一个值P表示事件目标的标记名称是p，第二个值DIV表示当前所处阶段目标的标记是<div>标记，第三个值表示当时所处的阶段，数字3表示事件处于冒泡阶段。

这个结果正体现了7.5.1小节中我们介绍的事件流中各个事件的发生顺序。在默认情况下，事件发生在冒泡阶段，因此，第一行是到达单击事件的目标时触发的，然后开始冒泡；第二行是冒泡到达父元素<div>时触发的，依此类推。

如果稍稍修改上面的代码，将addEventListener()函数的第3个参数改为true，实例文件请参考本书配套的资源文件：第7章\7-16.html。

```
1    document
2      .querySelectorAll("*")
3      .forEach(element => element.addEventListener('click',
4        (event) => {
5          console.log(event.target.tagName
6          + " - " + event.currentTarget.tagName
7          + " - " + event.eventPhase);
8        },
9        true   //在捕获阶段触发事件
10   ));
```

这时控制台输出的结果就跟刚才的不同了，可以看到4行结果的顺序正好反过来了，数字3变成了数字1，表示事件处于捕获阶段。

```
1    P - HTML - 1
2    P - BODY - 1
3    P - DIV - 1
4    P - P - 2
```

这个例子正好验证了7.5.1小节图7.4中所描述的事件的响应顺序，即先从根元素向下一直到目标元素，然后向上冒泡一直到根元素。此外，设置事件监听函数也常常被称为给元素绑定事件监听函数。

在通常情况下，我们都使用默认事件冒泡机制。因此，如果一个容器元素（比如<div>）里面有多个同类子元素，而且要给这些子元素绑定同一个事件监听函数，则通常有两种方法：（1）选出所有的子元素，然后分别给它们绑定事件监听函数；（2）把事件监听函数绑定到容器元素上，然后在函数内部过滤出需要的子元素，最后进行处理。

总结一下，事件监听函数的格式是：

< 137 >

```
[object].addEventListener("event_name", fnHandler, bCapture);
```

相应地，removeEventListener()方法用于移除某个事件监听函数，这里就不再举例说明了。

7.5.3 事件对象

浏览器中的事件通常都是以对象的形式存在的，标准DOM中规定event对象必须作为唯一的参数传给事件处理函数，因此访问事件对象通常将其作为参数。例如（实例文件请参考本书配套的资源文件：第7章\7-17.html）：

```
1  <body>
2  <div id="target">
3    <p>click p</p>
4    click div
5  </div>
6  <script>
7  document
8    .querySelector("div#target")
9    .addEventListener('click',
10     (event) => {
11       console.log(event.target.tagName)
12     }
13   );
14 </script>
15 </body>
```

在上面的代码中，首先根据CSS选择器在页面中选中一个对象，然后给它绑定事件监听函数，可以看到箭头函数的参数是事件对象。事件对象描述了事件的详细信息，开发者可以根据这些信息做相应的处理，实现特定的功能。例如上面的代码中仅仅简单地显示出事件的目标的标记名称。

不同的事件对应的事件属性也不一样，例如鼠标移动相关的事件会有坐标信息，而其他事件则不会包含坐标信息。但是有一些属性和方法是所有事件都会包含的，例如前面案例中已经用过的target、currentTarget、phase等。

表7.2中列出了一些事件对象中的常见属性和方法，具体使用的时候还可以查阅相关文档。

表7.2　事件对象中的常见属性和方法

属性和方法	类型	读/写	说明
altKey	Boolean	读写	按Alt键则值为true，否则值为false
button	Integer	读写	鼠标事件，值对应按的鼠标键，详见6.4.1小节
cancelable	Boolean	只读	是否可以取消事件的默认行为
stopPropagation()	Function	N/A	可以调用该方法来阻止事件向上冒泡
clientX/clientY	Integer	只读	鼠标指针在客户端区域的坐标，不包括工具栏、滚动条等
ctrlKey	Boolean	只读	按Ctrl键则值为true，否则为false
relatedTarget	Element	只读	鼠标指针正在进入/离开的元素
charCode	Integer	只读	按键的Unicode值

< 138 >

续表

属性和方法	类型	读/写	说明
keyCode	Integer	读写	keypress时为0，其余为按键的数字代号
detail	Integer	只读	鼠标键被单击的次数
preventDefault()	Function	N/A	可以调用该方法来阻止事件的默认行为
screenX/screenY	Integer	只读	鼠标指针相对于整个计算机屏幕的坐标值
shiftKey	Boolean	只读	按Shift键则值为true，否则值为false
target	Element	只读	引起事件的元素/对象
type	String	只读	事件的名称

浏览器支持的事件种类非常多，可以分为以下几类，每类里面又有很多事件。

- 用户界面事件：涉及与BOM交互的通用浏览器事件。
- 焦点事件：在元素获得或者失去焦点时所触发的事件。
- 鼠标事件：使用鼠标指针在页面上执行某些操作时所触发的事件。
- 滚轮事件：使用鼠标滚轮时所触发的事件。
- 输入事件：向文档中输入文本时所触发的事件。
- 键盘事件：使用键盘在页面上执行某些操作时所触发的事件。
- 输入法事件：使用某些输入法时所触发的事件。

当然随着浏览器的发展，事件也会不断变化。这里不再进行详细的关于事件的讲解，后面的章节会结合jQuery框架在实际编程中对其进行介绍。

7.6 动手实践：动态控制表格

利用DOM的属性和方法可以很轻松地操作页面上的元素，包括添加、删除等。而对于表格，HTML DOM还提供了一套专用的特性，使得操作更加方便。本节主要介绍动态控制表格的方法，包括添加、删除表格的行、列、单元格等。

案例讲解

为了读者查询方便，首先将针对表格常用的属性和方法列于表7.3中。

表7.3　表格的属性和方法

元素	属性和方法	说明
针对\<table\>元素	caption	指向\<caption\>元素（如果存在）
	tBodies	指向\<tbody\>元素的集合
	tFoot	指向\<tfoot\>元素（如果存在）
	tHead	指向\<thead\>元素（如果存在）
	rows	表格中所有行的集合
	deleteRow(position)	删除指定位置上的行
	insertRow(position)	在rows集合中的指定位置插入一个新行
	creatCaption()	创建\<caption\>元素并将其放入表格中
	deleteCaption()	删除\<caption\>元素

< 139 >

续表

元素	属性和方法	说明
针对\<tbody\>元素	rows	\<tbody\>中所有行的集合
	deleteRows(position)	删除指定位置上的行
	insertRows(position)	在rows集合中的指定位置上插入一个新行
针对\<tr\>元素	cells	\<tr\>中所有单元格的集合
	deleteCell(position)	删除给定位置上的单元格
	insertCell(position)	在cells集合的给定位置上插入一个新的单元格

7.6.1 动态添加

表格数据的添加操作是常用的操作之一，包括添加一行数据或在每一行中添加单元格，主要采用的是insertRow()和insertCell()方法。例如人员表格如图7.5所示。

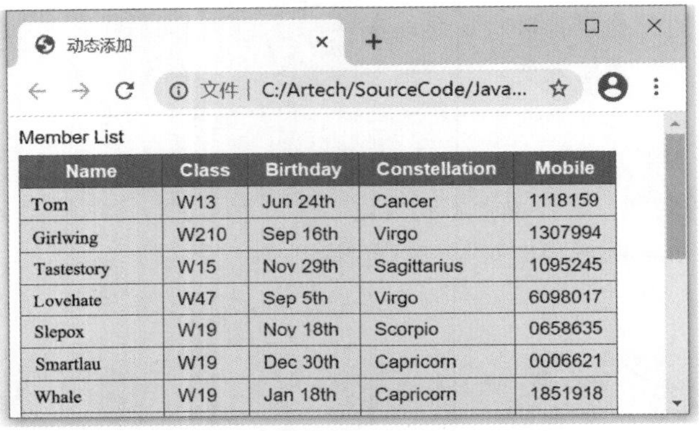

图 7.5　人员表格

如果希望在第一个人的后面插入一行新的数据，因为第一个人前面还有一行标题，所以相当于插入的行号为2（从0开始计算），如下：

```
let oTr = document.getElementById("member").insertRow(2);
```

变量oTr为新插入的对象，然后利用insertCell()方法为这一行插入数据。利用DOM方法createTextNode()添加文本节点，并利用appendChild()方法将其赋值给oTd对象，该对象即为新的单元格，代码如下所示：

```
1   let aText = new Array();
2   aText[0] = document.createTextNode("fresheggs");
3   aText[1] = document.createTextNode("W610");
4   aText[2] = document.createTextNode("Nov 5th");
5   aText[3] = document.createTextNode("Scorpio");
6   aText[4] = document.createTextNode("1038818");
7   for(let i=0;i<aText.length;i++){
8       let oTd = oTr.insertCell(i);
9       oTd.appendChild(aText[i]);
10  }
```

这样便完成了新数据的添加，执行效果如图7.6所示。

< 140 >

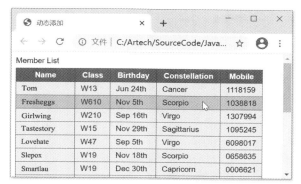

图 7.6　动态添加数据

完整代码如下（实例文件请参考本书配套的资源文件：第7章\table\1.html）：

```
1   <!DOCTYPE html>
2   <html>
3   <head>
4   <title>动态添加</title>
5   <style>
6   .datalist{
7       border:1px solid #0058a3;         /* 表格边框 */
8       font-family:Arial;
9       border-collapse:collapse;         /* 边框重叠 */
10      background-color:#eaf5ff;          /* 表格背景色 */
11      font-size:14px;
12  }
13  .datalist caption{
14      padding-bottom:5px;
15      font:bold 1.4em;
16      text-align:left;
17  }
18  .datalist th{
19      border:1px solid #0058a3;         /* 行名称边框 */
20      background-color:#4bacff;          /* 行名称背景色 */
21      color:#FFFFFF;                     /* 行名称颜色 */
22      font-weight:bold;
23      padding-top:4px; padding-bottom:4px;
24      padding-left:12px; padding-right:12px;
25      text-align:center;
26  }
27  .datalist td{
28      border:1px solid #0058a3;         /* 单元格边框 */
29      text-align:left;
30      padding-top:4px; padding-bottom:4px;
31      padding-left:10px; padding-right:10px;
32  }
33  .datalist tr:hover, .datalist tr.altrow{
34      background-color:#c4e4ff;          /* 动态变色 */
35  }
36  </style>
37  <script>
```

< 141 >

```
38    window.onload=function(){
39        let oTr = document.getElementById("member").insertRow(2);//插入一行
40        let aText = new Array();
41        aText[0] = document.createTextNode("fresheggs");
42        aText[1] = document.createTextNode("W610");
43        aText[2] = document.createTextNode("Nov 5th");
44        aText[3] = document.createTextNode("Scorpio");
45        aText[4] = document.createTextNode("1038818");
46        for(let i=0;i<aText.length;i++){
47            let oTd = oTr.insertCell(i);
48            oTd.appendChild(aText[i]);
49        }
50    }
51    </script>
52    </head>
53    <body>
54    <table class="datalist" summary="list of members in EE Studay" id="member">
55        <caption>Member List</caption>
56        <tr>
57            <th scope="col">Name</th>
58            <th scope="col">Class</th>
59            <th scope="col">Birthday</th>
60            <th scope="col">Constellation</th>
61            <th scope="col">Mobile</th>
62        </tr>
63        <tr>
64            <td>tom</td>
65            <td>W13</td>
66            <td>Jun 24th</td>
67            <td>Cancer</td>
68            <td>1118159</td>
69        </tr>
70        ......
71        <tr>
72            <td>lightyear</td>
73            <td>W311</td>
74            <td>Mar 23th</td>
75            <td>Aries</td>
76            <td>1002908</td>
77        </tr>
78    </table>
79    </body>
80    </html>
```

7.6.2　修改单元格内容

当表格建立了以后，可以通过HTML DOM属性直接对单元格进行引用，这相比于getElementById()、getElementsByTagName()等方法一个个地进行寻找要方便得多，如下所示：

```
oTable.rows[i].cells[j]
```

< 142 >

以上代码通过rows、cells两个属性便轻松访问到了表格的特定单元格，即第i行、第j列（都是从0开始计数）。获得单元格的对象后便可以通过innerHTML属性修改相应的内容了。例如某人的手机丢失，需要将号码改为lost，则可以使用以下代码：

```
1    let oTable = document.getElementById("member");
2    oTable.rows[3].cells[4].innerHTML = "lost";
```

运行结果如图7.7所示，完整代码读者可参考本书配套资源文件：第7章\table\2.html。

7.6.3　动态删除

既然有添加、修改操作，自然还有删除操作。对于表格而言，删除操作无非是删除某一行、某一列或者某一个单元格。删除某一行可以直接调用<table>的deleteRow(i)方法，其中i为行号；删除某一个单元格则可以调用<tr>的deleteCell(j)方法。

图 7.7　修改单元格内容

同样采用上述表格的数据，下面的语句删除了表格的第二行以及原先第三行的第2个单元格：

```
1    let oTable = document.getElementById("member");
2    oTable.deleteRow(2);                   //删除一行，后面的行自动补齐
3    oTable.rows[2].deleteCell(1);          //删除一个单元格，后面的单元格自动补齐
```

从以上代码中可以看到，删除第二行数据后，原先的第三行则变成了现在的第二行，即自动补齐了。删除单元格也是同样的效果，如图7.8所示。

完整代码可以参考本书配套资源文件第7章\table\3.html，这里不再一一讲解每个重复的细节。通常考虑到用户操作的友好性，在每一行数据的最后都会附加一个delete（删除）链接，单击这个链接就可以删除这一行，如图7.9所示。

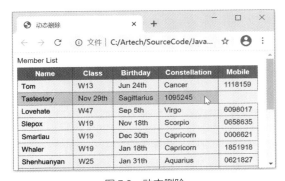

图 7.8　动态删除　　　　　　　　　　　　　　图 7.9　删除链接

考虑到不影响原先表格的数据，再者实际操作中表格的行数可能较多，因此采用动态添加delete链接的方法，而不必修改原先的HTML框架：

```
1    let oTd;
2    //动态添加delete链接
```

< 143 >

```
3    for(let i=1;i<oTable.rows.length;i++){
4        oTd = oTable.rows[i].insertCell(5);
5        oTd.innerHTML = "<a href='#'>delete</a>";
6        oTd.firstChild.onclick = myDelete;     //添加删除事件
7    }
```

以上代码十分简捷，即遍历表格的每一行，然后在每一行的最后添加一个单元格，并设置单元格的innerHTML为相应的链接，最后再为每个链接添加onclick事件myDelete。

myDelete()函数中首先利用this关键字获得超链接的引用，再利用DOM的父子关系轻松找到所在行<tr>的父节点，最后利用removeChild()方法即可，如下所示：

```
1    function myDelete(){
2        let oTable = document.getElementById("member");
3        //删除该行
4    this.parentNode.parentNode.parentNode.removeChild(this.parentNode.parentNode);
5    }
```

改动的部分如下所示（实例文件请参考本书配套的资源文件：第7章\table\4.html）：

```
1    <style>
2    .datalist td a:link, .datalist td a:visited{
3        color:#004365;
4        text-decoration:underline;
5    }
6    .datalist td a:hover{
7        color:#000000;
8        text-decoration:none;
9    }
10   </style>
11   <script>
12   function myDelete(){
13       let oTable = document.getElementById("member");
14       //删除该行
15   this.parentNode.parentNode.parentNode.removeChild(this.parentNode.parentNode);
16   }
17   window.onload=function(){
18       let oTable = document.getElementById("member");
19       let oTd;
20       //动态添加delete链接
21       for(let i=1;i<oTable.rows.length;i++){
22           oTd = oTable.rows[i].insertCell(5);
23           oTd.innerHTML = "<a href='#'>delete</a>";
24           oTd.firstChild.onclick = myDelete;     //添加删除事件
25       }
26   }
27   </script>
```

运行结果如图7.10所示。

< 144 >

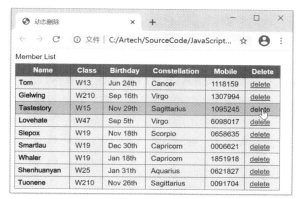

图 7.10　动态删除表格的行

对于表格的动态删除而言，很多时候需要删除某一列，而DOM中没有直接删除列的方法可以调用，因此需要自己手动编写deleteColumn()方法。

deleteColumn()方法接收两个参数，一个参数为表格对象，另一个参数为希望删除的列号。编写方法十分简单，即利用deleteCell()方法，在每一行都删除相应的单元格即可，如下所示：

```
1  function deleteColumn(oTable,iNum){
2      //自定义删除列方法，即在每一行都删除相应的单元格
3      for(let i=0;i<oTable.rows.length;i++)
4          oTable.rows[i].deleteCell(iNum);
5  }
```

例如希望删除表格的第3列，不再提供具体的Birthday（生日）信息，则可以直接调用该方法，如下所示：

```
1  window.onload=function(){
2      let oTable = document.getElementById("member");
3      deleteColumn(oTable,2);
4  }
```

运行结果如图7.11所示，完整代码可以参考本书配套资源文件第7章\table\5.html。读者可以为每一列的最后都添加delete链接作为练习，单击链接即可删除该列。

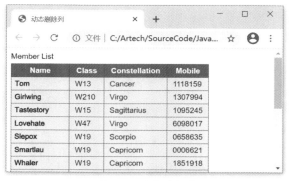

图 7.11　动态删除列

< 145 >

本章小结

本章主要讲解了JavaScript在网页中的运用。首先介绍了DOM的概念，然后说明了如何使用JavaScript来控制DOM，主要包括选择DOM节点、操作DOM节点以及节点的属性。可以清晰地看到HTML、CSS和JavaScript在网页开发中的分工和它们之间的关系。接着简单介绍了与事件相关的知识。最后通过一个综合案例，演示了JavaScript操作表格的功能。后面在jQuery框架介绍中还会继续介绍与DOM相关的知识。

习题 7

一、关键词解释

DOM框架　　　DOM中的节点　　　事件　　　事件流　　　事件监听　　　事件对象

二、描述题

1. 请简单描述一下DOM中有几种节点，分别是什么。

2. 请简单描述一下常用的节点的属性和方法有哪些，分别具有什么含义。

3. 请简单描述一下本章中DOM访问节点的两种方式是什么。

4. 请简单描述一下父节点、子节点和兄弟节点之间如何互相寻找。

5. 请简单描述一下操作节点的方式有哪些，它们的含义都是什么。

6. 请简单描述一下DOM通过什么属性可以修改节点的CSS类别。

7. 请简单列出事件对象中常用的属性有哪些，它们的含义都是什么。

8. 请简单描述一下事件种类大致分为哪几个，它们的含义都是什么。

三、实操题

做一个猜奖游戏，用table元素制作一个九宫格，将奖品随机放入其中一个格子。鼠标左键单击某个格子后，判断是否中奖，并给出结果。每个格子只能响应一次单击事件，中奖后所有格子都不响应单击事件，游戏结束。游戏效果如题图7.1所示。

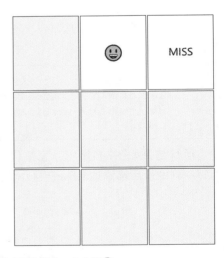

第1次单击：未中奖😞

第2次单击：恭喜中奖😊

题图7.1　游戏效果

< 146 >

第8章 综合案例一：以迭代方式开发计算器

众所周知，只有把理论知识同具体实际相结合，才能正确回答实践提出的问题，扎实提升读者的理论水平与实战能力。

前面7章介绍了JavaScript的相关基础知识。现在到了动手开发实际项目的时候了。我们将在本章开发一个非常简单的计算器。希望能通过全书的第一个综合案例，给读者演示一个程序是如何从零开始，一点点不断地迭代，最终开发完成的。本章思维导图如下。

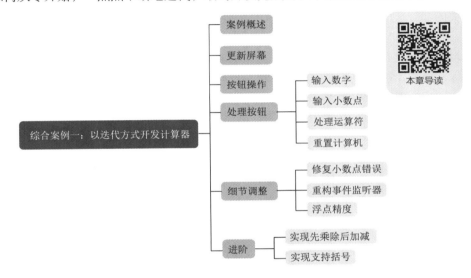

8.1 案例概述

先展示一下制作完成后的计算器效果，如图8.1所示，它可以实现每个人都很熟悉的基本计算功能。实现本章讲解的基本功能后，效果如图8.1（a）所示。本章还设置了一些选学内容，供学有余力的读者参考，实现选学的高级功能后，效果如图8.1（b）所示。

在这个案例中，我们希望给读者演示如何用面向对象的思想，完成一个实际的案例，注意最重要的一点是把核心逻辑和界面层分开。在这个计算器中，应该把具体如何处理操作数的计算等函数进行封装，然后在界面层直接调用封装好的（和界面打交道的）函数即可。

（a）基本功能

（b）高级功能

图 8.1　计算器的最终效果

在进行逻辑开发之前，需要先把基本的页面做好，包括把HTML结构和CSS样式设置好，相关的部分这里就不详细介绍了。

读者可以直接打开本书配套资源中的基础文件，其中页面已经做好了，读者可以直接进行JavaScript的开发。和JavaScript相关的是这个页面中的17个按钮元素和一个显示结果的屏幕元素。

屏幕元素实际上是一个文本框，其通过CSS设置后看起来已经不像普通的文本框了。

17个按钮都是type属性为button的<input>元素，每个元素（按钮）都有相应的value属性值。通过JavaScript获取每个按钮的value属性值，就可以区分出单击了哪个按钮。这17个按钮可分为4类。

- 0~9：数字按钮。
- +、−、×、÷、=：运算符按钮。
- .：小数点按钮。
- AC：重置（清零）按钮。

请读者对照本书配套资源文件，了解这个页面的HTML结构，看懂每个元素的属性。

从功能来说，本案例要解决的问题就是通过单击按钮，正确地执行4种常见的算术运算（加法、减法、乘法和除法），并将结果显示在屏幕上。这本质上是不断地读入字符，构造有效的表达式的过程。例如依次输入5个字符2、3、+、3、4，就构造了一个有效的表达式23+34，其中23和34是操作数，加号是运算符。每个加/减/乘/除运算都需要两个操作数。

因此设计程序的基本思路是：依次获取第1个操作数、运算符和第2个操作数，然后进行计算，并把计算结果显示到屏幕上。

用过计算器的人都知道，在使用计算器的时候，可以连续输入、连续计算。因此如果我们将一次计算的结果作为下一次计算的第1个操作数，这样就可以不断地计算下去了。

具体来说，我们从创建一个计算器类开始，先通过它的构造函数定义几个必要的数据属性，用于不断地跟踪计算器的内部状态。代码如下：

```
1    class Calculator {
2      constructor(){
3        this.displayValue = '0',
4        this.firstOperand = null,
5        this.isComplete = false,
6        this.operator = null
7      }
8    }
```

< 148 >

案例代码：第8章\step-01\script.js。

上述代码中的Calculator类通过构造函数定义了以下几个数据属性，其中包含构造一个有效表达式所需的内容。

- displayValue：用于保存用户输入或操作结果的字符串值，即应该在屏幕上显示的内容。
- firstOperand：用于保存表达式的第1个操作数，初始值为null。
- operator：用于保存表达式的运算符，初始值为null。
- isComplete：是一个标志量，用来标记是否已经输入完成了第1个操作数和运算符。如果为true，则输入的下一个数字将构成第2个操作数，它的初始值为false。

> **注意**
>
> 可以看到，这些属性可以被看作一些临时变量，我们只需要保存第1个操作数和运算符，而不需要保存第2个操作数。因为屏幕上显示的值可以作为第2个操作数，其与保存的第1个操作数进行计算，得到的结果可以马上覆盖原来的第1个操作数，这样就能一直计算下去了。
>
> 另外，在这个案例中，我们先仅实现按顺序计算的功能，即不考虑先乘除后加减，以及带括号的优先级情况。

8.2 更新屏幕

目前，计算器屏幕是空白的，我们需要将displayValue属性的值始终显示在屏幕上。为此我们可以创建一个函数，以便在程序中执行操作时，随时都可以调用该函数，以将屏幕的内容更新为displayValue的值。在定义Calculator类的代码段之外编写如下代码：

案例讲解

```
1   const calculator = new Calculator();
2
3   function updateDisplay() {
4     const display = document.querySelector('.calculator-screen');
5     display.value = calculator.displayValue;
6   }
7
8   updateDisplay();
```

案例代码：第8章\step-02\script.js。

8.1节已经创建了Calculator类，因此接下来通过new运算符，创建一个它的实例，即一个对象calculator。然后定义updateDisplay()函数，通过DOM操作取得屏幕元素，然后将它的值改为calculator.displayValue。查看一下HTML代码，可以发现屏幕实际上是一个被禁止直接输入内容的文本框：

```
<input type="text" class="calculator-screen" value="" disabled />
```

由于屏幕被禁用，用户不能直接使用键盘输入内容，但可以使用JavaScript更改文本框的值。调用updateDisplay()函数以后，屏幕上的文本框中就会显示出0，如图8.2所示。

< 149 >

图 8.2　计算器的外观

8.3 按钮操作

计算器上有4组按钮：数字按钮（0～9），运算符按钮（+、−、×、÷、=），小数点按钮（.）和重置按钮（AC）。在本节中，我们将监听计算器按钮上的单击事件，并确定用户单击了哪种按钮。

在JavaScript标签的底部添加以下代码，完整案例代码参见本书配套资源文件：第8章\step-03\script.js。

```
1   document
2     .querySelectorAll("[type=button]")
3     .forEach(_=>_.addEventListener('click', (event) => {
4       const target = event.target;
5
6       if (target.classList.contains('operator')) {
7         console.log('operator', target.value);
8         return;
9       }
10
11      if (target.classList.contains('decimal')) {
12        console.log('decimal', target.value);
13        return;
14      }
15
16      if (target.classList.contains('all-clear')) {
17        console.log('clear', target.value);
18        return;
19      }
20
21      console.log('digit', target.value);
22    }));
23
24  updateDisplay();
```

在以上代码中，我们先通过querySelectorAll()函数选中了所有type值为button的元素，即所有

< 150 >

按钮，并将它们组成了一个数组。然后通过数组的forEach()方法给每个元素绑定监听click事件的处理函数。

在事件监听器的回调函数内部，先取得click事件的target属性，它表示被单击的按钮对象。然后根据被单击按钮的CSS类名的不同将它们分别输出到控制台。

在继续下一步之前，请务必先验证一下。打开浏览器控制台，然后单击任意按钮，如果按钮的类型和值已相应地显示在控制台，如图8.3所示，就表示对了。

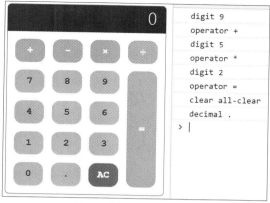

图8.3 在控制台可以看到单击的按钮的类型和值

8.4 输入数字

在这一步，我们将让0～9这10个数字按钮起作用，即单击任何一个数字按钮，在屏幕上都会显示相应的值。我们希望将计算的过程和界面操作分开，把与计算相关的逻辑放在Calculator类中，与界面相关的代码放在Calulator类外。

因此首先要扩展Calculator类，让它除了能记录数据之外，还能有一定的行为。为此，在Calculator类里面的constructor()构造函数的下面增加一个inputDigit()方法，它的功能是用三元运算符（?:）检查this.displayValue的值。如果为0，就用输入的数字更新this.displayValue；如果不为0，就把新输入的数字加到目前的this.displayValue的内容的末尾。

```
1  inputDigit(digit) {
2    this.displayValue =
3      this.displayValue === '0' ? digit : this.displayValue + digit;
4  }
```

接下来，在click()事件监听器回调函数中找到下面这行代码：

```
console.log('digit', target.value);
```

将其替换为如下代码，即如果单击的是数字按钮，则先调用上面定义的calculator.inputDigit()方法，然后调用updateDisplay()函数，更新屏幕。

```
1  calculator.inputDigit(target.value);
2  updateDisplay();
```

这时单击任意数字按钮测试一下，屏幕上应该能够立即显示出结果，如图8.4所示。

本节完整的案例代码参见本书配套资源文件：第8章\step-04\script.js。这里仅列出到目前为止的完整代码。

图8.4 屏幕上显示输入的数字

< 151 >

```
1   class Calculator {
2       constructor(){
3           this.displayValue = '0',
4           this.firstOperand = null,
5           this.isComplete = false,
6           this.operator = null
7       }
8
9     inputDigit(digit) {
10      this.displayValue =
11          this.displayValue === '0' ? digit : this.displayValue + digit;
12    }
13  }
14
15  const calculator = new Calculator();
16
17  function updateDisplay() {
18    const display = document.querySelector('.calculator-screen');
19    display.value = calculator.displayValue;
20  }
21
22  document
23    .querySelectorAll("[type=button]")
24    .forEach(_=>_.addEventListener('click', (event) => {
25      const target = event.target;
26
27      if (target.classList.contains('operator')) {
28        console.log('operator', target.value);
29        return;
30      }
31
32      if (target.classList.contains('decimal')) {
33        console.log('decimal', target.value);
34        return;
35      }
36
37      if (target.classList.contains('all-clear')) {
38        console.log('clear', target.value);
39        return;
40      }
41
42      //单击数字按钮
43      calculator.inputDigit(target.value);
44      updateDisplay();
45
46    }));
47
48  updateDisplay();
```

< 152 >

8.5　输入小数点

为了能计算小数，需要处理小数点按钮。逻辑是当单击小数点按钮时，如果屏幕上的数不包含小数点，那么在数的后面加一个小数点，否则直接忽略这次操作。

在Calculator类中再创建一个新的方法inputDecimal()，如下所示：

```
1  inputDecimal(dot) {
2    if (!this.displayValue.includes(dot)) {
3      calculator.displayValue += dot;
4    }
5  }
```

includes()方法用于检查displayValue是否包含小数点。然后在click()事件监听器回调函数中找到以下代码：

```
console.log('decimal', target.value);
```

将其替换为以下代码：

```
1  inputDecimal(target.value);
2  updateDisplay();
```

此时，就可以输入小数了，如图8.5所示。

本节完整的案例代码参见本书配套资源文件：第8章\step-05\script.js

图 8.5　输入小数

8.6　处理运算符

下一步是使计算器上的运算符（＋、－、×、÷、＝）工作。需要考虑以下3种情况。

1．当用户在输入第1个操作数后单击运算符按钮

此时，需要把displayValue的内容保存到第1个操作数（firstOperand属性）中，并且将单击的运算符保存到operator属性中。

在Calculator类中创建一个新的函数inputOperator()，如下所示：

```
1    inputOperator(operator) {
2      const value = parseFloat(this.displayValue);
3
4      if (this.firstOperand === null && !isNaN(value)) {
5        this.firstOperand = value;
6      }
7
8      this.operator = operator;
```

< 153 >

```
9        this.isComplete = true;
10    }
```

this.displayValue的内容是字符串，单击运算符按钮时，需要用parseFloat()把它转换为浮点数（带小数点的数字），并将结果存储在firstOperand属性中；然后需要把operator属性设置为输入的运算符，同时把isComplete设置为true，表示第1个操作数已经输入完成了，而用户接下来的数字就会构成第2个操作数。

再次在click()事件监听器的回调函数里找到下面这行代码：

```
console.log('operator', target.value);
```

将其替换为以下代码：

```
1    calculator.inputOperator(target.value);
2    updateDisplay();
```

这时在浏览器中验证一下效果，可以发现，输入一个操作数（例如35），然后单击一个运算按钮（例如+），再输入第2个操作数的时候，就出问题了。新输入的操作数会被添加到第1个操作数的末尾，而不会被用于计算。

因此，现在需要修改一下inputDigit()方法来解决这个问题，如下所示：

```
1    inputDigit(digit) {
2      if (this.isComplete === true) {
3        this.displayValue = digit;
4        this.isComplete = false;
5      } else {
6        this.displayValue =
7          this.displayValue === '0' ? digit : this.displayValue + digit;
8      }
9    }
```

输入数字时，如果this.isComplete的值为true，表示第1个操作数已经输入完成了，那么直接把屏幕上的内容更新为输入的这个数字，同时把this.isComplete改为false，表示又开始输入一个操作数了。如果this.isComplete的值为false，则保持原来的逻辑运行。

现在已经实现输入第1个操作数，然后单击一个运算符按钮，接着就可以输入第2个操作数的功能了。但是计算器还不能真正地计算，接下来就要让这个计算器能真正地计算。

本节完整的案例代码参见本书配套资源文件：第8章\step-06\01\script.js。

2．当用户在输入第2个操作数后单击一个运算符按钮时

需要处理的第2种情况是，用户输入了第2个操作数并单击了运算符按钮。这时两个操作数和运算符都已经准备好了，需要将结果计算出来并显示在屏幕上。然后把运算结果保存到firstOperand中，并把此时输入的运算符保存到operator中，等待下一个操作数的输入。

为了逻辑清晰，在Calculator类中创建一个新方法calculate()，专门用于计算：

```
1    calculate(left, operator, right) {
2      switch (operator) {
3        case "+":
```

< 154 >

```
4            return left + right;
5        case "-":
6            return left - right;
7        case "*":
8            return left * right;
9        case "/":
10           return left / right;
11       default:  //"="
12           return right;
13    }
14  }
```

此函数依次传入3个参数：左操作数、运算符和右操作数。然后根据运算符返回计算结果。如果运算符为等号，则第2个操作数将按原样返回。

接下来，inputOperator()函数更新如下：

```
1   inputOperator(operator) {
2     const value = parseFloat(this.displayValue);
3
4     if (this.firstOperand === null && !isNaN(value)) {
5       this.firstOperand = value;
6     } else if (this.operator) {
7       const result =
8       this.calculate(this.firstOperand, this.operator, value);
9       this.displayValue = String(result);
10      this.firstOperand = result;
11    }
12
13    this.isComplete = true;
14    this.operator = operator;
15  }
```

在else if中检查this.operator属性是否保存了运算符。如果是，则调用this.Calculate()方法，并将结果保存在result变量中；然后更新displayValue属性并将结果显示在屏幕上。同样，把结果保存到firstOperand中，以便可以在后面的计算中使用它。

这时在浏览器中测试一下，依次输入35 + 30 =，屏幕上可以显示出正确的结果了。如果连续输入，也可以正常运行。例如输入6*20+14=，它会显示134。这是因为单击加号按钮时会触发第1个计算，即6*20，其结果120随后被设置为第1个操作数this.firstOperand，同时把加号保存为this.operator，这之后当输入14并单击等号按钮时，就可以正常地计算了。如此往复，可以一直计算下去。

但需要注意的是，如果输入的是5+20×2=，那么结果将是50，而不是45。也就是说，这个计算器只会从左向右计算，而不懂先乘除后加减的运算优先级规则。要实现懂得优先级规则的计算器，会更复杂一些，我们后面再来讲解。

本节完整的案例代码参见本书配套的资源文件：第8章\step-06\02\script.js。

3. 当连续输入两个或多个运算符时

上面实现的功能已经可以支持连续的计算了，从主体来说程序已经开发好了，但是还有一些

< 155 >

特殊情况需要处理。如果找一台真正的计算器试一试，可以发现，在输入一个运算符以后，如果继续输入运算符，它会"抛弃"原来的运算符，改为使用后输入的运算符。

例如输入7+之后，又输入了一个乘号，那么就会以后输入的乘号为准。要实现这个效果其实非常简单。修改inputOperator()函数，使其看起来像如下这样：

```
1    inputOperator(operator) {
2      const value = parseFloat(this.displayValue);
3
4      if (this.operator && this.isComplete)  {
5        this.operator = operator;
6        return;
7      }
8
9      //省略
10   }
```

输入一个运算符以后，先进行判断。如果this.operator已经存在，并且this.isComplete为true，就说明一个操作数和运算符都已经准备好了，那么用operator参数替换保存的运算符就可以了。替换完成后直接退出，不执行任何计算。

现在可以查看一下完整的代码：第8章\step-06\03\script.js。

8.7 重置计算器

最后的任务是确保用户可以通过单击按钮将计算器重置为初始状态。在大多数计算器中，都有一个AC按钮，它是all clear（清除全部）的缩写。

为此再增加一个方法resetCalculator()，作用是将所有属性设置为其初始值，代码如下所示：

```
1    inputAC() {
2      this.displayValue = '0';
3      this.firstOperand = null;
4      this.isComplete= false;
5      this.operator = null;
6    }
```

然后在click()事件监听器回调函数中找到以下代码：

```
console.log('all clear', target.value)
```

将其替换为以下代码：

```
1    inputAC();
2    updateDisplay();
```

单击计算器上的AC按钮，现在计算器应该可以正常工作了。本节完整的案例代码参见本书配套的资源文件：第8章\step-07\script.js。

< 156 >

8.8 修复小数点错误

案例讲解

如果仔细测试，可以发现目前的程序还存在一个bug：单击运算符按钮后，如果输入小数点，它将被附加到第1个操作数后面，而不是作为第2个操作数的一部分。下面通过改进inputDecimal()方法来解决这个bug。

```
1   inputDecimal(dot) {
2     if (this.isComplete) {
3       this.displayValue = '0.'
4       this.isComplete = false;
5       return
6     }
7
8     if (!this.displayValue.includes(dot)) {
9       calculator.displayValue += dot;
10    }
11  }
```

可以看到在原有if语句的前面加了新的if语句，如果this.isComplete为true，就把屏幕中的内容变为0.，并把this.isComplete 设为 false，开始接收下一个操作数的输入。本节完整的案例代码参见本书配套的资源文件：第8章\step-08\script.js。

8.9 重构事件监听器

到这里这个计算器的开发工作已经接近完成，下面可以优化一下click事件监听处理程序。它现在是由好几个if语句组成的，把它们替换为一个switch语句，并让updateDisplay()仅在末尾被调用一次。

```
1   document
2     .querySelectorAll("[type=button]")
3     .forEach(_=>_.addEventListener('click', (event) => {
4       const value = event.target.value;
5
6       switch (value) {
7         case '+':
8         case '-':
9         case '*':
10        case '/':
11        case '=':
12          calculator.inputOperator(value);
13          break;
14        case '.':
15          calculator.inputDecimal(value);
16          break;
17        case 'all-clear':
```

< 157 >

```
18          calculator.inputAC();
19          break;
20       default:
21          calculator.inputDigit(value);
22    }
23    updateDisplay();
24  }));
```

这时，代码看起来就更清楚了，如果需要向计算器添加新的功能也会更加方便。本节完整的案例代码参见本书配套的资源文件：第8章\step-09\script.js。

8.10 浮点精度

在本节中再解决最后一个问题，我们就可以完成这个案例了。可以实验一下，如果计算0.1+0.2，得到的结果是 0.30000000000000004，而不是预期的0.3。而计算0.1 + 0.4又可以得到预期的0.5。这个奇怪的结果就是因为在处理浮点数的时候，有时会产生舍入误差。因此通常程序设计教程中都会建议不要对两个浮点数做相等性判断。

要解决这个问题，我们可以结合使用JavaScript的parseFloat()函数和Number.toFixed()函数。在inputOperator()方法中，找到下面这行代码：

```
this.displayValue = String(result);
```

将其替换为以下代码：

```
this.displayValue = '${parseFloat(result.toFixed(7))}';
```

先用toFixed()方法把计算结果result转为固定精度的数值，参数表示小数的位数，可以是0 ~ 20的值。该方法会做四舍五入并用零填充空位。

例如0.1 + 0.2产生0.30000000000000004之后，执行toFixed(7)后结果就会变为0.3000000，然后对它使用parseFloat()方法，就可以把多余的0都去掉了。这里选择7位已经足够了，也可以将7改为其他值。本节完整的案例代码参见本书配套的资源文件：第8章\step-10\script.js。

*8.11 实现先乘除后加减

下面我们进一步扩展计算器的功能，让它能够实现先乘除后加减。希望读者能够在看讲解之前，仔细独立思考一下，看看能不能在已有代码的基础上稍加修改，独立实现这个扩展功能。

先来分析一下思路，例如要计算 1 + 2 × 3。如果按照原来的算法，当按完乘号按钮以后，立即就会把1+2计算出来，并会将计算结果更新为第1个操作数，这样就等不及3的输入了，因此这里必须要做修改。

具体做法很简单，在第2个运算符输入以后，比较它与已经保存的前一个运算符的优先级。如果新输入的运算符不是高优先级（即低优先级或同优先级）的运算符，那么和原来的算法没

< 158 >

有区别。如果新输入的运算符比保存的运算符优先级更高，那么将前面保存的firstOperand和operator分别暂存入临时变量，然后把它们更新为后输入的操作数和接下来的运算符，并等待下一个运算符。因为一共只有两个优先级，最近保存的已经是高优先级的了，那么下一个运算符只能等于或者低于operator中保存的运算符了，所以下一个运算符进来以后，就一定可以进行计算了。下一个运算符的优先级分为两种情况。

- 如果下一个运算符是同级运算符，也就是乘号或除号，那么按照原有逻辑操作即可，再继续等待下一个运算符。

- 如果下一个运算符是低级运算符，那么不但最近的一个运算符要计算完成，暂存的运算符和操作数也要计算完成。

先来定义一个用于判断运算符优先级的方法，这里要注意，一共有两个优先级，等号的优先级与加、减号的优先级是一样的。

另外，当输入第2个运算符的时候，一共会产生4种情况：$1+2\times$、$1+2+$、$1\times2\times$、$1\times2+$。这4种情况中乘号表示高优先级的运算符，加号表示低优先级的运算符。

在这4种情况中，需要特殊处理的只有第1种情况：$1+2\times$。因此，我们在比较函数compareOperator()中，只要前面的运算符的优先级低于后面的运算符就返回1，表示前者优先级低于后者。其他情况返回-1即可。

```
1      compareOperator(first, second){
2      if(first !== '*' && first !== '/'
3      && (second === '*' || second === '/')){
4          return 1;
5      }
6          return -1;
7      }
```

然后修改构造函数，在构造函数中增加两个属性（prevOperand和prevOperator），用于暂存前面的操作数和运算符：

```
1      constructor(){
2          this.displayValue = '0',
3          this.firstOperand = null,
4          this.isComplete = false,
5          this.operator = null
6          this.prevOperand = null,
7          this.prevOperator = null
8      }
```

最后修改inputOperator()方法：

```
1  inputOperator(operator) {
2    const value = parseFloat(this.displayValue);
3
4    if (operator && this.isComplete)  {
5      this.operator = operator;
6      return;
7    }
8
9    if (this.firstOperand === null && !isNaN(value)) {
```

< 159 >

```
10        this.firstOperand = value;
11    } else if (this.operator) {
12      if(this.compareOperator(this.operator, operator) === -1){
13        let result =
14          this.calculate(this.firstOperand, this.operator, value);
15        if(this.prevOperator){
16          result =
17            this.calculate(this.prevOperand, this.prevOperator, result);
18          this.prevOperand = null;
19          this.prevOperator = null;
20        }
21        this.displayValue = '${parseFloat(result.toFixed(7))}';
22        this.firstOperand = result;
23      } else {
24         this.prevOperand = this.firstOperand;
25         this.prevOperator = this.operator;
26         this.firstOperand = value;
27      }
28    }
29
30    this.isComplete = true;
31    this.operator = operator;
32  }
```

先通过this.compareOperator(this.operator, operator)比较this.operator属性保存的运算符和参数operator中的运算符，分为两种情况。

- 如果等于–1，则说明可以立即计算，计算完成后，再看一下prevOperator或者prevOperand是否为空，如果不为空，就再做一次计算。
- 如果不等于–1（实际上就等于1），则暂存现有运算符和操作数，不进行任何计算而直接返回。

经过上面的修改，再测试一下，就可以看到此时的计算器已经"进化"了，能够按照先乘除后加减的规则进行运算了。这个改动看起来比较简单，但是真正想弄明白它则需要动些脑筋，希望读者能够"吃透"其中的逻辑。本节完整的案例代码参见本书配套的资源文件：第8章\step-11\script.js。

*8.12 实现支持括号

在计算器支持先乘除后加减之后，我们自然而然地会想到，能否让它支持括号呢？本节作为选学内容，供有兴趣的读者参考。

1．直观算符优先算法

支持包含括号的计算，例如支持计算3 × (1 + 2)或者3 × (1 + 2 × (1 + 2))这样的表达式。如果读者仔细试一试就会发现解决这个问题的难度大了很多。要支持先乘除后加减，凭直觉可以很容易找到方法，而要支持括号就没那么简单了，需要一些更复杂的算法知识。把这个问题通用化一下，称之为表达式求值问题，在各种编译原理的教材中都会对这个问题进行系统的讲解。在此

< 160 >

介绍一种简单的方法，即直观算符优先算法，这是各种表达式求值算法中很简单的一种。

通过简单尝试可以发现，支持括号的关键是，在一个表达式中每个左括号都恰好有一个右括号与之匹配。仅用固定数量的临时变量是不够的，因为一个左括号可能要经过很多运算符才能和它的右括号匹配，所以在直观算符优先算法中需要增加一些"基础设施"。

- 一个运算符栈（2.4.5小节提到过栈，其可被理解为一个先进后出的数组），用于存放尚未处理的运算符，包括尚未匹配的括号以及尚未计算的其他运算符。
- 一个操作数栈，用于存放尚未计算的操作数。
- 一个运算符优先表，用于记录包括括号在内的各种运算符之间的优先级关系，这样就可以增加很多运算符。

其实本例仍然有前面程序的影子。前面的程序中使用变量存放操作数和运算符，到了本节就要改为使用数组了。运算符间的优先级关系如表8.1所示。

表8.1　运算符间的优先级关系

	+	−	×	÷	(	)	=
+	>	>	<	<	<	>	>
−	>	>	<	<	<	>	>
×	>	>	>	>	<	>	>
÷	>	>	>	>	<	>	>
(	<	<	<	<	<	=	Error
)	>	>	>	>	Error	>	>
#	<	<	<	<	<	Error	=

通过表8.1可以查到任意两种运算符之间的优先级关系。例如要比较减号和除号的优先顺序，先找到最左边是减号的那一行，然后找到最上边是除号那一列，再找到对应行与列相交的单元格，单元格中的内容是<，说明减号的优先级低于除号的优先级。相同符号之间优先级的高低也不同，例如两个加号之间是>则表示左边的优先级更高，因为我们通常是按照从左到右的顺序计算一个表达式的，称之为"左结合"。

接下来用一个例子展示一下这个算法的基本思路。

计算表达式 $15 \times (1 + 2)+4 \times 5 =$ 的值如表8.2所示，算法介绍如下。

- 第1行中，待处理的是整个表达式，运算符栈中压入一个#元素。
- 然后开始读取第1个元素，它是操作数15，因此将其压入操作数栈，如第2行所示。
- 然后读入下一个元素，运算符×，用它和栈顶元素#比较，它的优先级高，因此将其压入运算符栈。
- 接下来读入下一个元素，运算符(，它的优先级高于栈顶元素×，因此将其压入运算符栈。
- 继续读入元素+、2，分别压入各自的栈中，如第7行所示。
- 这时读入了运算符)，由于它的优先级低于运算符栈顶的+，因此把+弹出栈，同时把操作数栈顶的两个元素弹出栈，构成一个表达式1+2，将其结果3再压入操作数栈顶，如第8行所示。
- 接着比较)和(，它们的优先级相等，故把(弹出栈，如第9行所示。
- 依次处理完所有元素，最后如第16行所示，运算符栈变为空，操作数栈中只有一个元素，这个元素就是最终的结果。

< 161 >

表8.2　计算表达式 15 × (1 + 2) + 4×5)= 的值

	待处理的元素	当前元素	操作数栈	运算符栈
1	15 × (1 + 2) + 4 × 5=			#
2	× (1 + 2) + 4 × 5=	15	15	#
3	(1 + 2) + 4 × 5=	×	15	# ×
4	1 + 2) + 4 × 5=	(	15	# × (
5	+ 2) + 4 × 5=	1	15、1	# × (
6	2) + 4 × 5=	+	15、1	# × (+
7	) + 4 × 5=	2	15、1、2	# × (+
8	+ 4 × 5=	)	15、3	# × (
9	+ 4 × 5=	)	15、3	# ×
10	4 × 5=	+	45	#+
11	× 5=	4	45、4	#+
12	5=	×	45、4	#+ ×
13	=	5	45、4、5	#+ ×
14		=	45、20	#+
15		=	65	#
16		=	65	

接下来我们就用JavaScript实现这个算法，这部分内容作为选学内容，具体的代码本节不再详细讲解。有兴趣的读者，可以查看本书的配套资源，其中给出了完整的实现代码。运行代码后可以看到计算器的效果如图8.6所示，现在显示的部分相较之前增加了一行，用于在计算的同时显示已经输入的表达式。

需要指出的是，这种算法作为一种非常简单的算法，可以计算表达式的值，但是存在一些问题，主要是由于只根据运算符优先级进行分析，会导致出现一些不符合人们通常习惯的表达式，它们都被认为是正确的表达式。

例如图8.7所示的表达式，30(50)+实际上是30+50的另一种表达方式。30+50被称为中缀表达式，即运算符在两个操作数的中间。而30(50)+被称为后缀表达式，即运算符在两个操作数的后面。在我们的计算器中，它们都可以被计算。

图 8.6　显示正在计算的表达式

图 8.7　可以计算后缀形式的表达式

< 162 >

马克思曾经指出："语言是思维的物质外壳。"程序设计语言也一样，它是一种用来表达逻辑的工具。仅仅掌握语言的语法规则是远远不够的，更要掌握用语言表达逻辑的方法，这是一名开发人员必须真正不断努力的目标。

本节完整的案例代码参见本书配套的资源文件：第8章\step-12。

2．使用jQuery等前端框架

请注意，在第8章\step-12中，我们把前面写在一个script.js文件中的内容分成两个文件，一个是计算器的核心业务逻辑，我们把它独立出来，起名为calculator-engine.js（计算器引擎）。而script.js中只保留了与UI层有关的部分。

我们一直强调要把逻辑层和UI层分开。为了体现这样做的好处，我们下面进一步把计算器使用非常流行的jQuery框架改造一下，完整的案例代码请参考第8章\step-13文件夹。本书的后半部分将会详细讲解jQuery的使用方法，这里仅为读者展示一下。借助于jQuery，我们把updateDisplay()函数和按钮的事件监听函数简化一下，就得到了下面的代码。其余文件都不需要修改，只需要在calculator.html文件中引入jQuery框架就可以了。

```
1   $(function(){
2     $("button").click(function(){
3       const value = $(this).val();
4       switch (value) {
5         case '+':
6         case '-':
7         case '*':
8         case '/':
9         case '(':
10        case ')':
11        case '=':
12          calculator.inputOperator(value);
13          break;
14        case '.':
15          calculator.inputDecimal(value);
16          break;
17        case 'all-clear':
18          calculator.reset();
19          break;
20        default:
21          calculator.inputDigit(value);
22      }
23      updateDisplay();
24    });
25  });
26
27  updateDisplay();
28
29  function updateDisplay() {
30    $("#screen").val(calculator.screen);
31    $("#expression").val(calculator.expression);
32  }
```

< 163 >

这样从UI角度看，无论用什么前端框架，其内部复杂的业务逻辑都不需要做任何改动。

我们现在再换一种框架，即把jQuery换成另一种目前非常流行的前端框架Vue.js。可以看到只需要非常小的改动，就可以得到与原来完全一致的效果。从而使读者可以更好地体会将UI逻辑和业务逻辑分离的好处。完整的案例代码请参考第8章\step-14文件夹。

当使用Vue.js框架之后，就可以利用Vue.js提供的数据模型和UI元素双向绑定功能了。不再需要定义updateDisplay()函数，也不再需要手工更新UI，一切都变得非常自然。下面的HTML代码中用Vue.js的v-model命令将两个屏幕元素与数据模型绑定了，同时使用v-on指令将按钮与click事件绑定了。

```html
<body>
  <div id="app">
    <div class="calculator">
      <input type="text"
             class="calculator-screen"
             id="expression"
             v-model="expression"
             disabled="">
      <input type="text"
             class="calculator-screen"
             id="screen"
             v-model="screenValue"
             disabled="">
      <div class="keys" v-on:click='keyPressed'>
      <button type="button" class="operator" value="+">+</button>

  </div>
  <script src="vue.js"></script>
  <script src="calculator-engine.js"></script>
  <script src="script.js"></script>
</body>
```

然后看一下script.js文件，直接把calculator对象分配给Vue对象的data属性，最后设置按钮监听事件，得到的效果与我们自己实现的完全相同。

```javascript
new Vue({
  el: '#app',
  data: calculator,
  methods: {
    keyPressed(event) {
      const value = event.target.value;
      switch (value) {
        case '+':
        case '-':
        case '*':
        case '/':
        case '(':
        case ')':
```

< 164 >

```
14        case '=':
15          calculator.inputOperator(value);
16          break;
17        case '.':
18          calculator.inputDecimal(value);
19          break;
20        case 'all-clear':
21          calculator.reset();
22          break;
23        default:
24          calculator.inputDigit(value);
25      }
26    }
27  }
28 })
```

3．使用ES6的模块机制

接下来还可以进一步迭代，读者可以参考最终版本的案例代码：第8章\step-15\script.js。

前面为了将计算逻辑和UI层分开，我们使用了ES5中常用的IIFE（immediately invoked function expression，立即调用函数表达式）方式来进行模块封装。现在我们改为使用ES6中引入的真正的模块方式来实现模块封装。前面用ES5的IIFE方式主要是因为这种方式仍然可以用浏览器直接打开本地硬盘上的文件，而如果使用了ES6的模块方式，就必须要用Web服务器的方式才能访问计算器，如图8.8所示。如果直接打开硬盘的文件则会报错。如果使用Windows操作系统，简单地配置一下Windows自带的IIS（internet information services，互联网信息服务），就可以通过它来访问计算器了，具体内容请看本书的配套视频教程。

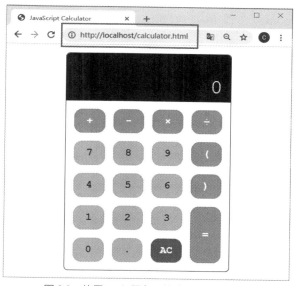

图 8.8 使用 Web 服务器的方式访问计算器

本章小结

本章分多个步骤经过多次迭代，制作了一个网页版的计算器。通过这个案例，希望读者能够对JavaScript的编程过程有比较深入的理解。在学习本章以后，希望读者能够独立完成这个案例。通过第1～8章，我们学习了JavaScript语言常用的各方面的知识点。从第9章开始，我们进入jQuery框架的学习。

案例讲解

< 165 >

下篇

jQuery
程序开发

第9章 jQuery基础

随着JavaScript、CSS、DOM、AJAX等技术的不断进步，越来越多的开发者将一个又一个丰富多彩的功能进行封装，供更多的人在遇到类似情况时使用，jQuery就是这类封装工具中优秀的一员。从本章开始，会陆续介绍jQuery的相关知识，重点讲解jQuery的概念以及一些简单的基础运用。本章思维导图如下。

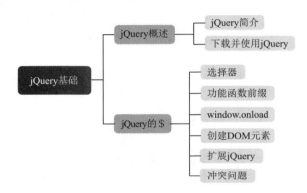

本章导读

9.1 jQuery概述

本节重点介绍jQuery的概念和功能，以及如何下载和使用jQuery。

知识点讲解

9.1.1 jQuery简介

简单来说，jQuery是一个优秀的JavaScript框架，它能帮助用户更方便地处理HTML文件、事件、动画效果、AJAX交互等。它的出现极大程度地改变了开发者使用JavaScript的习惯，掀起了一场新的"网页革命"。

jQuery最初由美国人约翰·瑞森（John Resig）在2006年创建，至今已吸引了来自世界各地的众多JavaScript高手加入其团队。最开始的时候，jQuery所提供的功能非常有限，仅可以增强CSS的选择器功能。但随着时间的推移，jQuery的新版本一个接一个地发布，它也越来越受人们的关注。

如今jQuery已经发展为集JavaScript、CSS、DOM、AJAX功能于一体的强大框架，可以用简单的代码方便地设置各种网页效果。它的宗旨就是让开发者写更少的代码，做更多的事情（write less, do more）。

目前jQuery主要提供如下功能。

- 访问页面框架的局部。DOM的主要功能是为获取页面中某个节点或者某一类节点提供固定的方法，而jQuery则大大地简化了其操作步骤。
- 修改页面的表现。CSS的主要功能就是通过样式类来修改页面的表现。然而由于各个浏览器对CSS3标准的支持程度不同，很多CSS的特性没能很好地体现出来。jQuery的出现很好地解决了这个问题，通过其中封装好的JavaScript代码，各种浏览器都能很好地使用CSS3标准，这极大地扩展了CSS的运用。
- 修改页面的内容。通过强大而方便的API，jQuery可以很方便地修改页面的内容，包括文本的内容、插入的图片、表单的选项，甚至整个页面的框架。
- 响应事件。jQuery可以更加方便地处理事件，开发人员不再需要考虑令人讨厌的浏览器兼容性问题。
- 为页面添加动画。通常在页面中添加动画都需要大量的JavaScript代码，而jQuery则大大简化了这个过程，因为jQuery提供了大量可自定义参数的动画效果。
- 与服务器异步交互。jQuery提供了一整套与AJAX相关的操作，大大方便了异步交互功能的开发和使用。
- 简化常用的JavaScript操作。jQuery还提供了很多附加的功能来简化常用的JavaScript操作，如迭代运算等。

9.1.2 下载并使用jQuery

jQuery的官网会提供最新的jQuery框架，如图9.1所示。通常下载压缩过的（compressed）jQuery包即可。本书的例子使用的是3.6.0版本的jQuery包。

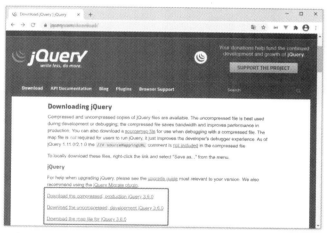

图 9.1　jQuery 官网

下载完成后不需要任何安装过程，直接将下载的.js文件用<script>标记导入用户自己的页面代码中即可，代码如下所示：

```
<script src="jquery-3.6.0.min.js"></script>
```

在导入jQuery框架后，便可以按照它的语法规则编程了。

< 169 >

9.2 jQuery的$

在jQuery中，被频繁使用的莫过于符号$。它拥有各种各样的功能，包括选择页面中的一个或是一类元素、作为功能函数的前缀、用于完善window.onload、创建页面的DOM节点等。本节主要介绍jQuery中$的使用方法，以作为后文的基础。

9.2.1 选择器

在CSS中选择器的作用是选择页面中某一类元素（类别选择器）或者某一个元素（id选择器）。而jQuery中的$作为选择器标识，同样可以选择某一类或某一个元素，只不过jQuery提供了更多、更全面的选择方式，并且为用户处理了浏览器的兼容性问题。

例如在CSS中可以通过如下代码来选择\<h2\>标记下包含的所有子标记\<a\>，然后添加相应的样式：

```
1    h2 a{
2        /* 添加CSS样式 */
3    }
```

而在jQuery中则可以通过如下代码来选择\<h2\>标记下包含的所有子标记\<a\>，并将它们作为一个对象数组供JavaScript调用：

```
$("h2 a")
```

下面的例子演示了$选择器的使用。文档中有两个\<h2\>标记，分别包含一个\<a\>子标记，实例文件请参考本书配套的资源文件：第9章\9-1.html。

```
1    <!DOCTYPE html>
2    <html>
3    <head>
4      <title>$选择器</title>
5    </head>
6    <body>
7      <h2><a href="#">正文</a>内容</h2>
8      <h2>正文<a href="#">内容</a></h2>
9
10   <script src="jquery-3.6.0.min.js"></script>
11   <script>
12     window.onload = function(){
13       let oElements = $("h2 a");      //选择匹配的元素
14       for(let i=0;i<oElements.length;i++)
15         oElements[i].innerHTML = i.toString();
16     }
17   </script>
18   </body>
19   </html>
```

以上代码的运行结果如图9.2所示。可以看到jQuery很方便地实现了元素的选择。如果使用

< 170 >

DOM，类似的节点选择操作需要编写大量的
JavaScript代码才能实现。

在jQuery中，$选择器的通用语法如下所示：

图 9.2　$ 选择器

```
$(selector)
```

或者：

```
jQuery(selector)
```

其中selector需要符合CSS3标准，下面列出了一些典型的jQuery选择器的例子。

```
$("#showDiv")
```

id选择器，相当于JavaScript中的document.getElementById("#showDiv")，可以看到jQuery的
表示方法会简洁很多。

```
$(".SomeClass")
```

类别选择器，选择CSS类别为SomeClass的所有节点元素。在JavaScript中要实现相同的选
择，需要用for循环遍历整个DOM。

```
$("p:odd")
```

选择所有位于奇数行的\<p\>标记。几乎所有的标记都可以使用:odd或者:even来实现奇偶的选择。

```
$("td:nth-child(1)")
```

选择表格所有行的第一个单元格，即表格的第一列。这在修改表格的某一列的属性时是非常
有用的，因为不再需要一行行地遍历表格了。

```
$("li > a")
```

子选择器，返回\<li\>标记的所有子标记\<a\>，不包括孙标记。

```
$("a[href$=pdf]")
```

选择所有超链接，这些超链接的href属性是以pdf结尾的。有了属性选择器，就可以很方便地
选择页面中的各种特性元素。关于jQuery选择器的使用还有很多技巧，在后面的章节会陆续地进
行介绍。

在jQuery中符号$其实等同于jQuery，从jQuery的源码中可以看到这一点，如下所示：

```
1    var
2        // Map over jQuery in case of overwrite
3        _jQuery = window.jQuery,
4        // Map over the $ in case of overwrite
5        _$ = window.$;
6
7    jQuery.noConflict = function( deep ) {
8        if ( window.$ === jQuery ) {
```

< 171 >

```
9          window.$ = _$;
10     }
11     if ( deep && window.jQuery === jQuery ) {
12          window.jQuery = _jQuery;
13     }
14     return jQuery;
15  };
16
17  // Expose jQuery and $ identifiers, even in AMD
18  // (#7102#comment:10, https://github.com/jquery/jquery/pull/557)
19  // and CommonJS for browser emulators (#13566)
20  if ( typeof noGlobal === "undefined" ) {
21     window.jQuery = window.$ = jQuery;
22  }
```

为了编写代码的方便，通常都采用$来代替jQuery。

9.2.2 功能函数前缀

知识点讲解

在JavaScript中，开发者经常需要编写一些功能函数来处理各种操作细节。例如在用户提交表单时，需要将输入框中最前端和最末端的空格清除。JavaScript直到ES6才提供类似trim()的功能，而引入jQuery后，便可以直接使用trim()函数，如下所示：

```
$.trim(sString);
```

以上代码相当于：

```
jQuery.trim(sString);
```

即trim()函数是jQuery对象的一个方法。下面用它进行简单的实验，代码如下所示，实例文件请参考本书配套的资源文件：第9章\9-2.html。

```
1  <body>
2    <script src="jquery-3.6.0.min.js"></script>
3    <script>
4      let sString = "  1234567890 ";
5      sString = $.trim(sString);
6      alert(sString.length);
7    </script>
8  </body>
```

以上代码的运行结果如图9.3所示，字符串sString首尾的空格都被去掉了。

jQuery中类似$trim()这样的功能函数非常多，而且涉及JavaScript的方方面面，在后续的章节中会陆续地进行介绍。

图9.3　$.trim() 函数

< 172 >

9.2.3 window.onload

知识点讲解

由于页面的HTML框架需要在页面完全加载后才能被使用，因此在DOM编程时，window.onload函数会被频繁地使用。倘若页面中有多处都需要使用该函数，或者其他.js文件中也包含该函数，冲突问题将十分棘手。

jQuery中的ready()方法很好地解决了上述问题，它能够自动地将其中的函数在页面加载完成后运行，并且同一个页面中可以使用多个ready()方法而不相互冲突。例如下面的代码，实例文件请参考本书配套的资源文件：第9章\9-3.html。

```
1    $(document).ready(function(){
2        console.log('加载1~');
3    });
4    console.log('加载2~');
```

针对上述代码，jQuery还提供了简写形式，即可以省略其中的(document).ready部分，如下所示：

```
1    $(function(){
2        console.log('加载1~');
3    });
```

以上两种代码的运行结果一致，如图9.4所示。

图 9.4　两种代码的运行结果

9.2.4 创建DOM元素

案例讲解

利用DOM方法创建元素，通常需要将document.createElement()、document.createTextNode()、appendChild()等配合使用，十分麻烦。而jQuery使用$则可以直接创建DOM元素，如下所示：

```
let oNewP = $("<p>这是一个感人肺腑的故事</p>")
```

< 173 >

以上代码等同于JavaScript中的如下代码：

```
1    let oNewP = document.createElement("p");            //创建节点
2    let oText = document.createTextNode("这是一个感人肺腑的故事");
3    oNewP.appendChild(oText);
```

另外，jQuery还提供了DOM元素的insertAfter()方法，因此可将上述代码改为使用jQuery创建DOM元素，如下所示，实例文件请参考本书配套的资源文件：第9章\9-4.html。

```
1    <!DOCTYPE html>
2    <html>
3    <head>
4      <title>创建DOM元素</title>
5    </head>
6    <body>
7      <p id="myTarget">插入这行文字之后</p>
8      <p>也就是插入这行文字之前，但这行没有id，可能不存在</p>
9
10     <script src="jquery-3.6.0.min.js"></script>
11     <script>
12       $(function(){
13         let oNewP = $("<p>这是一个感人肺腑的故事</p>");      //创建DOM元素
14         oNewP.insertAfter("#myTarget");               //insertAfter()方法
15       });
16     </script>
17   </body>
18   </html>
```

可以看到利用jQuery大大缩短了代码长度，节省了编写时间，为开发者提供了便利。代码运行结果如图9.5所示。

图 9.5　jQuery 创建 DOM 元素

9.2.5　扩展jQuery

从上述案例中可看到jQuery的强大，但无论如何，jQuery都不可能满足所有用户的所有需求，而且有一些特殊的需求十分"小众"，不适合放入整个jQuery框架中。jQuery正是意识到了这一点，才让用户可以自定义添加$的方法。

例如jQuery中并没有将一组表单元素设置为不可用的方法disable()，用户可以自定义该方法，代码如下：

< 174 >

```
1   $.fn.disable = function(){
2     return this.each(function(){
3       if(typeof this.disabled != "undefined") {
4         this.disabled = true;
5       }
6     });
7   }
```

以上代码首先设置$.fn.disable，这表明为$添加一个方法disable()。其中$.fn是扩展jQuery时所必需的。

然后利用匿名函数定义这个方法，即用each()将调用这个方法的每个元素的disabled属性（如果该属性存在）的值设置为true。具体编写过程可以参考如下代码，实例文件请参考本书配套的资源文件：第9章\9-5.html。

```
1   <body>
2     <p>你喜欢做些什么：
3       <input type="button" name="btnSwap" id="btnSwap" value="Disable"
        class="btn" onclick="SwapInput('hobby',this)"><br>
4       <input type="checkbox" name="hobby" id="book" value="book"><label
        for="book">看书</label>
5       <input type="checkbox" name="hobby" id="net" value="net"><label
        for="net">上网</label>
6       <input type="checkbox" name="hobby" id="sleep" value="sleep"><label
        for="sleep">睡觉</label>
7     </p>
8
9     <script src="jquery-3.6.0.min.js"></script>
10    <script>
11      $.fn.disable = function(){
12      //扩展jQuery，表单元素统一不可用
13      return this.each(function(){
14        if(typeof this.disabled != "undefined") this.disabled = true;
15      });
16      }
17      $.fn.enable = function(){
18      //扩展jQuery，表单元素统一可用
19      return this.each(function(){
20        if(typeof this.disabled != "undefined") this.disabled = false;
21      });
22      }
23    </script>
24  </body>
```

并且在多选项旁设置了按钮，以对disable()和enable()这两个方法进行调用，如下所示：

```
1   function SwapInput(oName,oButton){
2     if(oButton.value == "Disable"){
3       //如果按钮的值为Disable，则调用disable()方法
4       $("input[name="+oName+"]").disable();
5       oButton.value = "Enable";
```

< 175 >

```
6          }else{
7              //如果按钮的值为Enable，则调用enable()方法
8              $("input[name="+oName+"]").enable();
9              oButton.value = "Disable";        //然后设置按钮的值为Disable
10         }
11    }
```

SwapInput(oName,oButton)根据按钮的值进行判断，如果值为不可用（Disable），则调用disable()将元素设置为不可用，同时将按钮的值修改为Enable。如果值为可用（Enable），则调用enable()方法。运行结果如图9.6所示。

图 9.6　扩展 jQuery

9.2.6　冲突问题

与9.2.5小节的情况类似，尽管jQuery已经非常强大了，但有些时候开发者还是需要使用其他的类库框架。这时就需要很小心，因为其他框架中可能也使用了$，这样就会发生冲突。jQuery提供了noConflict()方法来解决$的冲突问题：

```
jQuery.noConflict();
```

以上代码便可以使$按照其他JavaScript框架的方式进行运算。这时在jQuery中便不能再使用$，而必须使用jQuery，例如$("div p")必须写成jQuery("div p")。

本章小结

本书前半部分介绍了JavaScript，而从本章开始讲解jQuery框架。本章首先介绍了jQuery的发展历程以及它的优势；然后通过一些案例介绍了jQuery在网页中的使用方法。后面的章节还会详细介绍jQuery的各个功能。

习题 9

一、关键词解释

JavaScript框架　　jQuery　　$　　选择器　　功能函数　　VS Code

< 176 >

二、描述题

1. 请简单描述一下JavaScript和jQuery的关系。
2. 请简单描述一下jQuery主要提供了哪些功能。
3. 请简单描述一下针对于不同种类的选择器，jQuery是如何使用它们的。
4. 请简单描述一下页面加载方式有哪几种。

三、实操题

通过本章讲解的相关内容，实现在页面中增加目录的功能。页面中有一个输入框和一个"添加"按钮，单击"添加"按钮，会将输入框中输入的内容添加到目录列表中。需要注意以下几点：

（1）添加完内容之后，清空输入框信息；

（2）添加的内容需要将前后空格去掉；

（3）不能添加空内容。

添加效果如题图9.1所示。

题图 9.1 添加效果

< 177 >

第10章 jQuery选择器与管理结果集

通过第9章的介绍，读者应该对jQuery已经有了一个大致的了解。本章将介绍jQuery的选择器和管理结果集，让读者学习到更多关于jQuery的知识。本章思维导图如下。

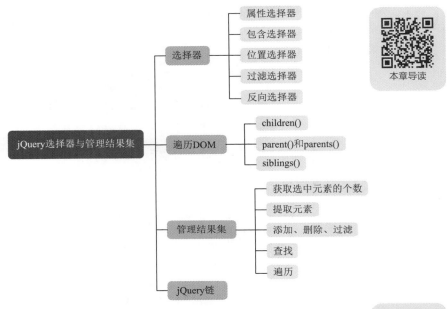

本章导读

10.1 选择器

知识点讲解

本节重点讲解jQuery中丰富的选择器，以及它们的基本用法。CSS的选择器均可以用jQuery的$进行选择，部分浏览器对CSS3的选择器支持不全，可以用jQuery作为补充。因此本章介绍的选择器中有一部分和CSS3选择器有重复，这里不再详细介绍。这里重点介绍jQuery扩展的选择器，另一部分CSS3中的选择器将以表格形式给出。

10.1.1 属性选择器

属性选择器的语法是在标记的后面用方括号[和]添加相关的属性，然后赋予其不同的逻辑关系。jQuery中的属性选择器的用法如下，实例文件请参考本书配套的资源文件：第10章\10-1.html。

```
1  <style type="text/css">
2    a {
3      text-decoration:none;
4      color:#000000;
5    }
6    .myClass {
7      /* 设定某个CSS类别 */
8      background-color:#d0baba;
9      color:#5f0000;
10     text-decoration:underline;
11   }
12 </style>
13 <body>
14   <ul>
15     <li><a href="http://www.artech.com">信息列表</a>
16       <ul>
17         <li>阿里巴巴</li>
18         <li><a href="https:    .sina.com.cn/">新浪</a></li>
19         <li><a href="https:    .baidu.com/" title="百度">百度</a></li>
20         <li><a href="https:    .qq.com/">腾讯</a></li>
21         <li><a href="https:    .google.cn/" title="google">谷歌</a></li>
22       </ul>
23     </li>
24   </ul>
25 </body>
```

以上代码定义了HTML框架，以及相关的CSS类别，供测试使用，此时的显示效果如图10.1所示。

如果希望在页面中选择设置了title属性的标记，并给这些超链接添加myClass样式，则可以使用如下代码：

```
1  <script>
2  $(function(){
3      $("a[title]").addClass("myClass");
4  });
5  </script>
```

显示效果如图10.2所示，从中可以看到设置了title属性的两个超链接被添加了myClass样式。

图 10.1　页面显示效果

图 10.2　属性选择器 a[title]

如果希望根据属性的值进行判断，例如为href属性值为https: .qq.com/的超链接添加

< 179 >

myClass样式，则可以使用如下代码：

```
$("a[href='https:   .qq.com/']").addClass("myClass");
```

运行结果如图10.3所示。

以上是两种比较简单的属性选择器，jQuery中还可以根据属性值的某一部分进行匹配，例如下面的代码选中href属性值以http://开头的所有超链接，运行结果如图10.4所示。

```
$("a[href^='http://']").addClass("myClass");
```

图 10.3　属性选择器 a[href='https:　.qq.com/']　　　　图 10.4　属性选择器 a[href^='http:// ']

既然可以根据属性值的开头来匹配选择，自然也可以根据属性值的结尾来匹配选择，如下代码可以选中href属性值以cn/结尾的超链接集合，这种方法通常用于选取网站中的某些资源，例如所有的.jpg图片、所有的.pdf文件等。运行结果如图10.5所示。

```
$("a[href$='cn/']").addClass("myClass");
```

另外还可以利用*=进行任意匹配，例如下面的代码选中href属性值中包含字符串com的所有超链接，并添加样式：

```
$("a[href*=com]").addClass("myClass");
```

运行结果如图10.6所示。

图 10.5　属性选择器 a[href$='cn/']　　　　　　　图 10.6　属性选择器 a[href*=com]

10.1.2　包含选择器

jQuery中还提供了包含选择器，用于选择包含某种特殊标记的元素。同样采用上述例子中的HTML框架，下面的代码表示选中包含超链接的所有\<li>标记：

< 180 >

```
$("li:has(a)")
```

下面的代码用于选中二级项目列表中所有包含超链接的<li>标记，其运行结果如图10.7所示。

```
$("ul li ul li:has(a)").addClass("myClass");
```

图 10.7　包含选择器 ul li ul li:has(a)

表10.1中罗列了jQuery支持的基础选择器、属性选择器和包含选择器，供读者需要时查询。

表10.1　jQuery支持的三类选择器

分类	选择器	说明
基础选择器	*	选中所有标记
	E	选中所有名称为E的标记
	E F	选中所有名称为F的标记，并且是<E>标记的子标记（包括孙标记、重孙标记等）
	E > F	选中所有名称为F的标记，并且是<E>标记的子标记（不包括孙标记）
	E + F	选中所有名称为F的标记，并且该标记紧接着前面的<E>标记
	E ~ F	选中所有名称为F的标记，并且该标记前面有一个<E>标记
属性选择器	E.C	选中所有名称为E的标记，并且属性类别为C；如果去掉E，就是属性选择器.C
	E#I	选中所有名称为E的标记，并且id为I；如果去掉E，就是id选择器#I
	E[A]	选中所有名称为E的标记，并且设置了属性A
	E[A=V]	选中所有名称为E的标记，并且属性A的值为V
	E[A^=V]	选中所有名称为E的标记，并且属性A的值以V开头
	E[A$=V]	选中所有名称为E的标记，并且属性A的值以V结尾
	E[A*=V]	选中所有名称为E的标记，并且属性A的值中包含V
包含选择器	E:has(F)	选中所有名称为E的标记，并且该标记包含<F>标记

10.1.3　位置选择器

CSS3中还允许通过标记所处的位置来对其进行选择，这里的位置是指元素在DOM中所处的位置。页面中几乎所有的标记都可以运用位置选择器，下面的例子展示了jQuery中位置选择器的使用，实例文件请参考本书配套的资源文件：第10章\10-2.html。

知识点讲解

```
1    <style type="text/css">
2        div{
```

< 181 >

```
3        font-size:12px;
4        border:1px solid #003a75;
5        margin:5px;
6      }
7      p{
8        margin:0px;
9        padding:4px 10px 4px 10px;
10     }
11     .myClass{
12       /* 设定某个CSS类别 */
13       background-color:#c0ebff;
14       text-decoration:underline;
15     }
16   </style>
17   <body>
18     <div>
19       <p>1．大礼堂</p>
20       <p>2．清华学堂</p>
21     </div>
22     <div>
23       <p>3．图书馆</p>
24     </div>
25     <div>
26       <p>4．紫荆公寓</p>
27       <p>5．C楼</p>
28       <p>6．清清地下</p>
29     </div>
30   </body>
```

在上述代码中有3个<div>块，每个<div>块都包含文章段落<p>标记，其中第一个<div>块包含2个<p>，第二个<div>块包含1个<p>，第三个<div>块包含3个<p>。在没有任何jQuery代码的情况下，显示结果如图10.8所示。

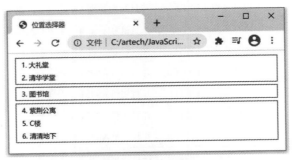

图 10.8　位置选择器

如果希望在页面中选择每个<div>块的第一个<p>标记，则可以通过:first-child来选择，代码如下所示：

```
$("p:first-child")
```

以上代码表示选择所有的<p>标记，并且这些<p>标记都是自身父标记的第一个子标记，代码运行结果如图10.9所示。

```
1    <script src="jquery-3.6.0.min.js"></script>
2    <script>
```

< 182 >

```
3    $(function(){
4        $("p:first-child").addClass("myClass");
5    });
6    </script>
```

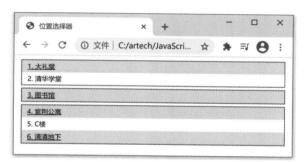

图 10.9　位置选择器 :first-child

隔行变色很简单，可以通过下面的方法选中每个\<div\>块中的奇数行：

```
$("p:nth-child(odd)").addClass("myClass");
```

以上代码的运行结果如图10.10所示。

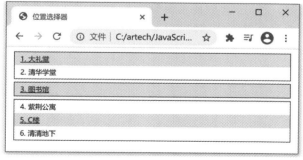

图 10.10　位置选择器 :nth-child(odd)

:nth-child(odd|even)中的奇偶顺序是根据各自的父元素单独排序的，因此上面的代码选中的是1.大礼堂、3.图书馆、4.紫荆公寓、6.清清地下。如果希望将页面中所有\<p\>元素统一进行排序，则可以直接使用:even或者:odd，如下所示：

```
$("p:even").addClass("myClass");
```

以上代码的运行结果如图10.11所示，可以从图中第3个\<div\>块中看出使用:even与:nth-child的区别。

图 10.11　位置选择器 :even

< 183 >

另外可以从图10.11第一个<div>块中发现，使用:nth-child(odd)与:even选择出的结果一致。这是因为与:nth-child相关的CSS选择器是从1开始计数的，而其他选择器是从0开始计数的。

表10.2中罗列了jQuery支持的CSS3位置选择器，读者可以自己尝试使用其中的每一项，这里不再一一介绍。

表10.2　CSS3位置选择器

选择器	说明
:first	第1个元素，例如div p:first选中的是页面中所有<p>元素的第1个，且该<p>元素是<div>的子元素
:last	最后一个元素，例如div p:last选中的是页面中所有<p>元素的最后一个，且该<p>元素是<div>的子元素
:first-child	第1个子元素，例如ul:first-child选中的是所有<ul>元素，且这些<ul>元素是它们各自父元素的第1个子元素
:last-child	最后一个子元素，例如ul:last-child选中的是所有<ul>元素，且这些<ul>元素是它们各自父元素的最后一个子元素
:only-child	所有没有兄弟的元素，例如p:only-child选中的是所有<p>元素，且这些<p>元素是它们各自父元素的唯一子元素
:nth-child(n)	第n个子元素，例如li:nth-child(2)选中的是所有<li>元素，且这些<li>元素是它们各自父元素的第2个子元素（从1开始计数）
:nth-child(odd|even)	所有奇数号或者偶数号的子元素，例如li:nth-child(odd)选中的是所有<li>元素，且这些<li>元素是它们各自父元素的第奇数个子元素（从1开始计数）
:nth-child(nX+Y)	利用公式来计算子元素的位置，例如li:nth-child(5n+1)选中的是所有<li>元素，且这些<li>元素是它们各自父元素的第5n+1（1、6、11、16……）个子元素
:odd或者:even	对于整个页面而言的奇数位或偶数位的元素，例如p:even表示选中页面中所有排在偶数位的<p>元素（从0开始计数）
:eq(n)	页面中第n个元素，例如p:eq(4)表示选中页面中的第5个<p>元素
:gt(n)	页面中第n个元素之后的所有元素（不包括第n个元素本身），例如p:gt(0)表示选中页面中第1个<p>元素之后的所有<p>元素
:lt(n)	页面中第n个元素之前的所有元素（不包括第n个元素本身），例如p:lt(2)表示选中页面中第3个<p>元素之前的所有<p>元素

10.1.4　过滤选择器

知识点讲解

除了CSS3中的一些选择器，jQuery也提供了很多自定义的过滤选择器，用来处理更复杂的选择问题。例如很多时候希望知道用户所勾选的多选项，如果通过属性的值来判断，那么只能获得初始状态下的勾选情况，而不能获得真实的选择情况。利用jQuery的:checked选择器则可以轻松地了解用户的选择情况，代码如下，实例文件请参考本书配套的资源文件：第10章\10-3.html。

```
1   <style type="text/css">
2   form{
3     font-size:12px;
4     margin:0px; padding:0px;
5   }
```

< 184 >

```
6     input.btn{
7        border:1px solid #005079;
8        color:#005079;
9        font-family:Arial, Helvetica, sans-serif;
10       font-size:12px;
11     }
12     .myClass + label {
13       background-color:#FF0000;
14       text-decoration:underline;
15       color: #fff;
16     }
17   </style>
18   <body>
19     <form name="myForm">
20       <input type="checkbox" name="sports" id="football"><label
         for="football">足球</label><br>
21       <input type="checkbox" name="sports" id="basketball"><label
         for="basketball">篮球</label><br>
22       <input type="checkbox" name="sports" id="volleyball"><label
         for="volleyball">排球</label><br>
23       <br><input type="button" value="Show Checked"
         onclick="ShowChecked('sports')" class="btn">
24     </form>
25
26     <script src="jquery-3.6.0.min.js"></script>
27     <script>
28       function ShowChecked(oCheckBox){
29         //使用:checked过滤出被用户选中的复选框
30         $("input[name="+oCheckBox+"]:checked").addClass("myClass");
31       }
32     </script>
33   </body>
```

以上代码中有3个复选框，通过jQuery的过滤选择器:checked便可以很容易地筛选出用户选中的复选项，并赋予其特殊的CSS样式，运行结果如图10.12所示。

图 10.12　jQuery 的过滤选择器

另外可以链式地使用过滤选择器，例如：

```
:checkbox:checked:enabled
```

它表示<input type="checkbox">中所有被用户选中但没有被禁用的元素。表10.3中罗列了

< 185 >

jQuery中常用的过滤选择器。

表10.3　jQuery中常用的过滤选择器

选择器	说明
:animated	选择所有处于动画中的元素
:button	选择所有按钮，包括input[type=button]、input[type=submit]、input[type=reset]和<button>标记
:checkbox	选择所有多选项，等同于input[type=checkbox]
:contains(foo)	选择所有包含文本foo的元素
:disabled	选择页面中被禁用的元素
:enabled	选择页面中没有被禁用的元素
:file	选择上传文件的元素，等同于input[type=file]
:header	选择所有标题元素，例如<h1>～<h6>
:hidden	选择页面中被隐藏的元素
:image	选择图片提交按钮，等同于input[type=image]
:input	选择表单元素，包括<input>、<select>、<textarea>、<button>
:not(filter)	反向选择
:parent	选择所有拥有子元素（包括文本）的元素，空元素将被排除
:password	选择密码框，等同于input[type=password]
:radio	选择单选项，等同于input[type=radio]
:reset	选择重置按钮，包括input[type=reset]和button[type=reset]
:selected	选择下拉菜单中被选中的项
:submit	选择提交按钮，包括input[type=submit]和button[type=submit]
:text	选择文本输入框，等同于input[type=text]
:visible	选择页面中的所有可见元素

10.1.5　反向选择器

上述过滤选择器中的:not(filter)选择器可以进行反向选择，其中filter参数可以是任意的其他过滤选择器，例如下面的代码表示<input>标记中所有的非radio元素：

```
input:not(:radio)
```

反向选择器也可以链式使用，例如：

```
$(":input:not(:checkbox):not(:radio)").addClass("myClass");
```

表示所有表单元素中（<input>、<select>、<textarea>或<button>）非checkbox和非radio的元素，这里需要注意input与:input的区别。

此外，在:not(filter)中，filter参数必须是过滤选择器，而不能是其他选择器。下面的代码表示的是典型的错误写法：

```
$("div:not(p:hidden)")
```

< 186 >

正确的写法为：

```
$("div p:not(:hidden)")
```

10.2　遍历DOM

jQuery遍历用于根据某元素相对于其他元素的关系来查找（或选取）HTML 元素，即从某个元素开始，沿着这个元素移动，直到抵达期望的元素为止。

图10.13展示了一个家族树。通过 jQuery 遍历，能够从被选（当前的）元素开始，轻松地在家族树中向上移动（祖先元素）、向下移动（子孙元素）、水平移动（同级元素）。这种移动被称为对 DOM 进行遍历。

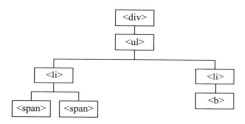

图 10.13　家族树

- <div> 元素是 <ul> 的父元素，同时是其中所有自身以外元素的祖先元素。
- <ul> 元素是 <li> 元素的父元素，同时是 <div> 的子元素。
- 左边的 <li> 元素是 <span> 的父元素，是<ul> 的子元素，同时是 <div> 的后代元素。
- <span> 元素是 <li> 的子元素，同时是 <ul> 和 <div> 的后代元素。
- 两个 <li> 元素是同级元素（拥有相同的父元素）。
- 右边的 <li> 元素是 <b> 的父元素和<ul> 的子元素，同时是 <div> 的后代元素。
- <b> 元素是右边 <li> 的子元素，同时是 <ul> 和 <div> 的后代元素。

> **！注意**
>
> 祖先元素是父元素、祖父元素、曾祖父元素等。后代元素是子元素、孙元素、曾孙元素等。同级元素拥有相同的父元素。

10.2.1　children()

children() 方法返回被选元素的所有直接子元素。该方法只会向被选元素的下一级进行遍历。例如，<div>为当前元素，<p>为儿子元素，<span>为孙子元素。具体的代码如下所示，实例文件请参考本书配套的资源文件：第10章\10-4.html。

```
1   <style>
2   .box * {
3     display: block;
```

< 187 >

```
4        border: 2px solid #ccc;
5        color: #ccc;
6        padding: 5px;
7        margin: 15px;
8      }
9    </style>
10   <body>
11     <div class="box" style="width:500px;">div （当前元素）
12       <p>p （儿子元素）
13         <span>span （孙子元素）</span>
14       </p>
15       <p>p （儿子元素）
16         <span>span （孙子元素）</span>
17       </p>
18     </div>
19
20     <script src="jquery-3.6.0.min.js"></script>
21     <script>
22       $(function(){
23         $("div").children().css({"color":"red","border":"2px solid red"});
24       });
25     </script>
26   </body>
```

以上代码将当前元素的直接子元素的边框和文字颜色都改为红色，运行结果如图10.14所示。

图 10.14　将直接子元素的边框和文字颜色改为红色

可以使用可选参数来过滤子元素。修改上面例子的HTML结构，给第一个\<p\>元素添加class="p1"，给第二个\<p\>元素添加class="p2"，再多加一个类名为p1的元素。如果希望只选中类名为 p1 的所有 \<p\> 元素，则可使用如下方式，实例文件请参考本书配套的资源文件：第10章\10-5.html。

```
1    <body>
2      <div class="box" style="width:500px;">div （当前元素）
3        <p class="p1">p （儿子元素）
4          <span>span （孙子元素）</span>
5        </p>
6        <p class="p2">p （儿子元素）
```

< 188 >

```
7          <span>span (孙子元素)</span>
8        </p>
9        <p class="p1">p (儿子元素)
10         <span>span (孙子元素)</span>
11       </p>
12     </div>
13
14     <script src="jquery-3.6.0.min.js"></script>
15     <script>
16       $(function(){
17         $("div").children("p.p1").css({"color":"red","border":"2px solid red"});
18       });
19     </script>
20  </body>
```

运行结果如图10.15所示。

图 10.15　将类名为 p1 的直接子元素的边框和文字颜色改为红色

10.2.2　parent()和parents()

parent()方法返回被选元素的直接父元素。该方法只会向被选元素的上一级进行遍历。下面的例子将实现给<span>元素的直接父元素加上红色边框，代码如下，实例文件请参考本书配套的资源文件：第10章\10-6.html。

```
1  <body>
2  <div class="box">
3    <div style="width:500px;">div (曾祖父元素)
4      <ul>ul (祖父元素)
5        <li>li (直接父元素)
6          <span>span</span>
7        </li>
8      </ul>
9    </div>
```

< 189 >

```
10
11    <div style="width:500px;">div（祖父元素）
12      <p>p（直接父元素）
13          <span>span</span>
14        </p>
15    </div>
16  </div>
17  </body>
```

其运行结果如图10.16所示。

图 10.16 给 <span> 元素的直接父元素加上红色边框

而parents()方法则返回被选元素的所有祖先元素，它会一路向上遍历直到文档的根元素<html>。下面的例子将实现给<span>元素的所有祖先元素都加上红色边框，代码如下，实例文件请参考本书配套的资源文件：第10章\10-7.html。

```
1    <script src="jquery-3.6.0.min.js"></script>
2    <script>
3      $(function(){
4        $("span").parents().css({"color":"red","border":"2px solid red"});
5      });
6    </script>
7    <body class="box">
8      <div style="width:500px;">div（曾祖父元素）
9        <ul>ul（祖父元素）
10        <li>li（直接父元素）
11          <span>span</span>
12        </li>
13      </ul>
14    </div>
15  </body>
```

运行结果如图10.17所示。

< 190 >

图 10.17 给 \<span\> 元素的所有祖先元素都加上红色边框

同样，可以使用可选参数来对祖先元素进行搜索。下面的例子将实现给所有 \<span\> 元素的所有\<ul\>祖先元素加上红色边框，修改代码如下：

```
1    <script>
2      $(function(){
3        $("span").parents('ul').css({"color":"red","border":"2px solid red"});
4      });
5    </script>
```

运行结果如图10.18所示。

图 10.18 给 \<span\> 元素的所有 \<ul\> 祖先元素加上红色边框

10.2.3 siblings()

siblings()方法返回被选元素的所有同级元素。下面的例子将实现给 \<h2\> 的所有同级元素加上红色边框，实例文件请参考本书配套的资源文件：第10章\10-8.html。

```
1    <script src="jquery-3.6.0.min.js"></script>
2    <script>
3      $(function(){
4        $("h2").siblings().css({"color":"red","border":"2px solid red"});
5      });
6    </script>
7    <body class="box">
```

< 191 >

```
8      <div>div（父元素）
9        <p>p</p>
10       <span>span</span>
11       <h2>h2</h2>
12       <h3>h3</h3>
13       <p>p</p>
14     </div>
15   </body>
```

运行结果如图10.19所示。

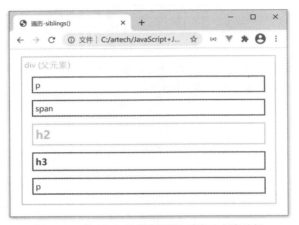

图 10.19　给 <h2> 的所有同级元素加上红色边框

同样，可以使用可选参数来对同级元素进行搜索。下面的例子将实现给 <h2> 的同级元素中的所有 <p> 元素加上红色边框，代码如下：

```
1    <script>
2      $(function(){
3        $("h2").siblings('p').css({"color":"red","border":"2px solid red"});
4      });
5    </script>
```

运行结果如图10.20所示。

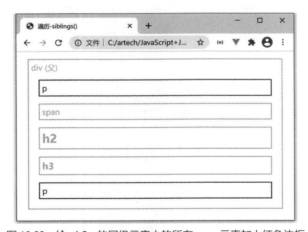

图 10.20　给 <h2> 的同级元素中的所有 <p> 元素加上红色边框

< 192 >

类似这种遍历DOM的方法不止前面这几个，表10.4中罗列了遍历DOM的其他方法。

表10.4　遍历DOM的其他方法

方法	说明
closest()	返回被选元素的第一个祖先元素
next()	返回被选元素的下一个同级元素，该方法只返回一个元素
nextAll()	返回被选元素所有跟随的同级元素
nextUntil()	返回介于两个给定参数之间的所有跟随的同级元素
offsetParent()	返回被定位的最近祖先元素
parentsUntil()	返回当前匹配元素集合中每个元素的祖先元素，但不包括被选择器、DOM 节点或 jQuery 对象匹配的元素
prev()	返回被选元素的前一个同级元素，该方法只返回一个元素
prevAll()	返回当前匹配元素集合中每个元素前面的同级元素，使用选择器进行筛选是可行的
prevUntil()	返回当前匹配元素集合中每个元素前面的同级元素，但不包括被选择器、DOM 节点或 jQuery 对象匹配的元素

10.3　管理结果集

用jQuery选择出来的元素与数组非常类似。我们可以通过jQuery提供的一系列方法对其进行处理，包括获取选中元素的个数、提取元素等。

案例讲解

10.3.1　获取选中元素的个数

在jQuery中可以通过length获取选择器中元素的个数，它类似于数组中的length属性，返回整数，例如：

```
$("img").length
```

通过以上代码可获得页面中所有<img>的个数。下面是一个稍微复杂一点儿的示例，用于添加并计算页面中的<div>块的个数，代码如下，实例文件请参考本书配套的资源文件：第10章\10-9.html。

```
1    <style type="text/css">
2      html{
3        cursor:help; font-size:12px;
4        font-family:Arial, Helvetica, sans-serif;
5      }
6      div{
7        border:1px solid #003a75;
8        background-color:#FFFF00;
9        margin:5px; padding:20px;
10       text-align:center;
11       height:20px; width:20px;
```

< 193 >

```
12        float:left;
13      }
14   </style>
15   <body>
16     <p>页面中一共有<span>0</span>个<div>块。单击鼠标添加<div>块：</p>
17
18     <script src="jquery-3.6.0.min.js"></script>
19     <script>
20       document.onclick = function(){
21         let i = $("div").length+1;        //获取<div>块的数目（此时还没有添加<div>块）
22         $(document.body).append($("<div>"+i+"</div>"));  //添加1个<div>块
23         $("span").html(i);                  //修改显示的总数
24       }
25     </script>
26   </body>
```

以上代码首先通过document.onclick为页面添加单击的响应函数；然后通过length获取页面中<div>块的个数，并且使用append()为页面添加1个<div>块；最后利用html()方法将总数显示在<span>中。运行结果如图10.21所示，随着不断单击鼠标，<div>块会不断地增加。

图 10.21　通过 length 获取元素个数

10.3.2　提取元素

在jQuery的选择器中，如果想提取某个元素，直接的方法是采用方括号加序号（索引）的形式，例如：

```
$("img[title]")[1]
```

通过以上代码可获取所有设置了title属性的<img>标记中的第2个元素。jQuery提供了get(index)方法来提取元素，以下代码与上面的代码完全等效：

```
$("img[title]").get(1)
```

另外，get()方法在不设置任何参数时，可以将元素转换为元素对象的数组，例如（实例文件请参考本书配套的资源文件：第10章\10-10.html）：

```
1   <style type="text/css">
2     div{
```

< 194 >

```
3       border:1px solid #003a75;
4       color:#CC0066;
5       margin:5px; padding:5px;
6       font-size:12px;
7       font-family:Arial, Helvetica, sans-serif;
8       text-align:center;
9       height:20px; width:20px;
10      float:left;
11    }
12 </style>
13 <body>
14   <div style="background:#FFFFFF">1</div>
15   <div style="background:#CCCCCC">2</div>
16   <div style="background:#999999">3</div>
17   <div style="background:#666666">4</div>
18   <div style="background:#333333">5</div>
19   <div style="background:#000000">6</div>
20
21   <script src="jquery-3.6.0.min.js"></script>
22   <script>
23     function disp(divs){
24       for(let i=0;i<divs.length;i++)
25         $(document.body).append($("<div style='background:"+divs[i].style.
            background+";'>"+divs[i].innerHTML+"</div>"));
26     }
27     $(function(){
28       let aDiv = $("div").get();        //转换为div对象的数组
29         disp(aDiv.reverse());            //反序，传给disp()函数
30     });
31   </script>
32 </body>
```

以上代码将页面中的6个\<div\>块用get()方法转换为数组，然后调用数组的反序方法reverse()，并将反序的结果传给disp()函数，最后将其一个个地显示在页面中。运行结果如图10.22所示。

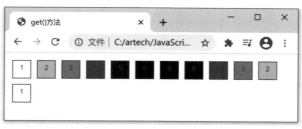

图 10.22　get() 方法

get(index)方法可以获取指定索引（index）的元素，index(element)方法可以查找元素（element）的索引，例如：

```
let iNum = $("li").index($("li[title=tom]")[0])
```

以上代码将获取\<li title="tom"\>标记在整个\<li\>标记列表中的索引，并会将该索引返回给整数iNum。下面是index(element)方法的典型运用，实例文件请参考本书配套的资源文件：第10章\10-11.html。

< 195 >

```
1   <style type="text/css">
2     body{
3       font-size:12px;
4       font-family:Arial, Helvetica, sans-serif;
5     }
6     div{
7       border:1px solid #003a75;
8       background:#fcff9f;
9       margin:5px; padding:5px;
10      text-align:center;
11      height:20px; width:20px;
12      float:left;
13      cursor:help;
14    }
15  </style>
16  <body>
17    <p>单击的div块序号为: <span></span></p>
18    <div>0</div><div>1</div><div>2</div><div>3</div><div>4</div><div>5</div>
19
20    <script src="jquery-3.6.0.min.js"></script>
21    <script>
22      $(function(){
23        //click()用于添加单击事件
24        $("div").click(function(){
25          //将块用this关键字传入，从而获取其序号
26          let index = $("div").index(this);
27          $("span").html(index.toString());
28        });
29      });
30    </script>
31  </body>
```

以上代码将块用this关键字传入index()方法，从而获取其序号。并且利用click()添加了单击事件，将序号显示了出来，运行结果如图10.23所示。

图 10.23　index(element) 方法

10.3.3　添加、删除、过滤

除了获取选择元素的相关信息外，jQuery还提供了一系列方法来修改这些元素的集合，例如可以利用add()方法添加元素，如下所示：

< 196 >

```
$("img[alt]").add("img[title]")
```

以上代码将所有设置了alt属性的<img>和所有设置了title属性的<img>组合在了一起，以供别的方法统一调用，它完全等同于：

```
$("img[alt],img[title]")
```

例如可以为组合后的元素集合统一添加CSS属性，如下所示：

```
$("img[alt]").add("img[title]").addClass("myClass");
```

与add()方法相反，not()方法可以删除元素集合中的某些元素，例如：

```
$("li[title]").not("[title*=tom]")
```

以上代码表示选中所有设置了title属性的<li>标记，但不包括title属性的值中任意匹配字符串tom的<li>。not()方法的典型运用如下，实例文件请参考本书配套的资源文件：第10章\10-12.html。

```
1   <style type="text/css">
2     div{
3       background:#fcff9f;
4       margin:5px; padding:5px;
5       height:40px; width:40px;
6       float:left;
7     }
8     .green{ background:#66FF66; }
9     .gray{ background:#CCCCCC; }
10    #blueone{ background:#5555FF; }
11    .myClass{
12      border:2px solid #000000;
13    }
14  </style>
15  <body>
16    <div></div>
17    <div id="blueone"></div>
18    <div></div>
19    <div class="green"></div>
20    <div class="green"></div>
21    <div class="gray"></div>
22    <div></div>
23
24    <script src="jquery-3.6.0.min.js"></script>
25    <script>
26      $(function(){
27        $("div").not(".green, #blueone").addClass("myClass");
28      });
29    </script>
30  </body>
```

以上代码中共有7个<div>块，其中3个没有设置任何类型或者id，1个设置了id为blueone，2个设置了样式green，另外1个设置了样式gray。jQuery代码首先选中所有的<div>块，然后通过not()

< 197 >

方法去掉样式为"green"和id为"blueone"的\<div\>块，并给剩下的\<div\>块添加样式myClass，运行结果如图10.24所示。

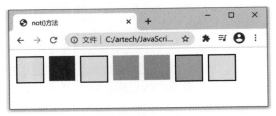

图 10.24　not() 方法

需要注意的是，not()方法所接收的参数都不能包含特定的元素，只能是通用的表达式，下面是典型的错误写法：

```
$("li[title]").not("img[title*=tom]")
```

正确的写法为：

```
$("li[title]").not("[title*=tom]")
```

除了add()和not()外，jQuery还提供了更加强大的filter()方法来筛选元素。filter()可以接收两种类型的参数，其中一种与not()方法一样，可以接收通用的表达式，如下所示：

```
$("li").filter("[title*=tom]")
```

以上代码表示在\<li\>标记的列表中筛选出属性title的值任意匹配字符串tom的标记。这看上去与如下代码相似：

```
$("li[title*=tom]")
```

但filter()主要用于jQuery语句的链接。filter()方法的基础运用如下，实例文件请参考本书配套的资源文件：第10章\10-13.html。

```
1  <style type="text/css">
2    div{
3      margin:5px; padding:5px;
4      height:40px; width:40px;
5      float:left;
6    }
7    .myClass1{
8      background:#fcff9f;
9    }
10   .myClass2{
11     border:2px solid #000000;
12   }
13 </style>
14 <body>
15   <div></div>
16   <div class="middle"></div>
17   <div class="middle"></div>
18   <div class="middle"></div>
```

< 198 >

```
19    <div class="middle"></div>
20    <div></div>
21
22    <script src="jquery-3.6.0.min.js"></script>
23    <script>
24      $(function(){
25        $("div").addClass("myClass1")
26          .filter("[class*=middle]").addClass("myClass2");
27      });
28    </script>
29  </body>
```

以上代码中有6个<div>块，中间4个设置了class属性的值为middle。在jQuery代码中首先给所有的<div>块都添加myClass1样式，然后通过filter()方法将class属性值为middle的<div>块筛选出来，再为它们添加myClass2样式。

运行结果如图10.25所示，可以看到所有的<div>块都运用了myClass1的背景颜色，而只有被筛选出来的中间的<div>块运用了myClass2的边框。

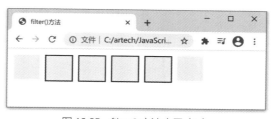

图 10.25　filter() 方法应用（1）

请注意，在filter()的参数中，不能使用直接的等于匹配（＝），而只能使用前匹配（＾＝）、后匹配（&＝）或者任意匹配（＊＝）。例如上述例子中的filter("[class*=middle]")，如果其被写成如下形式则将得不到想要的过滤效果：

```
filter("[class=middle]")
```

filter()可以接收的另外一种类型的参数是函数。这个功能非常强大，它可以让用户自定义筛选函数。该函数要求返回布尔值，对于返回值为true的元素则保留之，否则删除。下面的例子展示了该方法的使用，实例文件请参考本书配套的资源文件：第10章\10-14.html。

```
1   <style type="text/css">
2     div{
3       margin:5px; padding:5px;
4       height:40px; width:40px;
5       float:left;
6     }
7     .myClass1{
8       background:#fcff9f;
9     }
10    .myClass2{
11      border:2px solid #000000;
12    }
13  </style>
14  <body>
```

< 199 >

```
15    <div id="first"></div>
16    <div id="second"></div>
17    <div id="third"></div>
18    <div id="fourth"></div>
19    <div id="fifth"></div>
20
21    <script src="jquery-3.6.0.min.js"></script>
22    <script>
23      $(function(){
24        $("div").addClass("myClass1").filter(function(index){
25          return index == 1 || $(this).attr("id") == "fourth";
26        }).addClass("myClass2");
27      });
28    </script>
29  </body>
```

以上代码首先将所有的<div>块赋予myClass1样式，然后利用filter()返回的函数值，将<div>列表中索引为1、id为fourth的元素筛选出来，并赋予它们myClass2样式，运行结果如图10.26所示。

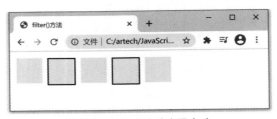

图 10.26　filter() 方法应用（2）

10.3.4　查找

jQuery还提供了一些很实用的"小方法"，可通过查询来获取新的元素集合。例如find()方法可通过匹配选择器来筛选元素，如下所示：

```
$("p").find("span")
```

以上代码表示在所有<p>元素中搜索<span>元素，以获得一个新的元素集合。它完全等同于如下代码：

```
$("span",$("p"))
```

实际运用find()方法查找元素的代码如下，实例文件请参考本书配套的资源文件：第10章\10-15.html。

```
1   <style type="text/css">
2     .myClass{
3       background:#ffde00;
4     }
5   </style>
6   <body>
7     <p><span>Hello</span>, how are you?</p>
8     <p>Me? I'm <span>good</span>.</p>
```

< 200 >

```
9       <span>What about you?</span>
10
11      <script src="jquery-3.6.0.min.js"></script>
12      <script>
13        $(function(){
14          $("p").find("span").addClass("myClass");
15        });
16      </script>
17  </body>
```

运行结果如图10.27所示，可以看到位于<p>元素中的<span>被运用了新的样式，而最后一行中的<span>没有任何变化。

图 10.27　find() 方法应用（3）

另外还可以通过is()方法来检测目标内容中是否包含指定的元素，例如可以通过如下代码来检测页面的<div>块中是否包含图片：

```
let bHasImage = $("div").is("img");
```

is()方法返回布尔值，当至少包含一个匹配项时返回值为true，否则为false。

10.3.5　遍历

each(callback)方法主要用于对选择器中的元素进行遍历，它接收一个函数作为参数，该函数接收一个参数，指代元素的序号。对于标记的属性而言，可以利用each()方法配合this关键字来获取或者设置选择器中每个元素相对应的属性的值。例如（实例文件请参考本书配套的资源文件：第10章\10-16.html）：

```
1   <style type="text/css">
2     img{
3       border:1px solid #003863;
4     }
5   </style>
6   <body>
7     <img src="images/01.jpg" id="image01">
8     <img src="images/02.jpg" id="image02">
9     <img src="images/03.jpg" id="image03">
10    <img src="images/04.jpg" id="image04">
11    <img src="images/05.jpg" id="image05">
12
13    <script src="jquery-3.6.0.min.js"></script>
14    <script>
15      $(function(){
```

< 201 >

```
16          $("img").each(function(index){
17            this.title = "这是第" + (index+1) + "幅图，id是：" + this.id;
18          });
19        });
20    </script>
21  </body>
```

以上代码中共涉及5幅图，首先利用$("img")获取页面中所有图片的集合，然后通过each()方法遍历所有图片，通过this关键字对图片进行访问，设置图片的title属性，并获取图片的id。其中each()方法的函数参数index为元素在集合中的序号（从0开始计数）。运行结果如图10.28所示。

图 10.28　each() 方法

10.4　jQuery链

从前面的例子中也可以多次看到，jQuery的语句可以链接在一起。这不仅可以缩短代码的长度，而且在很多时候可以实现特殊的效果。如下代码就采用了链式调用。

```
1   $("div")
2   .addClass("myClass1")
3   .filter(function(index){
4       return index == 1 || $(this).attr("id") == "fourth";
5   })
6   .addClass("myClass2");
```

以上代码先为整个<div>列表增加样式myClass1，然后进行筛选，再为筛选出的元素单独增加样式myClass2。如果不采用jQuery链，则实现上述效果将会非常麻烦。

在jQuery链中，后面的操作都是以前面的操作结果为对象的。

本章小结

选择器是jQuery中很重要的组成部分。本章首先介绍了jQuery支持的各种选择器，除了CSS3的选择器，jQuery还扩展了一些；然后说明了如何根据某个元素，方便地找到它的祖先元素、兄弟元素和后代元素。针对jQuery选中的元素，其提供了相关的方法来处理它们，以便精确地找到需要的元素。请读者务必真正掌握这些知识，为后续的学习打下基础。

< 202 >

习题 10

一、关键词解释

选择器　　遍历DOM　　子元素　　父元素　　祖先元素　　兄弟元素　　链式调用

二、描述题

1. 请简单描述一下本章介绍了哪几种选择器。
2. 请简单描述一下children()、parent()、parents()和siblings()各自的含义。
3. 请简单描述一下本章中介绍了哪些方法可以操作jQuery获取的元素，这些方法都是什么含义。
4. 请简单描述一下jQuery链式操作的优点。

三、实操题

题图10.1是一个常见的标签类别页面，请根据以下要求编写相应的程序。

（1）通过jQuery的children()方法，调整页面中文字和标题的间距。

（2）为第一个菜单项添加类名，使标题实现题图10.1所示的样式效果；并通过jQuery链式操作找到标题下方的文字，设置文字颜色为红色；将其他菜单项下方文字的颜色设置为灰色。

（3）利用CSS设置鼠标指针移入标题后，标题的颜色由默认的黑色变为红色。

题图 10.1　标签类别页面

< 203 >

第 11 章 使用jQuery控制DOM

第10章讲解了jQuery的基础知识，以及如何使用jQuery。从本章开始将陆续讲解jQuery的实用功能。本章主要介绍jQuery如何控制页面，包括页面元素的属性、CSS样式、DOM节点、表单元素等。本章思维导图如下。

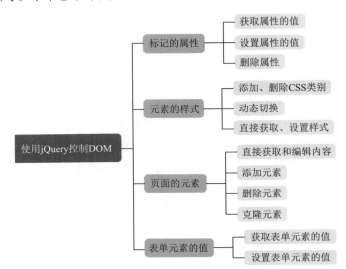

本章导读

11.1 标记的属性

案例讲解

在HTML中每一个标记都具有一些属性，它们表示这个标记在页面中呈现的各种状态，例如下面的\<a\>标记：

```
1    <a href="http://www.artech.cn" title="Artech's Blog"
2      target="_blank" id="link">Artech's Blog</a>
```

该标记中\<a\>表示标记的名称。该标记是一个超链接，另外还有href、title、target、id等属性用于表示这个超链接在页面中的各种状态。本节从jQuery的角度出发，进一步讲解对页面中标记的属性的控制方法。

11.1.1　获取属性的值

除了遍历整个选择器中的元素，很多时候需要得到某个对象的某个特定属性的值。在jQuery中可以通过attr(name)方法很轻松地实现这一点。该方法可获取元素集合中第一项的属性值。如果没有匹配项，则返回undefined，例如（实例文件请参考本书配套的资源文件：第11章\11-1.html）：

```
1   <style type="text/css">
2     em{
3       color:#002eb2;
4     }
5     p{
6       font-size:14px;
7       margin:0px; padding:5px;
8       font-family:Arial, Helvetica, sans-serif;
9     }
10  </style>
11  <body>
12    <p>从前有一只大<em title="huge, gigantic">恐龙</em>……</p>
13    <p>在树林里面<em title="running">跑啊跑</em>……p>
14    <p>title属性的值是: <span></span></p>
15
16    <script src="jquery-3.6.0.min.js"></script>
17    <script>
18      $(function(){
19        const sTitle = $("em").attr("title"); //获取第一个<em>标记的title属性的值
20        $("span").text(sTitle);
21      });
22    </script>
23  </body>
```

以上代码通过$("em").attr ("title")获取了第一个<em>标记的title属性值，运行结果如图11.1所示。

图 11.1　attr(name) 方法

如果第一个<em>标记的title属性未被设置，如下所示：

```
1   <p>从前有一只大<em>恐龙</em>……</p>
2   <p>在树林里面<em title="running">跑啊跑</em>……</p>
```

那么$("em").attr ("title")将返回空值，而不是第二个<em>标记的title属性的值。如果希望获取第二个<em>标记的title属性的值，则可以通过位置选择器来实现，例如：

```
const sTitle = $("em:eq(1)").attr("title");
```

< 205 >

此时运行结果如图11.2所示。

图 11.2　获取第二个 <em> 标记的 title 属性的值

11.1.2　设置属性的值

attr()方法除了可以获取元素的属性的值外，还可以设置属性的值，通用表达式为：

```
attr(name,value)
```

该方法对应元素集合中所有项的属性name的值为value，例如下面的代码将使页面中所有的外部超链接都在新窗口中打开：

```
$("a[href^=http://]").attr("target","_blank");
```

正因为设置针对的是所有选择器中的元素，因此位置选择器在该方法中使用得十分频繁。例如使用attr()方法设置属性的值，代码如下，实例文件请参考本书配套的资源文件：第11章\11-2.html。

```
1   <style type="text/css">
2     button{
3       border:1px solid #950074;
4     }
5   </style>
6   <body>
7     <button onclick="DisableBack()">第一个按钮</button> 
8     <button>第二个按钮</button> 
9     <button>第三个按钮</button> 
10
11    <script src="jquery-3.6.0.min.js"></script>
12    <script>
13      function DisableBack(){
14        $("button:gt(0)").attr("disabled","disabled");
15      }
16    </script>
17  </body>
```

通过位置选择器:gt(0)，当单击第一个按钮时后面的两个按钮将同时被禁用，运行结果如图11.3所示。

图 11.3　attr(name,value) 方法

< 206 >

在很多时候我们可能会希望属性的值能够根据不同的元素而有规律地变化，这时可以使用方法attr(name,fn)。它的第二个参数为一个函数，该函数接收一个参数元素的序号，返回值为字符串，例如下面的代码，实例文件请参考本书配套的资源文件：第11章\11-3.html。

```
1   <style type="text/css">
2     div{
3       font-size:14px;
4       margin:0px; padding:5px;
5       font-family:Arial, Helvetica, sans-serif;
6     }
7     span{
8       font-weight:bold;
9       color:#794100;
10    }
11  </style>
12  <body>
13    <div>第0项 <span></span></div>
14    <div>第1项 <span></span></div>
15    <div>第2项 <span></span></div>
16
17    <script src="jquery-3.6.0.min.js"></script>
18    <script>
19      $(function(){
20        $("div").attr("id", function(index){
21          //将id属性的值设置为与序号相关的参数
22          return "div-id" + index;
23        }).each(function(){
24          //找到每一项的<span>标记
25          $(this).find("span").html("(id='" + this.id + "')");
26        });
27      });
28    </script>
29  </body>
```

以上代码通过attr(name,fn)将页面中所有<div>块的id属性的值设置为与序号相关的参数，并通过each()方法遍历<div>块，然后将id值显示在各自的<span>标记中，运行结果如图11.4所示。从中同样可以看出jQuery链的强大。

图 11.4　attr(name,fn) 方法

有的时候对于某些元素，希望可以同时设置它的很多不同属性，如果采用上面的方法则需要一个个地设置属性，十分麻烦。然而jQuery很人性化，attr()还提供了一个进行列表设置的attr(properties)方法，利用该方法可以同时设置多个属性，使用方式如下，实例文件请参考本书配套的资源文件：第11章\11-4.html。

< 207 >

```
1   <style type="text/css">
2     img{
3       border:1px solid #003863;
4     }
5   </style>
6   <body>
7     <img>
8     <img>
9     <img>
10    <img>
11    <img>
12
13    <script src="jquery-3.6.0.min.js"></script>
14    <script>
15      $(function(){
16        $("img").attr({
17          src: "06.jpg",
18          title: "紫荆公寓",
19          alt: "紫荆公寓"
20        });
21      });
22    </script>
23  </body>
```

以上代码对页面中所有的<img>标记进行了属性的统一设置，并同时设置了多个属性值，运行结果如图11.5所示。

图 11.5　attr(properties) 方法

11.1.3　删除属性

当设置某个元素的属性的值时，可以通过removeAttr(name)方法将该属性的值删除。这时元素将恢复默认的设置，例如下面的代码将使所有按钮均不被禁用：

```
$("button").removeAttr("disabled")
```

> **注意**
>
> removeAttr(name)删除属性相当于在HTML的标记中不设置该属性，而不是取消了该标记的这个属性。运行上述代码后，页面中的所有按钮依然可以被设置为禁用状态。

< 208 >

11.2 元素的样式

CSS是页面所不可分割的一部分。jQuery中提供了一些与CSS相关的实用方法，前面的例子中曾多次使用addClass()来为元素添加CSS样式。本节主要介绍jQuery如何设置页面的样式，包括添加、删除CSS类别，动态切换等。

11.2.1 添加、删除CSS类别

为元素添加CSS类别采用addClass(names)方法。倘若希望给某个元素同时添加多个CSS类别，则依然可以采用该方法，类别之间用空格分隔，例如（实例文件请参考本书配套的资源文件：第11章\11-5.html）：

```
1  <style type="text/css">
2    .myClass1{
3      border:1px solid #750037;
4      width:120px; height:80px;
5    }
6    .myClass2{
7      background-color:#ffcdfc;
8    }
9  </style>
10 <body>
11   <div></div>
12
13   <script src="jquery-3.6.0.min.js"></script>
14   <script>
15     $(function(){
16       //同时添加多个CSS类别
17       $("div").addClass("myClass1 myClass2");
18     });
19   </script>
20 </body>
```

以上代码为\<div\>块同时添加了myClass1和myClass2两个CSS类别，运行结果如图11.6所示。

图 11.6　同时添加两个 CSS 类别

与addClass()相对应，removeClass()用于删除某个/某些元素的CSS类别。如果需要同时删除多个类别，同样可以一次性实现，类别名称之间用空格分隔。这里不再重复举例，读者可以自行实验。

< 209 >

11.2.2 动态切换

在很多时候，我们可能会希望某些元素的样式可以根据用户的操作状态在某些类别之间切换，例如时而addClass()这个类别，时而removeClass()这个类别。jQuery()提供了一个直接的方法toggleClass(name)来进行类似的操作，方法如下，实例文件请参考本书配套的资源文件：第11章\11-6.html。

```
1    <style type="text/css">
2      p{
3        color:blue; cursor:help;
4        font-size:13px;
5        margin:0px; padding:5px;
6      }
7      .highlight{
8        background-color:#FFFF00;
9      }
10   </style>
11   <body>
12     <p>高亮? </p>
13
14     <script src="jquery-3.6.0.min.js"></script>
15     <script>
16       $(function(){
17         $("p").click(function(){
18           //单击的时候不断切换
19           $(this).toggleClass("highlight");
20         });
21       });
22     </script>
23   </body>
```

以上代码首先设置了CSS类别highlight，然后对<p>标记添加鼠标单击事件，当单击鼠标时则对highlight样式进行切换，运行结果如图11.7所示。

图 11.7　toggleClass() 方法

需要注意的是，在toggleClass()方法中，只能设置一种CSS类别，而不能同时在多个CSS类别之间进行切换，因此下面的代码是错误的：

```
$(this).toggleClass("highlight under");
```

11.2.3 直接获取、设置样式

与attr()方法类似，jQuery提供了css()方法来直接获取、设置元素的样式。该方法的使用与attr()几乎一模一样，例如可以通过css(name)来获取某种样式的值；通过css(properties)列表来同时

< 210 >

设置元素的多种样式；通过css(name,value)来设置元素的某种样式。jQuery直接设置元素的样式的例子如下，实例文件请参考本书配套的资源文件：第11章\11-7.html。

```
1   <body>
2     <p>把鼠标指针移动上来试试? </p>
3     <p>或者再移动出去? </p>
4
5     <script src="jquery-3.6.0.min.js"></script>
6     <script>
7       $(function(){
8         $("p").mouseover(function(){
9           $(this).css("color","red");
10        });
11        $("p").mouseout(function(){
12          $(this).css("color","black");
13        });
14      });
15    </script>
16  </body>
```

以上代码为<p>标记添加了mouseover事件和mouseout事件，当这两个事件被触发时，程序会通过css(name,value)来修改标记的颜色，运行结果如图11.8所示。

图 11.8　css(name,value) 方法

另外，值得一提的是，css()方法提供了透明度的opacity属性，并且解决了浏览器的兼容性问题，而不需要开发者对IE和Firefox分别使用不同的方法来设置透明度。opacity属性的取值范围为0.0 ~ 1.0。例如使用jQuery设置对象的透明度，代码如下，实例文件请参考本书配套的资源文件：第11章\11-8.html。

```
1   <style type="text/css">
2     body{
3       /* 设置背景图片，以突出透明度的效果 */
4       background:url(bg1.jpg);
5       margin:20px; padding:0px;
6     }
7     img{
8       border:1px solid #FFFFFF;
9     }
10  </style>
11  <body>
12    <img src="07.jpg">
13
14    <script src="jquery-3.6.0.min.js"></script>
15    <script>
```

< 211 >

```
16        $(function(){
17          //设置透明度，兼容性很好
18          $("img").mouseover(function(){
19              $(this).css("opacity","0.5");
20          });
21          $("img").mouseout(function(){
22              $(this).css("opacity","1.0");
23          });
24        });
25      </script>
26  </body>
```

以上代码的设计思路与上例的完全一样，只不过设置的对象为图片的透明度。其运行结果如图11.9所示。

图 11.9　设置 opacity

另外，还可以通过hasClass(name)方法来判断某个元素是否设置了某个CSS类别。如果设置了则返回true，否则返回false。例如：

$("li:last").hasClass("myClass")

hasClass和is()方法实现的效果一致，即上述代码与下面的代码实现的效果完全相同：

$("li:last").is(".myClass")

11.3　页面的元素

对于页面的元素，在DOM编程中可以通过各种查询、修改手段进行管理，但在很多时候都非常麻烦。jQuery提供了一整套方法来处理页面中的元素，包括元素复制、移动、替换等，本节重点介绍一些常用的方法。

11.3.1　直接获取和编辑内容

在jQuery中，主要是通过html()和text()两个方法来获取和编辑页面内容的。

知识点讲解

< 212 >

其中html()相当于获取节点的innerHTML属性；添加参数时（即方法为html(text)时），则为设置innerHTML。而方法为text()则相当于获取元素的纯文本，text(content)为设置纯文本。

这两个方法有时候会搭配使用，text()通常用来过滤页面中的标记，而html(text)用来设置节点中的innerHTML，例如（实例文件请参考本书配套的资源文件：第11章\11-9.html）：

```
1    <style type="text/css">
2      p{
3        margin:0px; padding:5px;
4        font-size:15px;
5      }
6    </style>
7    <body>
8      <p><b>文本</b>段 落<em>示</em>例</p>
9      <p></p>
10
11     <script src="jquery-3.6.0.min.js"></script>
12     <script>
13       $(function(){
14         const sString = $("p:first").text();   //获取纯文本
15         $("p:last").html(sString);
16       });
17     </script>
18   </body>
```

以上代码首先采用text()方法将第一个<p>段落的纯文本提取出来，然后通过html()赋给第二个<p>段落，运行结果如图11.10所示，可以看到<b>（粗体）和<em>（斜体）这些标记均被过滤掉了。

图 11.10　text() 与 html()

这个例子对text()和html()进行了简单的讲解，下面的案例或许会让读者对这两种方法有更深入的认识，代码如下，实例文件请参考本书配套的资源文件：第11章\11-10.html。

```
1    <style type="text/css">
2      p{
3        margin:0px; padding:5px;
4        font-size:15px;
5      }
6    </style>
7    <body>
8      <p><b>文本</b>段 落<em>示</em>例</p>
9
10     <script src="jquery-3.6.0.min.js"></script>
11     <script>
12       $(function(){
```

< 213 >

```
13          $("p").click(function(){
14            const sHtmlStr = $(this).html();      //获取innerHTML
15            $(this).text(sHtmlStr);               //将代码作为纯文本传入
16          });
17      });
18  </script>
19  </body>
```

以上代码为\<p\>标记添加了鼠标单击事件，首先将\<p\>标记的innerHTML取出，然后将这些代码（通过text()将其作为纯文本）再回传给\<p\>标记。运行结果如图11.11所示，分别为单击鼠标前、单击鼠标后、双击鼠标后的结果。

（a）单击鼠标前

（b）单击鼠标后　　　　　　　　　　　　　　　（c）双击鼠标后

图 11.11　添加鼠标单击事件后的运行结果

11.3.2　添加元素

在普通的DOM编程中，如果希望在某个元素的后面添加一个元素，通常会使用父元素的appendChild()或者insertBefore()，且在很多时候需要反复寻找节点的位置，这十分麻烦。jQuery中提供的append()方法可以直接为某个元素添加新的子元素，例如：

```
$("p").append("<b>直接添加</b>");
```

以上代码将为所有的\<p\>标记添加一段HTML代码作为子元素，如果希望只在某个单独的\<p\>标记中添加，则可以使用jQuery的位置选择器。例如使用append()方法添加元素，代码如下，实例文件请参考本书配套的资源文件：第11章\11-11.html。

```
1  <style type="text/css">
2    em{
3      color:#002eb2;
4    }
5    p{
6      font-size:14px;
7      margin:0px; padding:5px;
8      font-family:Arial, Helvetica, sans-serif;
```

< 214 >

```
9        }
10   </style>
11   <body>
12     <p>从前有一只大<em title="huge, gigantic">恐龙</em>……</p>
13     <p>在树林里面<em title="running">跑啊跑</em>……</p>
14
15     <script src="jquery-3.6.0.min.js"></script>
16     <script>
17       $(function(){
18         //直接添加HTML代码
19         $("p:eq(1)").append("<b>直接添加</b>");
20       });
21     </script>
22   </body>
```

以上代码的运行结果如图11.12所示，可以看到该方法非常便捷。

图 11.12　append() 方法

除了用于直接添加HTML代码，append()方法还可以用于添加固定的节点，例如：

```
$("p").append($("a"));
```

但这个时候情况会有一些不同。倘若添加的目标<p>是唯一的元素，那么$("a")将会被移动到该元素的所有子元素的后面。而如果目标<p>是多个元素，那么$("a")将会以复制的形式在每个<p>中都添加一个子元素，而自身保持不变。例如使用append()方法复制和移动元素，实例文件请参考本书配套的资源文件：第11章\11-12.html。

```
1    <style type="text/css">
2      p{
3        font-size:14px; font-style:italic;
4        margin:0px; padding:5px;
5        font-family:Arial, Helvetica, sans-serif;
6      }
7      a:link, a:visited{
8        color:red;
9        text-decoration:none;
10     }
11     a:hover{
12       color:black;
13       text-decoration:underline;
14     }
15   </style>
16   <body>
17     <a href="#">要被添加的链接1</a>
18     <a href="#">要被添加的链接2</a>
```

< 215 >

```
19      <p>从前有一只大恐龙……</p>
20      <p>在树林里面跑啊跑……</p>
21
22      <script src="jquery-3.6.0.min.js"></script>
23      <script>
24        $(function(){
25          $("p").append($("a:eq(0)"));        //须添加的目标为多个<p>
26          $("p:eq(0)").append($("a:eq(1)"));   //须添加的目标是唯一的<p>
27        });
28      </script>
29  </body>
```

以上代码中设置了两个超链接<a>用于实现append()操作。对于第一个超链接，添加目标为$("p")，一共有2个<p>元素。对于第二个超链接，添加目标是唯一的<p>元素。运行结果如图11.13所示，可以看到两个超链接都是以移动的方式添加的。

图 11.13　添加超链接后的运行结果

另外，从上述运行结果还可以看出，append()后的<a>元素被运用了目标<p>的样式风格，但它同时也保持了自身的样式风格。这是因为append()是将<a>作为<p>的子元素进行添加的，将<a>放到了<p>的所有子元素（文本节点）的最后。

除了append()方法外，jQuery还提供了appendTo(target)方法，用于将元素添加为指定目标的子元素，它的使用方法和运行结果与append()完全类似。例如使用appendTo()方法复制和移动元素，代码如下，实例文件请参考本书配套的资源文件：第11章\11-13.html。

```
1   <style type="text/css">
2   body{ margin:5px; padding:0px; }
3   p{ margin:0px; padding:1px 1px 1px 0px; }
4   img{
5       border:1px solid #003775;
6       margin:4px;
7   }
8   </style>
9
10  <body>
11      <img src="08.jpg"> <img src="09.jpg">
12      <hr>
13      <p><img src="10.jpg"></p>
14      <p><img src="10.jpg"></p>
15      <p><img src="10.jpg"></p>
16  </body>
```

在以上代码所表示的页面中，最上方有两幅图片，下方有3幅位于<p>标记中的重复的图片，如图11.14所示。

< 216 >

对于第一幅图片，将其同时添加到3个<p>标记中；而对于第二幅图片，则将其单独添加到第一个<p>标记中，代码如下所示：

```
1  <script src="jquery-3.6.0.min.js"></script>
2  <script>
3  $(function(){
4      $("img:eq(0)").appendTo($("p"));          //须添加的目标为多个<p>
5      $("img:eq(0)").appendTo($("p:eq(0)"));     //须添加的目标是唯一的<p>
6  });
7  </script>
```

运行结果如图11.15所示，可以看到两幅图片都是以移动的方式添加的。

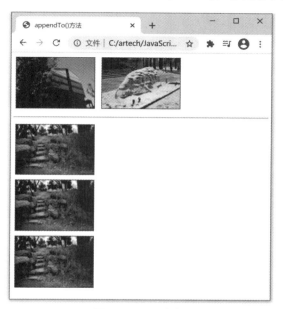

图 11.14　页面框架

图 11.15　appendTo() 方法

与append()和appendTo()相对应，jQuery还提供了prepend()和prependTo()方法。这两种方法是将元素添加到目标的所有子元素之前，它们也都是以移动的方式添加元素的，这里不再一一介绍，读者可以自行实验。

除了上述4种方法外，jQuery还提供了before()、insertBefore()、after()和insertAfter()用于将元素直接添加到某个节点之前或之后，而不是作为子元素插入。其中before()与insertBefore()完全相同，after()与insertAfter()也完全相同。现在以after()为例，直接将11-12.html中的append()替换为after()，代码如下，实例文件请参考本书配套的资源文件：第11章\11-14.html。

```
1  <style type="text/css">
2    p{
3      font-size:14px; font-style:italic;
4      margin:0px; padding:5px;
5      font-family:Arial, Helvetica, sans-serif;
6    }
7    a:link, a:visited{
8      color:red;
9      text-decoration:none;
```

< 217 >

```
10        }
11     a:hover{
12        color:black;
13        text-decoration:underline;
14     }
15  </style>
16  <body>
17     <a href="#">要被添加的链接1</a>
18     <a href="#">要被添加的链接2</a>
19     <p>从前有一只大恐龙……</p>
20     <p>在树林里面跑啊跑……</p>
21
22     <script src="jquery-3.6.0.min.js"></script>
23     <script>
24        $(function(){
25           $("p").after($("a:eq(0)"));          //须添加的目标为多个<p>
26           $("p:eq(1)").after($("a:eq(0)"));     //须添加的目标是唯一的<p>
27        });
28     </script>
29  </body>
```

运行结果如图11.16所示，可以看到after()方法同样遵循"以移动的方式添加元素"的原则，并且元素不再作为子元素被添加，而是作为紧接在目标元素之后的兄弟元素被添加。

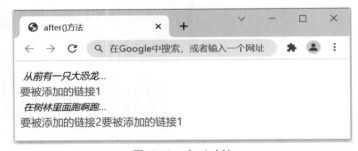

图 11.16　after() 方法

11.3.3　删除元素

在DOM编程中，要删除某个元素往往需要借助于它的父元素的removeChild()方法。而jQuery则提供了remove()方法，其可以直接将元素删除，例如下面的语句将删除页面中的所有<p>元素：

```
$("p").remove();
```

remove()可以接收参数，下面的例子为使用remove()方法删除元素，实例文件请参考本书配套的资源文件：第11章\11-15.html。

```
1   <style type="text/css">
2     p{
3        font-size:14px;
4        margin:0px; padding:5px;
```

< 218 >

```
5          }
6        a:link, a:visited{
7          color:red;
8          text-decoration:none;
9        }
10       a:hover{
11         color:black;
12         text-decoration:underline;
13       }
14   </style>
15   <body>
16       <p>从前有一只大恐龙……</p>
17       <p>在树林里面跑啊跑……</p>
18       <a href="#">突然撞倒了一棵大树……</a>
19
20       <script src="jquery-3.6.0.min.js"></script>
21       <script>
22         $(function(){
23           $("p").remove(":contains('大')");
24         });
25       </script>
26   </body>
```

以上代码中的remove()方法使用了过滤选择器，运行结果如图11.17所示，包含"大"的<p>元素被删除了。

图 11.17　remove() 方法

虽然remove()方法可以接收参数，但通常还是建议读者在选择器阶段就将要删除的对象确定，然后用remove()一次性删除，例如上面的代码可以改为：

```
$("p:contains('大')").remove();
```

其效果与上面代码的是完全一样的，并且与其他代码的风格相统一。

在DOM编程中如果希望将某个元素的子元素全部删除，则往往需要用for循环配合hasChildNodes()来判断，并用removeChildNode()进行逐一删除。jQuery提供了empty()方法来直接删除某个元素的所有子元素，例如（实例文件请参考本书配套的资源文件：第11章\11-16.html）：

```
1    <style type="text/css">
2      p{
3        border:1px solid #642d00;
4        margin:2px; padding:3px;
5        height:20px;
```

< 219 >

```
6         }
7     </style>
8     <body>
9       <p>从前有一只大恐龙……</p>
10      <p>在树林里面跑啊跑……</p>
11      <a href="#">突然撞倒了一棵大树……</a>
12
13      <script src="jquery-3.6.0.min.js"></script>
14      <script>
15        $(function(){
16          $("p").empty(); //删除所有子元素
17        });
18      </script>
19    </body>
```

以上代码首先为<p>元素添加CSS边框样式，然后采用empty()方法删除其所有子元素，运行结果如图11.18所示。

图 11.18   empty() 方法

11.3.4   克隆元素

在11.3.2小节中曾经提到过元素的复制和移动，它们取决于目标对象的个数。在很多时候，开发者希望即使目标对象只有一个，也同样能执行复制操作。jQuery提供了clone()方法来完成这项任务，直接修改11-13.html文件的代码，添加clone()方法，代码如下，实例文件请参考本书配套的资源文件：第11章\11-17.html。

```
1   <script>
2   $(function(){
3       $("img:eq(0)").clone().appendTo($("p"));
4       $("img:eq(1)").clone().appendTo($("p:eq(0)"));
5   });
6   </script>
```

以上代码在对象使用appendTo()之前先通过clone()获得一个副本，然后进行相关的操作，运行结果如图11.19所示。可以看到，无论目标对象是一个还是多个，操作都是按照复制的方式进行的。

< 220 >

图 11.19　clone() 方法

另外，clone()还可以接收布尔对象作为参数。当该参数为true时，除了"克隆"元素本身，它所携带的事件方法也将一起被复制，例如（实例文件请参考本书配套的资源文件：第11章\11-18.html）：

```
1   <style type="text/css">
2     input{
3       border:1px solid #7a0000;
4     }
5   </style>
6   <body>
7     <input type="button" value="Clone Me">
8
9     <script src="jquery-3.6.0.min.js"></script>
10    <script>
11      $(function(){
12        $("input[type=button]").click(function(){
13          //克隆按钮本身，并且克隆单击事件
14          $(this).clone(true).insertAfter(this);
15        });
16      });
17    </script>
18  </body>
```

以上代码可实现在用户单击按钮时克隆按钮本身，并且克隆单击事件。运行结果如图11.20所示，克隆出来的按钮同样具备克隆自己的功能。

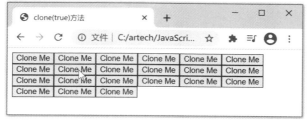

图 11.20　clone(true) 方法

< 221 >

11.4 表单元素的值

案例讲解

表单元素\<form\>是与用户交互很频繁的元素之一，它通过各种形式接收用户的数据，包括下拉框、单选项、多选项、文本框等。在表单元素的各个属性中，value往往是最受关注的。jQuery提供了强大的val()方法来处理与value相关的操作，本节主要介绍该方法的运用。

11.4.1 获取表单元素的值

直接调用val()方法可以获取选择器中第一个表单元素的value值，例如：

```
$("[name=radioGroup]:checked").val()
```

以上代码可直接获取name属性为radioGroup的表单元素中被选中项的value值，十分快捷。对于某些表单元素（如\<option\>、\<button\>等），如果没有设置value值，则获取其显示的文本值。

如果选择器中第一个表单元素是多选的（例如多选下拉菜单），则val()将返回由选中项的value值所组成的数组。

在JavaScript中使用value处理select，该方法非常麻烦，如果采用val()则可以直接获取选中项的value值，而不需要考虑是单选下拉菜单还是多选下拉菜单，使用方法如下，实例文件请参考本书配套的资源文件：第11章\11-19.html。

```
1   <style type="text/css">
2     select, p, span{
3       font-size:13px;
4       font-family:Arial, Helvetica, sans-serif;
5     }
6   </style>
7   <body>
8     <span></span><br>
9     <form method="post" name="myForm1">
10      <p>
11      <select id="constellation1">
12        <option value="Aries">白羊</option>
13        ......
14        <option value="Pisces">双鱼</option>
15      </select>
16      <select id="constellation2" multiple="multiple" style="height:120px;">
17        <option value="Aries">白羊</option>
18        ......
19        <option value="Pisces">双鱼</option>
20      </select>
21      </p>
22    </form>
23
24    <script src="jquery-3.6.0.min.js"></script>
25    <script>
26      function displayVals(){
```

< 222 >

```
27          //直接获取选中项的value值
28          let singleValues = $("#constellation1").val();
29          let multipleValues = $("#constellation2").val() || [];
                 //因为存在不选的情况
30          $("span").html("<b>Single:</b> " + singleValues +
31          "<br><b>Multiple:</b> " + multipleValues.join(", "));
32      }
33      $(function(){
34          //当修改选中项时调用
35          $("select").change(displayVals);
36          displayVals();
37      });
38    </script>
39  </body>
```

以上代码使用val()方法直接获取了<select>元素选中项的value值，按住Ctrl键或者Shift键，单击下拉框中的值，即多选，运行结果如图11.21所示。可以看到，使用jQuery编写代码大大降低了代码的复杂度。

图 11.21　val() 方法

11.4.2　设置表单元素的值

与attr()和css()一样，val()可以用来设置表单元素的value值，使用方法大同小异，例如（实例文件请参考本书配套的资源文件：第11章\11-20.html）：

```
1   <style type="text/css">
2     input{
3       border:1px solid #006505;
4       font-family:Arial, Helvetica, sans-serif;
5     }
6     p{
7       margin:0px; padding:5px;
8     }
9   </style>
10  <body>
11    <p><input type="button" value="Feed">
12    <input type="button" value="the">
13    <input type="button" value="Input"></p>
```

< 223 >

```
14      <p><input type="text" value="click a button"></p>
15
16      <script src="jquery-3.6.0.min.js"></script>
17      <script>
18        $(function(){
19          $("input[type=button]").click(function(){        //先获取按钮的value值
20            let sValue = $(this).val();                     //将值赋给文本框
21            $("input[type=text]").val(sValue);
22          });
23        });
24      </script>
25    </body>
```

本例中使用了两次val()方法，一次用来获取按钮的value值，另一次用来将获取到的值赋给文本框。运行结果如图11.22所示。

图 11.22   val(value) 方法

本章小结

本章讲解了jQuery操作DOM的各种方法，主要包括操作HTML标记的属性和标记本身。样式也是标记的一种属性，但它的属性值有多个，操作很频繁，因此jQuery也提供了相应的方法。此外，本章还介绍了表单元素值的获取和设置。希望读者能够掌握本章的知识，为后面的学习打下良好的基础，因为后面的章节中会经常使用本章所讲的知识。

习题 11

一、关键词解释

DOM   DOM的节点   克隆   元素尺寸   元素位置

二、描述题

1. 请简单描述一下DOM中的节点有哪几种。
2. 请简单描述一下本章中是如何获取和设置属性值的，又是如何删除属性的。
3. 请简单描述一下本章中介绍了哪几种方式来设置页面的样式。
4. 请简单描述一下本章中jQuery是如何操作页面元素的。

< 224 >

5. 请简单描述一下本章中是如何获取和设置表单元素的值的。

6. 请简单描述一下本章中介绍的元素的尺寸有哪些，它们的含义分别是什么。

7. 请简单描述一下本章中介绍的元素位置的相关函数有哪些，它们的含义分别是什么。

三、实操题

页面中有一个"二级导航栏"，如题图11.1所示。请实现如下效果。

（1）随着页面往上滚动，"二级导航栏"滚动到顶部时会吸顶，如题图11.2所示。

（2）随着页面往下滚动，"二级导航栏"滚动到初始位置后，就会恢复为默认效果。

图 11.1　"二级导航栏"默认效果

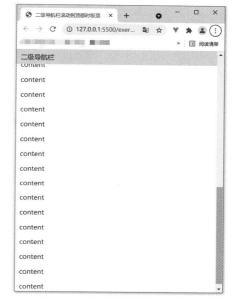

图 11.2　"二级导航栏"吸顶效果

< 225 >

第 **12** 章　jQuery事件

前文讲解了如何选中页面元素，并对其进行各种处理。本章将介绍如何使用jQuery处理事件，实现与用户进行交互。

前文对JavaScript处理事件做了相关的介绍，可以看到使用JavaScript处理事件比较复杂。引入jQuery后，其对事件进行了统一的规范，并且提供了很多便捷的方法。本章主要讲解jQuery如何处理页面中的事件以及相关的问题。本章思维导图如下。

本章导读

12.1　事件监听

知识点讲解

在jQuery中通过bind()对事件进行绑定，相当于标准DOM的addEventListener()，使用方法也基本相同。例如使用jQuery监听单击事件，代码如下，实例文件请参考本书配套的资源文件：第12章\12-1.html。

```
1   <style type="text/css">
2     img{
3       border:1px solid #000000;
4     }
5   </style>
6   <body>
7     <img src="11.jpg">
8     <div id="show"></div>
9
10    <script src="jquery-3.6.0.min.js"></script>
11    <script>
```

```
12    $(function(){
13      $("img")
14        .bind("click",function(){
15          $("#show").append("<div>单击事件1</div>");
16        })
17        .bind("click",function(){
18          $("#show").append("<div>单击事件2</div>");
19        })
20        .bind("click",function(){
21          $("#show").append("<div>单击事件3</div>");
22        });
23    });
24  </script>
25 </body>
```

以上代码为图片元素<img>绑定了3个click监听事件，其运行结果如图12.1所示。

图 12.1　bind()

bind()方法的通用语法为：

```
bind(eventType,[data],listener)
```

其中，eventType表示事件的类型，它可以是：blur、focus、load、resize、scroll、unload、click、dblclick、mousedown、mouseup、mousemove、mouseover、mouseout、mouseenter、mouseleave、change、select、submit、keydown、keypress、keyup、error等类型。data为可选参数，用来传递一些特殊的数据供事件监听函数使用。而listener为事件监听函数，以上例子中使用的是匿名函数。

对于多个事件，如果希望使用同一个事件监听函数，则可以将事件同时添加在eventType中，事件之间用空格分离，例如：

```
1 $("p").bind("mouseenter mouseleave", function(){
2     $(this).toggleClass("over");
3 });
```

另外，一些特殊的事件可以简化绑定方法，用于绑定事件的函数名称就是对应的事件名称，接收参数为事件监听函数，例如前面多次使用的：

< 227 >

```
1    $("p").click(function(){
2        //绑定click事件的事件监听函数
3    });
```

其通用语法为：

```
eventTypeName(fn)
```

可以使用的eventTypeName包括blur、focus、load、resize、scroll、unload、click、dblclick、mousedown、mouseup、mousemove、mouseover、mouseout、change、select、submit、keydown、keypress、keyup、error等。

除了bind()外，jQuery还提供了一个很实用的one()方法来绑定事件。该方法绑定的事件被触发一次之后会自动删除而不再生效，例如（实例文件请参考本书配套的资源文件：第12章\12-2.html）：

```
1    <style type="text/css">
2      div{
3        border:1px solid #000000;
4        background:#fffd77;
5        height:50px; width:50px;
6        padding:8px; margin:5px;
7        text-align:center;
8        font-size:13px;
9        font-family:Arial, Helvetica, sans-serif;
10       float:left;
11     }
12   </style>
13   <body>
14
15     <script src="jquery-3.6.0.min.js"></script>
16     <script>
17       $(function(){
18         //首先创建10个<div>块
19         for(let i=0;i<10;i++)
20           $(document.body).append($("<div>Click<br>Me!</div>"));
21         let iCounter=1;
22         //每个<div>块都用one()绑定click事件的事件监听函数
23         $("div").one("click",function(){
24           $(this).css({background:"#8f0000", color:"#FFFFFF"})
25             .html("Clicked!<br>"+(iCounter++));
26         });
27       });
28     </script>
29   </body>
```

以上代码首先在页面中创建了10个<div>块，然后为每一个块都用one()方法绑定了click事件的事件监听函数。当单击<div>块时，事件监听函数执行一次后便随即消失而不再生效。运行结果如图12.2所示。

< 228 >

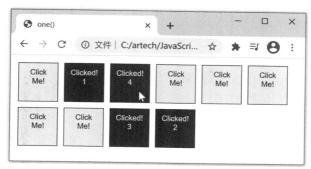

图 12.2 只监听一次的 one() 方法

12.2 删除事件

在jQuery中采用unbind()来删除事件，该方法可以接收两个可选的参数，也可以不设置任何参数，例如下面的代码表示删除<div>标记的所有事件：

```
$("div").unbind();
```

而下面的代码则表示删除<p>标记的所有单击事件：

```
$("p").unbind("click")
```

如果希望删除某个指定的事件，则必须使用unbind(eventType,listener)方法的第二个参数，如下所示：

```
1  let myFunc = function () {
2  //事件监听函数体
3  };
4
5  $("p").bind("click", myFunc);
6  $("p").unbind("click", myFunc);
```

在12-1.html中，如果希望单击某个按钮便删除事件1的事件监听函数，则不能再采用匿名函数的方式，修改后的代码如下，实例文件请参考本书配套的资源文件：第12章\12-3.html。

```
1  <body>
2    <img src="11.jpg"> <input type="button" value="删除事件1">
3    <div id="show"></div>
4
5    <script src="jquery-3.6.0.min.js"></script>
6    <script>
7      $(function(){
8        let fnMyFunc1;                            //函数变量
9        $("img")
10         .bind("click",fnMyFunc1 = function(){    //函数变量赋值
11           $("#show").append("<div>单击事件1</div>");
```

< 229 >

```
12            })
13            .bind("click",function(){
14              $("#show").append("<div>单击事件2</div>");
15            })
16            .bind("click",function(){
17              $("#show").append("<div>单击事件3</div>");
18            });
19          $("input[type=button]").click(function(){
20            $("img").unbind("click",fnMyFunc1); //删除事件监听函数
21          });
22        });
23      </script>
24    </body>
```

以上代码在12-1.html的基础上添加了函数变量fnMyFunc1，bind()绑定时将匿名函数赋值给它，从而将它作为unbind()中的函数名称来调用。运行结果如图12.3所示，单击按钮后事件1将不再被触发。

图 12.3　unbind(eventType,listener)

12.3　事件对象

通过对JavaScript中的事件对象常用的属性和方法进行分析，可以发现事件对象在不同浏览器之间存在很大的区别。在jQuery中，事件对象是通过唯一的参数传递给事件监听函数的，例如（实例文件请参考本书配套的资源文件：第12章\12-4.html）：

```
1    <style type="text/css">
2      body{
3        font-family:Arial, Helvetica, sans-serif;
4        font-size:14px;
5        margin:0px; padding:5px;
6      }
7      p{
8        background:#ffe476;
```

< 230 >

```
9        margin:0px; padding:5px;
10     }
11  </style>
12  <body>
13    <p>Click Me!</p>
14    <span></span>
15
16    <script src="jquery-3.6.0.min.js"></script>
17    <script>
18      $(function(){
19        $("p").bind("click", function(e){ //传递事件对象e
20          let sPosPage = "(" + e.pageX + "," + e.pageY + ")";
21          let sPosScreen = "(" + e.screenX + "," + e.screenY + ")";
22          $("span").html("<br>Page: " + sPosPage
23            + "<br>Screen: " + sPosScreen);
24        });
25      });
26    </script>
27  </body>
```

上面的代码给<p>绑定了鼠标click事件监听函数，并将事件对象作为参数传递，从而获取了鼠标click事件触发点的坐标值。两次单击不同位置的运行结果如图12.4所示。

 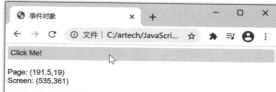

图 12.4　两次单击不同位置的运行结果

对于事件对象的属性和方法，jQuery重要的工作就是替开发者解决了兼容性问题。事件对象常用的属性和方法如表12.1所示。

表12.1　事件对象常用的属性和方法

属性/方法	说明
altKey	按Alt键则值为true，否则值为false
ctrlKey	按Ctrl键则值为true，否则值为false
keyCode	对于keyup和keydown事件，返回按键的值（"a"和"A"的值是一样的，都为65）
pageX, pageY	鼠标指针在客户端区域的坐标，不包括工具栏、滚动条等
relatedTarget	鼠标事件中鼠标指针所"进入"或"离开"的元素
screenX, screenY	鼠标指针相对于整个计算机屏幕的坐标值
shiftKey	按Shift键则值为true，否则值为false
target	触发事件的元素/对象
type	事件的名称，如click、mouseover等
which	键盘事件中表示按键的Unicode值，鼠标事件中表示按键的值（1表示鼠标左键、2表示鼠标中键、3表示鼠标右键）

< 231 >

续表

属性/方法	说明
stopPropagation()	阻止事件向上冒泡
preventDefault()	阻止事件的默认行为

⚠ 注意

　　在jQuery的事件处理函数中，return false可以同时阻止事件的冒泡和默认行为，相当于同时调用 event.stopPropagation()和event. preventDefault()。

12.4 事件触发

　　有时候开发者希望用户在没有进行任何操作的情况下也能触发事件，例如希望页面加载后自动单击一次按钮来运行事件监听函数；希望单击某个特定按钮时其他所有按钮也同时被单击等。jQuery提供了trigger(eventType)方法来实现事件的触发，其中参数eventType为合法的事件类型，如click、submit等。

案例讲解

　　下面的例子中有两个按钮，它们分别有自己的事件监听函数。单击按钮1时运行按钮1的事件监听函数，单击按钮2时除了运行按钮2的事件监听函数外，还会运行按钮1的事件监听函数，仿佛按钮1也被同时单击了。实例文件请参考本书配套的资源文件：第12章\12-5.html。

```
1   <style type="text/css">
2     input{
3       font-family:Arial, Helvetica, sans-serif;
4       font-size:13px;
5       margin:0px; padding:4px;
6       border:1px solid #002b83;
7     }
8     div{
9       font-family:Arial, Helvetica, sans-serif;
10      font-size:12px; margin:2px;
11    }
12  </style>
13  <body>
14    <input type="button" value="按钮1">
15    <input type="button" value="按钮2"><br><br>
16    <div>按钮1单击次数: <span>0</span></div>
17    <div>按钮2单击次数: <span>0</span></div>
18
19    <script src="jquery-3.6.0.min.js"></script>
20    <script>
21      function Counter(oSpan){
22        let iNum = parseInt(oSpan.text());      //获取<span>本身的值
23        oSpan.text(iNum + 1);                     //单击次数加1
24      }
```

< 232 >

```
25      $(function(){
26        $("input:eq(0)").click(function(){
27          Counter($("span:first"));
28        });
29        $("input:eq(1)").click(function(){
30          Counter($("span:last"));
31          $("input:eq(0)").trigger("click");   //触发按钮1的单击事件
32        });
33      });
34    </script>
35  </body>
```

以上代码在按钮2的事件监听函数中调用了按钮1的trigger("click")方法，使得单击按钮2时按钮1也同时被单击。运行结果如图12.5所示，当单击按钮2时两个按钮对应的单击次数同时增长。

图 12.5 事件触发

对于特殊的事件类型（如blur、change、click、focus、select、submit等），还可以直接将事件名称作为触发函数。对于这个例子，以下两条触发按钮1的单击事件的语句是等价的。

```
1  $("input:eq(0)").trigger("click");
2  //等价于
3  $("input:eq(0)").click();
```

12.5 事件的动态交替

jQuery提供了便捷的方法，使得两个事件监听函数可以交替调用，例如hover事件的交替和click事件的交替。下面分别对它们进行介绍。

12.5.1 hover事件的交替

可以通过CSS的:hover伪类选择器进行鼠标指针的感应，以设置单独的CSS样式。当引入jQuery后，Web页面中的几乎所有元素都可以通过hover()方法来直接感应鼠标指针，并且可以制作更复杂的效果，其本质是mouseover和mouseout事件的合并。

hover(over, out)方法接收两个参数，它们均为函数。第一个函数over()在鼠标指针移动到对象上时触发，第二个函数out()在鼠标指针移动到对象外时触发，使用方法如下，实例文件请参考本书配套的资源文件：第12章\12-6.html。

< 233 >

```
1    <style type="text/css">
2      body{
3        /* 设置背景图片，以突出透明度的效果 */
4        background:url(bg1.jpg);
5        margin:20px; padding:0px;
6      }
7      img{
8        border:1px solid #FFFFFF;
9      }
10   </style>
11   <body>
12     <img src="12.jpg">
13
14     <script src="jquery-3.6.0.min.js"></script>
15     <script>
16       $(function(){
17         $("img").hover(
18           function(oEvent){
19             //第一个函数相当于mouseout的事件监听函数
20             $(oEvent.target).css("opacity","0.5");
21           },
22           function(oEvent){
23             //第二个函数相当于mouseout的事件监听函数
24             $(oEvent.target).css("opacity","1.0");
25           }
26         );
27       });
28     </script>
29   </body>
```

运行结果如图12.6所示，从中可以看到元素对鼠标指针的响应。

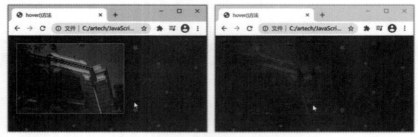

图 12.6　hover 事件的交替

12.5.2　click事件的交替

jQuery没有提供类似hover()的方法来处理单击事件，但我们可以模拟类似的效果，自定义一个clickToggle()方法，接收两个参数，它们都是函数，代码如下，实例文件请参考本书配套的资源文件：第12章\12-7.html。

```
1    <style type="text/css">
2      body{
```

< 234 >

```
3        /* 设置背景图片，以突出透明度的效果  */
4        background:url(bg1.jpg);
5        margin:20px; padding:0px;
6      }
7    img{
8        border:1px solid #FFFFFF;
9      }
10  </style>
11  <body>
12    <img src="07.jpg">
13
14    <script src="jquery-3.6.0.min.js"></script>
15    <script>
16      jQuery.fn.clickToggle = function(a,b) {
17        let t = 0;
18        return this.bind("click", function (){
19          t+=1;
20          if (t%2===1) a.call(this);
21          else b.call(this);
22        });
23      };
24      $(function(){
25        $("img").clickToggle(
26          function(){
27            $("img").css("opacity","0.5");
28          },
29          function(){
30            $("img").css("opacity","1.0");
31          }
32        );
33      });
34  </script>
35  </body>
```

clickToggle()方法中设置了一个变量t，每次单击后t加一。如果是奇数次则执行第一个函数a，偶数次则执行第二个函数b。当不断地单击图片时，图片的透明度将交替变化，如图12.7所示。

图 12.7　click 事件的交替

12.6　事件委托

案例讲解

前面介绍了事件绑定的方法。使用事件绑定时，绑定事件的元素必须存在。如果我们想在之

< 235 >

后被添加到DOM的元素上绑定事件，则需要使用事件委托。事件委托允许将事件监听器附加到父元素上，与选择器匹配的所有后代元素都能够触发相应的监听事件，而不论这些后代元素是已经存在还是在之后被添加。jQuery的事件委托语法如下。

```
$(selector).on(event,childSelector,function)
```

先选中父元素，接着在后代元素上委托事件，设置事件监听函数。先观察一个未使用事件委托的例子，代码如下，实例文件请参考本书配套的资源文件：第12章\12-8.html。

```
1   <style type="text/css">
2     div{
3       border:1px solid #000000;
4       background:#fffd77;
5       height:50px; width:50px;
6       padding:8px; margin:5px;
7       text-align:center;
8       font-size:13px;
9       font-family:Arial, Helvetica, sans-serif;
10      float:left;
11    }
12  </style>
13  <body>
14    <!--绑定click事件时已存在的元素-->
15    <div>Click<br>Me!</div>
16    <script src="jquery-3.6.0.min.js"></script>
17    <script>
18      $(function(){
19        //绑定click事件
20        $("div").bind("click",function(){
21          $(this).css({background:"#8f0000", color:"#FFFFFF"})
22            .html("Clicked!<br>");
23        });
24        //新增加一个元素
25        $(document.body).append($("<div>Click<br>Me!</div>"));
26      });
27    </script>
28  </body>
```

上述例子中对所有<div>绑定click事件，绑定前<body>中存在一个<div>，绑定后动态追加了一个<div>。此时单击两个<div>的结果如图12.8所示。

图 12.8　未使用事件委托

可以看到，单击第二个<div>没有触发click事件。如果换成事件委托的方式，代码如下。

< 236 >

```
1    $("body").on("click", "div", function(){
2        $(this).css({background:"#8f0000", color:"#FFFFFF"}).html("Clicked!<br>");
3    });
```

此时单击两个<div>都会触发click事件，效果如图12.9所示。

图 12.9　使用事件委托

通过事件冒泡机制，我们知道单击子元素的事件会向上传到父元素。jQuery的事件委托利用了事件冒泡机制，父元素会分析冒泡事件，如果是指定的子元素触发的，则执行对应的处理函数。在处理动态添加的元素时，使用事件委托非常有必要，例如处理通过AJAX加载的局部元素。

类似bind()和unbind()，取消事件委托使用如下语法。

```
$(selector).off(event,childSelector)
```

案例讲解

12.7　实例：快餐在线

如今网上订餐的服务越来越多，在页面上对快餐进行自由组合很受广大消费者的青睐。本实例运用前面介绍的jQuery知识，制作一个简易的快餐在线页面，效果如图12.10所示。

图 12.10　快餐在线

12.7.1　框架搭建

快餐作为一种便捷食品，并不需要太多类型的菜，通常是每一类型的菜选择一种进行搭配。

< 237 >

菜的类型包括凉菜、素菜、荤菜、热汤等。每个类型的菜有不同的价格，并且可细分为各种菜，用户可以根据个人的喜好和食量，选择不同的菜和数量，因此页面框架如图12.11所示。

图 12.11　页面框架

以上框架将快餐菜种分为4个类型，每个类型前面都有一个复选框，当用户选中复选框时才能填写数量。对于每个类型的菜而言，它们都有一组单选项（菜名）供用户选择。最后根据用户的选择和填写的数量计算价格。因此页面的HTML框架（只列出了凉菜类型）如下所示：

```
1    <body>
2    <div>
3    1. <input type="checkbox" id="LiangCaiCheck"><label for="LiangCaiCheck">凉
     菜</label>
4    <span price="0.5"><input type="text" class="quantity"> ¥<span></span>元</span>
5        <div class="detail">
6            <label><input type="radio" name="LiangCai" checked="checked">拍黄
             瓜</label>
7            <label><input type="radio" name="LiangCai">香油豆角</label>
8            <label><input type="radio" name="LiangCai">特色水豆腐</label>
9            <label><input type="radio" name="LiangCai">香芹醋花生</label>
10       </div>
11   </div>
12   ……
13   <div id="totalPrice"></div>
14   </body>
```

从上述框架中可以看到每个类型的菜都被置于一个<div>块中，其中包含复选框和一个<div>子块，<div>子块用来存放每个类型的菜的细节选项，每一项都是一个radio单选项，并且每一项的付费金额都放在<span>标记中，最后将总价格放在单独的<div id="totalPrice">中。

这里需要特别指出的是，框架中将每种类型的菜的标价都放在一个<span>标记的自定义的属性price里，这样做虽然不符合严格的W3C（world wide web consortium，万维网联盟）标准，但却十分方便。

> **! 注意**
>
> 　　关于是否应该使用自定义标记属性，一直是JavaScript开发领域所争论的话题之一。严格来说，自定义标记属性会使页面无法通过标准的Web测试，但它所带来的便利却显而易见。

< 238 >

12.7.2 添加事件

搭建好HTML框架后便需要对用户的操作予以响应。

1. 显示/隐藏单选项

首先针对用户不选的菜种，没有必要显示菜的细节名称，这是框架中将单选项统一放在\<div class="detail"\>里的原因。

添加CSS类别，使得加载页面时所有菜种的细节均不显示，如下所示：

```
1   div.detail{
2       display:none;
3   }
```

当用户修改复选框的选中状态时，根据选中情况对单选项进行显示/隐藏，如下所示：

```
1   <script src="jquery-3.6.0.min.js"></script>
2   <script>
3   $(function(){
4     $(":checkbox").click(function(){
5       let bChecked = this.checked;
6       //如果选中复选框则显示子菜单
7       $(this).parent().find(".detail")
8         .css("display", bChecked?"block":"none");
9     });
10  });
11  </script>
```

2. 处理菜品数量

另外，在用户没有选中复选框时，输入数量的文本框应当被禁用，因此加载页面时需要对文本框进行统一设置，如下所示：

```
1   $(function(){
2     //省略其他代码
3
4     $("span[price] input[type=text]")
5       .attr({
6         "disabled":true,     //文本框为隐藏的
7         "value":"1",         //表示份数的value值为1
8         "maxlength":"2"      //最多只能输入2位数
9       });
10  });
```

进一步考虑，当用户选中复选框时，文本框由禁用状态变为可输入状态，并且自动聚焦，同时将文本框的值设置为1（因为之前可能填写了数字，又取消了选择），如下所示：

```
1   $(":checkbox").click(function(){
2     let bChecked = this.checked;
3     //如果选中复选框则显示子菜单
```

< 239 >

```
4      $(this).parent().find(".detail").css("display",bChecked?"block":"none");
5      $(this).parent().find("input[type=text]")
6        //每次改变复选框的选中状态，都将值重置为1
7        .attr("disabled",!bChecked).val(1)
8        .each(function(){
9          //需要聚焦判断，因此采用each()来插入语句
10         if(bChecked) this.focus();
11       });
12   });
```

此时页面效果如图12.12所示。

图 12.12　选中复选框才显示细节

3．计算价格

在用户向文本框中填写数量的同时计算每个菜单独的价格以及总价格，代码如下所示：

```
1    $("span[price] input[type=text]").change(function(){
2      //根据单价和数量计算价格
3      $(this).parent().find("span")
4        .text($(this).val() * $(this).parent().attr("price"));
5
6      addTotal();      //计算总价格
7    });
8
9    function addTotal(){
10     //计算总价格的函数
11     let fTotal = 0;
12     //对于选中的复选框须进行遍历
13     $(":checkbox:checked").each(function(){
14       //获取每一个菜的数量
15       let iNum = parseInt($(this).parent().find("input[type=text]").val());
16       //获取每一个菜的单价
17       let fPrice = parseFloat($(this).parent().find("span[price]").attr("price"));
18       fTotal += iNum * fPrice;
19     });
20     $("#totalPrice").html("合计¥"+fTotal+"元");
21   }
```

另外，文本框从禁用状态变为可输入状态的过程中应付金额也发生了变化，因此也应该计算价格。将之前的代码修改为：

< 240 >

```
1    $(this).parent().find("input[type=text]")
2        //每次改变复选框的选中状态，都将值重置为1，触发change事件，重新计算价格
3        .attr("disabled",!bChecked).val(1).change()
4        .each(function(){
5            //需要聚焦判断，因此采用each()来插入语句
6            if(bChecked) this.focus();
7        });
```

而且页面在加载时应该初始化价格，让每项显示出单价，总价格显示为0元，因此采用12.4节中介绍的事件触发机制，如下所示：

```
1    //加载页面完成后，统一设置文本框
2    $("span[price] input[type=text]")
3        .attr({"disabled":true,        //文本框为隐藏的
4                "value":"1",            //表示份数的value值为1
5                "maxlength":"2"         //最多只能输入2位数
6        }).change();                    //触发change事件，让<span>显示出价格
```

此时运行结果如图12.13所示，所有功能都已添加完毕。

图 12.13　所有功能都已添加完毕

12.7.3　样式

当页面的功能全部实现后，考虑到实用性，必须用CSS对其进行美化，这里不再一一讲解CSS的各个细节，直接给出实例的完整代码供读者参考，实例文件请参考本书配套的资源文件：第12章\12-9.html。

```
1    <style type="text/css">
2      body{
3        padding:0px;
4        margin:165px 0px 0px 160px;
5        font-size:12px;
6        font-family:Arial, Helvetica, sans-serif;
7        color:#FFFFFF;
8        background:#000000 url(bg2.jpg) no-repeat;
9      }
10     body > div{
11       margin:5px; padding:0px;
12     }
```

< 241 >

```
13    div.detail{
14      display:none;
15      margin:3px 0px 2px 15px;
16    }
17    div#totalPrice{
18      padding:10px 0px 0px 280px;
19      margin-top:15px;
20      width:85px;
21      border-top:1px solid #FFFFFF;
22    }
23    input{
24      font-size:12px;
25      font-family:Arial, Helvetica, sans-serif;
26    }
27    input.quantity{
28      border:1px solid #CCCCCC;
29      background:#3f1415; color:#FFFFFF;
30      width:15px; text-align:center;
31      margin:0px 0px 0px 210px
32    }
33  </style>
34  <body>
35    <div>
36      1. <input type="checkbox" id="LiangCaiCheck"><label for="LiangCaiCheck">凉菜</label>
37      <span price="0.5"><input type="text" class="quantity"> ¥<span></span>元</span>
38      <div class="detail">
39        <label><input type="radio" name="LiangCai" checked="checked">拍黄瓜</label>
40        <label><input type="radio" name="LiangCai">香油豆角</label>
41        <label><input type="radio" name="LiangCai">特色水豆腐</label>
42        <label><input type="radio" name="LiangCai">香芹醋花生</label>
43      </div>
44    </div>
45
46    <div>
47      2. <input type="checkbox" id="SuCaiCheck"><label for="SuCaiCheck">素菜</label>
48      <span price="1"><input type="text" class="quantity"> ¥<span></span>元</span>
49      <div class="detail">
50        <label><input type="radio" name="SuCai" checked="checked">虎皮青椒</label>
51        <label><input type="radio" name="SuCai">醋熘土豆丝</label>
52        <label><input type="radio" name="SuCai">金钩豆芽</label>
53      </div>
54    </div>
55
56    <div>
57      3. <input type="checkbox" id="HunCaiCheck"><label for="HunCaiCheck">荤菜</label>
58      <span price="2.5"><input type="text" class="quantity"> ¥<span></span>元</span>
59      <div class="detail">
60        <label><input type="radio" name="HunCai" checked="checked"/>麻辣肉片</label>
61        <label><input type="radio" name="HunCai">红烧牛柳</label>
62        <label><input type="radio" name="HunCai">糖醋里脊</label>
63      </div>
64    </div>
65
66    <div>
```

< 242 >

```
67        4. <input type="checkbox" id="SoupCheck"><label for="SoupCheck">热汤</label>
68        <span price="1.5"><input type="text" class="quantity"> ¥<span></span>
          元</span>
69        <div class="detail">
70          <label><input type="radio" name="Soup" checked="checked"/>西红柿鸡蛋
            汤</label>
71          <label><input type="radio" name="Soup">南瓜汤</label>
72        </div>
73      </div>
74
75      <div id="totalPrice"></div>
76
77      <script src="jquery-3.6.0.min.js"></script>
78      <script>
79        function addTotal(){
80          //计算总价格的函数
81          let fTotal = 0;
82          //对于选中的复选框须进行遍历
83          $(":checkbox:checked").each(function(){
84            //获取每一个的数量
85   let iNum = parseInt($(this).parent().find("input[type=text]").val());
86            //获取每一个的单价
87   let fPrice = parseFloat($(this).parent().find("span[price]").attr("price"));
88            fTotal += iNum * fPrice;
89          });
90          $("#totalPrice").html("合计¥"+fTotal+"元");
91        }
92        $(function(){
93          $(":checkbox").click(function(){
94            let bChecked = this.checked;
95            //如果选中复选框则显示子菜单
96            $(this).parent().find(".detail")
97              .css("display",bChecked?"block":"none");
98            $(this).parent().find("input[type=text]")
99              //每次改变复选框的选中状态，都将值重置为1，触发change事件，重新计算价格
100             .attr("disabled",!bChecked).val(1).change()
101             .each(function(){
102               //需要聚焦判断，因此采用each()来插入语句
103               if(bChecked) this.focus();
104             });
105         });
106         $("span[price] input[type=text]").change(function(){
107           //根据每个菜的单价和数量计算价格
108           $(this).parent().find("span")
109             .text($(this).val() * $(this).parent().attr("price"));
110           addTotal(); //计算总价格
111         });
112         //加载页面完成后，统一设置文本框
113         $("span[price] input[type=text]")
114           .attr({ "disabled":true,      //文本框为隐藏的
115             "value":"1",                //表示份数的value值为1
116             "maxlength":"2"             //最多只能输入2位数
117           }).change();                  //触发change事件，让<span>显示出价格
118       });
119     </script>
120 </body>
```

< 243 >

其运行结果如图12.14所示。

图 12.14　运行结果

本章小结

在本章中，介绍了jQuery对事件的处理逻辑，包括绑定事件、取消绑定事件、事件对象、事件触发和事件委托等。最后通过一个订餐的案例，综合运用jQuery的知识来响应表单中的多种事件，并对DOM做出对应的处理。希望读者不仅能够熟练使用jQuery处理事件，还能够理解浏览器中事件的处理机制。

习题 12

一、关键词解释

事件　　事件流　　事件捕获　　事件冒泡　　事件监听　　事件对象　　事件触发
事件委托

二、描述题

1. 请简单描述一下事件捕获和事件冒泡的区别。
2. 请简单描述一下如何阻止事件冒泡和事件的默认行为。
3. 请简单列出常用的事件监听函数。
4. 请简单列出常用的事件对象的属性和方法。
5. 请简单描述一下本章中在什么场景下使用了事件委托。

三、实操题

在第9章习题部分实操题的基础上，将单击事件的行内写法改为jQuery的bind()方法，并实现按下Enter键也可以添加目录的功能。

< 244 >

第13章 jQuery的功能函数

在JavaScript编程中，开发者通常需要编写很多"小程序"来实现一些特定的功能，例如字符串的处理、数组的编辑等。jQuery将一些常用的程序进行了总结，提供了很多实用的功能函数。本章主要围绕这些功能函数对jQuery做进一步的介绍。本章思维导图如下。

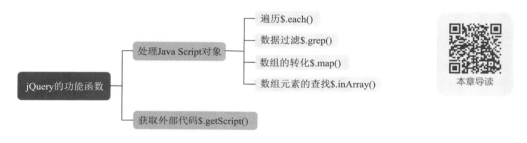

13.1 处理JavaScript对象

在JavaScript编程中可以说一切变量（如字符串、日期、数值等）都是对象。jQuery提供了一些便捷的方法来处理相关的对象，例如9.2.2小节提到的\$.trim()函数就是其中之一。本节通过实例对一些常用的功能函数做简要介绍。

13.1.1 遍历

前面介绍过\$.each()函数，其用于遍历选中的元素。同样，对于JavaScript的数组或者对象，可以使用\$.each()函数进行遍历，其语法如下所示：

```
$.each(object,fn);
```

其中object为需要遍历的对象，fn为object中的每个元素都要执行的函数。函数fn可以接收两个参数，第一个参数为数组元素的序号或者对象的属性，第二个参数为数组元素或者属性的值。例如使用\$.each()函数遍历数组和对象，代码如下，实例文件请参考本书配套的资源文件：第13章\13-1.html。

```
1    <!DOCTYPE html>
2    <html>
```

```
3    <head>
4      <title>$.each()函数</title>
5    </head>
6    <body>
7      <script src="jquery.min.js"></script>
8      <script>
9      let aArray = ["one", "two", "three", "four", "five"];
10     $.each(aArray,function(iNum,value){
11       //针对数组
12       document.write("序号:" + iNum + " 值:" + value + "<br>");
13     });
14     let oObj = {one:1, two:2, three:3, four:4, five:5};
15     $.each(oObj, function(property,value) {
16       //针对对象
17       document.write("属性:" + property + " 值:" + value + "<br>");
18     });
19     </script>
20   </body>
21   </html>
```

运行结果如图13.1所示。可以看到使用$.each()函数遍历数组和对象都十分方便。

图 13.1　$.each() 函数

另外，对于一些不熟悉的对象，用$.each()函数也能很方便地获取其中的属性值。例如window.navigator对象，如果不清楚其中所包含的属性，则可以用$.each()对其进行遍历，代码如下，实例文件请参考本书配套的资源文件：第13章\13-2.html。

```
1    <!DOCTYPE html>
2    <html>
3    <head>
4    <title>$.each()函数</title>
5    <script src="jquery.min.js"></script>
6    <script>
7    $.each(window.navigator, function(property,value) {
8        //遍历对象window.navigator
9        document.write("属性:" + property + " 值:" + value + "<br>");
10   });
11   </script>
12   </head>
13   <body>
```

< 246 >

```
14    </body>
15    </html>
```

　　以上代码直接对window.navigator对象进行遍历，从而获取它的属性和值，运行结果如图13.2所示。window.navigator对象有很多属性，其中的userAgent常被用于判断用户的操作系统和浏览器的类型。

13.1.2　数据过滤

　　对于数组中的数据，很多时候开发者希望对它们进行筛选。jQuery提供的$.grep()方法能够很便捷地过滤数组中的数据，其语法如下所示：

```
$.grep(array, fn, [invert])
```

其中array为需要过滤的数组对象，fn为过滤函数。对于数组中的每个对象，如果返回true则保留，否则去除。可选的invert的值为布尔值，如果其被设置为true，则过滤函数fn的规则相反，即满足条件的对象被去除。下面的例子使用jQuery来过滤数组元素，实例文件请参考本书配套的资源文件：第13章\13-3.html。

图 13.2　遍历 window.navigator 对象

```
1     <!DOCTYPE html>
2     <html>
3     <head>
4       <title>$.grep()函数</title>
5     </head>
6     <body>
7
8       <script src="jquery.min.js"></script>
9       <script>
10        let aArray = [2, 9, 3, 8, 6, 1, 5, 9, 4, 7, 3, 8, 6, 9, 1];
11        let aResult = $.grep(aArray,function(value){
12          return value > 4;
13        });
14        document.write("aArray: " + aArray.join() + "<br>");
15        document.write("aResult: " + aResult.join());
16      </script>
17    </body>
18    </html>
```

　　在上面的例子中首先定义了数组aArray，然后用$.grep()方法将值大于4的元素挑选出来组成新的数组aResult。运行结果如图13.3所示。

< 247 >

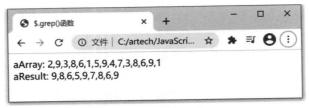

图 13.3 $.grep() 函数

另外，过滤函数可以接收第二个参数，即数组元素的索引，从而使开发者可以更加灵活地控制过滤结果，用法如下，实例文件请参考本书配套的资源文件：第13章\13-4.html。

```html
1   <!DOCTYPE html>
2   <html>
3   <head>
4     <title>$.grep()函数</title>
5   </head>
6   <body>
7
8     <script src="jquery.min.js"></script>
9     <script>
10      let aArray = [2, 9, 3, 8, 6, 1, 5, 9, 4, 7, 3, 8, 6, 9, 1];
11      let aResult = $.grep(aArray,function(value, index){
12        //元素的值（value）和索引（index）同时进行判断
13        return (value > 4 && index > 3);
14      });
15      document.write("aArray: " + aArray.join() + "<br>");
16      document.write("aResult: " + aResult.join());
17    </script>
18  </body>
19  </html>
```

以上代码将元素的值（value）和索引（index）同时进行判断，并采用了与13-3.html相同的数据，运行结果如图13.4所示。

图 13.4   同时判断元素的值和索引

13.1.3   数组的转化

很多时候开发者希望某个数组中的元素能够进行统一转化，例如将所有元素都乘2等。虽然可以通过JavaScript的for循环来实现，但jQuery提供了更为简便的方法，即采用$.map()函数来实现。该函数的语法如下所示：

```
$.map(array, fn)
```

< 248 >

其中array为希望转化的数组，fn为转化函数，数组中的每一项都会执行该函数。该函数同样可以接收两个参数，第一个参数为元素的值，第二个参数为元素的索引，是可选参数。例如（实例文件请参考本书配套的资源文件：第13章\13-5.html）：

```
1   <!DOCTYPE html>
2   <html>
3   <head>
4     <title>$.map()函数</title>
5   </head>
6   <body>
7     <p></p><p></p><p></p>
8
9     <script src="jquery.min.js"></script>
10    <script>
11      $(function(){
12        let aArr = ["a", "b", "c", "d", "e"];
13        $("p:eq(0)").text(aArr.join());
14
15        aArr = $.map(aArr,function(value,index){
16          //将数组中的元素转化为大写形式并添加索引
17          return (value.toUpperCase() + index);
18        });
19        $("p:eq(1)").text(aArr.join());
20
21        aArr = $.map(aArr,function(value){
22          //将数组元素的值进行"双份处理"
23          return value + value;
24        });
25        $("p:eq(2)").text(aArr.join());
26      });
27    </script>
28  </body>
29  </html>
```

以上代码首先建立了一个由字母组成的数组，然后利用$.map()方法将其所有元素转化为大写形式并添加索引，最后将所有元素"双份输出"。运行结果如图13.5所示。

图 13.5　$.map() 函数

另外，用$.map()函数转化后的数组的长度并不一定与原数组的相同，可以通过设置null来删除数组的元素，例如（实例文件请参考本书配套的资源文件：第13章\13-6.html）：

```
1   <!DOCTYPE html>
2   <html>
```

< 249 >

```
3    <head>
4      <title>$.map()函数</title>
5    </head>
6    <body>
7      <p></p><p></p>
8
9      <script src="jquery.min.js"></script>
10     <script>
11       $(function(){
12         let aArr = [0, 1, 2, 3, 4];
13         $("p:eq(0)").text("长度: " + aArr.length + "。值: " + aArr.join());
14
15         aArr = $.map(aArr,function(value){
16           //比1大的元素加1后返回，否则删除
17           return value>1 ? value+1 : null;
18         });
19         $("p:eq(1)").text("长度: " + aArr.length + "。值: " + aArr.join());
20       });
21     </script>
22   </body>
23   </html>
```

以上代码中$.map()函数会对数组中元素的值进行判断，如果大于1则加1后返回，否则通过设置null来将其删除，运行结果如图13.6所示。

图 13.6 $.map() 函数

除了删除元素，$.map()函数在转化数组时还可以添加数组元素，例如（实例文件请参考本书配套的资源文件：第13章\13-7.html）：

```
1    <!DOCTYPE html>
2    <html>
3    <head>
4      <title>$.map()函数</title>
5    </head>
6    <body>
7      <p></p><p></p>
8
9      <script src="jquery.min.js"></script>
10     <script>
11       $(function(){
12         let aArr1 = ["one", "two", "three", "four five"];
13         aArr2 = $.map(aArr1,function(value){
14           //将单词拆成一个个字母
15           return value.split("");
16         });
```

< 250 >

```
17        $("p:eq(0)").text("长度: " + aArr1.length
18            + "。值: " + aArr1.join());
19        $("p:eq(1)").text("长度: " + aArr2.length
20            + "。值: " + aArr2.join());
21    });
22  </script>
23  </body>
24  </html>
```

以上代码在转化函数中采用split()方法将数组元素拆成了一个个的字母（关于split()方法可以参看2.4.5小节），运行结果如图13.7所示。

图 13.7 采用 split() 方法拆分数组元素

13.1.4 数组元素的查找

对于字符串，可以通过indexOf()来查找特定子字符的索引。而对于数组元素，在ES6中添加了类似的方法。在jQuery中，使用$.inArray()函数可以很好地实现数组元素的查找，其语法如下所示：

```
$.inArray(value, array)
```

其中value为希望查找的对象，而array为数组本身。如果找到了则返回第一个匹配元素在数组中的索引，如果没有找到则返回–1。下面的例子使用jQuery实现了数组元素的查找，实例文件请参考本书配套的资源文件：第13章\13-8.html。

```
1   <!DOCTYPE html>
2   <html>
3   <head>
4     <title>$.inArray()函数</title>
5   </head>
6   <body>
7    <p></p><p></p>
8
9    <script src="jquery.min.js"></script>
10   <script>
11     $(function(){
12       let aArr = ["one", "two", "three", "four five", "two"];
13       let pos1 = $.inArray("two",aArr);
14       let pos2 = $.inArray("four",aArr);
15       $("p:eq(0)").text("two的索引: " + pos1);
16       $("p:eq(1)").text("four的索引: " + pos2);
17     });
18   </script>
```

< 251 >

```
19  </body>
20  </html>
```

以上代码在数组aArr中查找字符串two和four，并将返回的结果直接输出，如图13.8所示。

图 13.8　$.inArray() 函数

13.2　获取外部代码

在某些较大的工程中，开发者往往将各种代码分别放在不同的.js文件中，且有的时候开发者希望根据用户的操作来加载和运行不同的代码，但通过JavaScript的document.write()是没有办法执行<script>标记中的内容的。jQuery提供了$.getScript()方法来实现外部代码的加载，其语法如下所示：

案例讲解

```
$.getScript(url, [callback])
```

其中url为外部资源的地址，可以是相对地址，也可以是绝对地址；callback为加载成功后运行的回调函数，为可选参数，实例如下，实例文件请参考本书配套的资源文件：第13章\13-9.html和13-9.js。

```
1   <!DOCTYPE html>
2   <html>
3   <head>
4     <title>$.getScript()函数</title>
5   </head>
6   <body>
7     <input type="button" value="Load Script">
8     <input type="button" value="DoSomething">
9
10    <script src="jquery.min.js"></script>
11    <script>
12      $(function(){
13        $("input:first").click(function(){
14          $.getScript("13-9.js");
15        });
16        $("input:last").click(function(){
17          TestFunc();
18        });
19      });
20    </script>
21  </body>
22  </html>
```

< 252 >

外部的13-9.js的内容如下：

```
1    alert("Loaded!");
2    function TestFunc(){
3        alert("TestFunc");
4    }
```

此时，直接单击按钮不会出现预期的结果，通过开发者工具可以看到有报错信息（如图13.9 所示），其提示不能跨域访问。

图 13.9　报错信息

这是浏览器的安全策略导致的，我们可以用Windows自带的IIS来进行跨域访问。当单击第一个按钮时加载并执行外部.js文件，单击第二个按钮时执行的是外部文件中的一个函数。其运行结果如图13.10所示。

图 13.10　$.getScript() 函数

本章小结

本章重点对jQuery处理数组和对象的功能函数进行了介绍，它们在开发中使用非常频繁。虽然原生的JavaScript数组自带一些方法，但本章介绍的这些功能函数使用起来更能体现jQuery自己的风格，也更方便。

< 253 >

习题 **13**

一、关键词解释

$.each() $.data() $.extend()   遍历   类型检测

二、描述题

1. 请简单描述一下本章中介绍的处理JavaScript对象的方法有哪些，它们的作用分别是什么。
2. 请简单描述一下通过jQuery的什么方法可以实现外部代码的加载。
3. 请简单描述一下一共有几种数据类型，它们分别是什么。
4. 请简单描述一下判断数据类型的方法有哪些。

三、实操题

使用本章讲解的$.each()方法，实现题图13.1所示的页面效果。需要说明的是，当鼠标指针移入菜单后，被选中的菜单项的样式效果会改变。

题图 13.1　页面效果

< 254 >

第14章 jQuery与AJAX

随着网络技术的不断发展，Web技术日新月异。人们迫切地希望在浏览网页时，能够像使用自己计算机上的应用程序一样方便、迅速地进行每一项操作。而AJAX就是这样一种技术，它使得"浏览器与桌面应用程序之间的距离"越来越小。

本章介绍AJAX的基本概念，主要围绕jQuery中AJAX的相关技术进行讲解，重点分析jQuery对AJAX步骤的简化。本章思维导图如下。

本章导读

14.1 认识AJAX

AJAX（asynchronous JavaScript and XML， 异 步JavaScript和XML）是一个相对较新的内容，是由咨询顾问杰西•詹姆斯•加勒特（Jesse James Garrett）首先提出来的，通常被人们亲切地称作"阿贾克斯"。近些年，谷歌等公司对AJAX技术的成功运用，使得Web浏览器的潜力被挖掘了出来，因而AJAX越来越受到大家的关注。本节主要介绍AJAX的基本概念，为读者学习后续章节打下基础。

知识点讲解

14.1.1 AJAX的基本概念

用户在浏览网页时，无论是打开一段新的评论，还是填写一张调查问卷，都需要反复与服务器进行交互。而传统的Web应用程序采用同步交互的形式，即用户向服务器发送一个请求，然后Web服务器根据用户的请求执行相应的任务，并返回结果，如图14.1所示。这是一种十分不连贯的运行模式，常常伴随着长时间的等待以及整个页面的刷新，即通常所说的"白屏"现象。

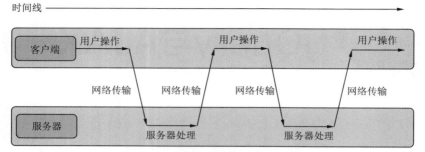

图 14.1　传统的 Web 应用程序运行模式

如图14.1所示，当客户端将请求传给服务器后，往往需要长时间等待服务器返回处理好的数据。而通常用户仅需要更新页面中的一小部分数据，而不是进行整个页面的刷新，这就进一步增加了用户等待的时间。数据的重复传递会浪费大量的资源和网络带宽。

AJAX与传统的Web应用程序不同，它采用的是异步交互的方式，它在客户端与服务器之间引入了一个中间媒介，从而改变了同步交互过程中"处理—等待—处理—等待"的模式。用户的浏览器在执行任务时装载了AJAX引擎，该引擎是用JavaScript编写的，通常位于页面的框架中，负责转发客户端和服务器之间的交互信息。另外，通过JavaScript调用AJAX引擎，可以使页面不再进行整体刷新，而仅更新用户需要的部分，这样不但避免了"白屏"现象，还大大节省了网络带宽，加快了Web浏览的速度。基于AJAX的Web应用程序运行模式如图14.2所示。

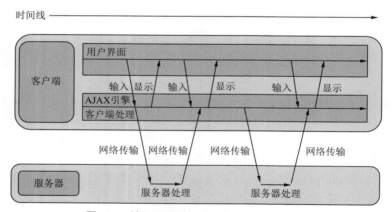

图 14.2　基于 AJAX 的 Web 应用程序运行模式

在网页中合理使用AJAX可以使如今纷繁的Web应用焕然一新，它带来的好处可以归纳为如下几点。

- 减轻服务器的负担，加快Web浏览速度。AJAX在运行时仅按照用户的需求从服务器上获取数据，而不是每次都获取整个页面的数据，这样可以最大限度地减少冗余请求、减轻服务器的负担，从而大大提高Web浏览速度。
- 带来更好的用户体验。传统的Web模式下的"白屏"现象很不友好，而AJAX局部刷新的技术使得用户在浏览页面时就像使用自己计算机上的桌面应用程序一样方便。
- 基于标准化并被广泛支持，不需要下载插件或小程序。目前主流的各种浏览器都支持AJAX技术，这使其推广十分顺畅。

< 256 >

● 进一步促进页面的表现与数据分离。AJAX获取服务器数据可以完全利用单独的模块进行操作，从而使得技术人员和美工人员能够更好地进行分工与配合。

14.1.2 AJAX的组成部分

AJAX不是单一的技术，而是4种技术的集合。要灵活地运用AJAX，就必须深入了解这些不同的技术。表14.1简要介绍了这些技术，以及它们在AJAX中所扮演的角色。

表14.1　AJAX的组成

技术	角色
JavaScript	JavaScript是通用的脚本语言，可嵌入某种应用。AJAX应用程序是使用JavaScript编写的
CSS	CSS为Web页面元素提供了可视化样式的定义方法。在AJAX应用中，用户界面的样式可以通过CSS独立修改
DOM	通过JavaScript修改DOM，AJAX应用程序可以在运行时改变用户界面，或者局部更新页面中的某个节点
XMLHttpRequest对象	XMLHttpRequest对象允许Web程序员从Web服务器中以后台的方式获取数据。数据的格式通常是JSON、XML格式，或者是文本格式

JavaScript就像胶水一样将AJAX的各个部分黏合在一起。例如通过JavaScript操作DOM来改变和刷新用户界面，通过修改className来改变CSS样式等。JavaScript、CSS、DOM这3项技术在前面已经进行了详细的介绍。

XMLHttpRequest对象则用来与服务器进行异步通信，即在用户工作时提交用户的请求并获取最新的数据。图14.3显示了AJAX中的4种技术的配合。

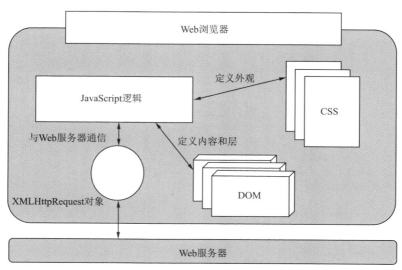

图 14.3　AJAX 中的 4 种技术的配合

AJAX通过发送异步请求，大大延长了Web页面的使用寿命。通过与服务器进行异步通信，Web浏览器不再需要打断用户的操作，这是Web技术的一次飞跃。目前主流的浏览器都支持AJAX。

< 257 >

14.2 获取异步数据

案例讲解

AJAX中很重要的工作莫过于获取异步数据，这是连接用户操作与后台服务器的关键。本节主要介绍jQuery中AJAX获取异步数据的方法，并通过具体实例分析load()函数的强大功能与应用细节。

14.2.1 传统方法

在AJAX中异步获取数据是有固定步骤的，例如希望将数据放入指定的<div>块，可以用如下的方法，实例文件请参考本书配套的资源文件：第14章\14-1.html和14-1.aspx。

```
1   <!DOCTYPE html>
2   <html>
3   <head>
4     <title>AJAX获取数据过程</title>
5   </head>
6   <body>
7     <input type="button" value="测试异步通信" onClick="startRequest()">
8     <br><br>
9     <div id="target"></div>
10
11    <script>
12      let xmlHttp;
13      function createXMLHttpRequest(){
14        if(window.ActiveXObject)
15          xmlHttp = new ActiveXObject("Microsoft.XMLHTTP");
16        else if(window.XMLHttpRequest)
17          xmlHttp = new XMLHttpRequest();
18      }
19      function startRequest(){
20        createXMLHttpRequest();
21        xmlHttp.open(
22          "GET",
23          "http://demo-api.geekfun.website/jquery/14-1.aspx",
24          true
25        );
26        xmlHttp.onreadystatechange = function(res){
27          if(xmlHttp.readyState == 4 && xmlHttp.status == 200)
28            document.getElementById("target").innerHTML = xmlHttp.responseText;
29        }
30        xmlHttp.send(null);
31      }
32    </script>
33  </body>
34  </html>
```

此时服务器端会返回数据，代码如下：

```
1   <%@ Page Language="C#" ContentType="text/html" ResponseEncoding="gb2312" %>
2   <%@ Import Namespace="System.Data" %>
3   <%
```

< 258 >

```
4       Response.Write("异步测试成功，很高兴");
5     %>
```

运行结果如图14.4所示，单击按钮即可获取异步数据。

图 14.4　AJAX 获取数据过程

> **说明**
>
> 　　为了读者测试方便，本书编者已经将本章中需要用的几个服务器端程序部署到了互联网上，读者可以直接调用。
>
> 　　本书编者将服务器端的程序放在了本书的随书资源中，如果读者希望自己修改服务器端的程序，则可以下载后使用。
>
> 　　为了使没有丰富的后端开发经验的读者也可以比较容易地让这几个服务器端的程序运行起来，这里使用了Windows计算机上自带的IIS Web服务器，直接把本书的配套资源中的后端程序复制到本地计算机上，然后简单配置IIS即可运行。由于Windows计算机都自带IIS Web服务器，不需要下载安装其他的支撑环境，这对于初学者来说是比较方便的方法。
>
> 　　本章各个案例中的后端程序都非常简单。对于有一定后端开发基础的读者，可以使用任何其他后端语言和框架来实现这些案例的后端部分，例如使用Node.js、Python或者Java等。读者可以自行配置好服务器端的代码，然后在页面中通过AJAX方式来调用。
>
> 　　对于完全没有后端开发基础的读者，建议直接使用已经部署好的API，这是很方便的方法。

14.2.2　jQuery的load()方法

　　jQuery将AJAX的步骤进行了总结，综合出了几个实用的函数方法。例如上面的例子可以直接用load()方法一步实现，代码如下，实例文件请参考本书配套的资源文件：第14章\14-2.html和14-1.aspx。

```
1     <!DOCTYPE html>
2     <html>
3     <head>
4       <title>jQuery简化AJAX获取异步数据的步骤</title>
5     </head>
6     <body>
7       <input type="button" value="测试异步通讯" onClick="startRequest()">
8       <br><br>
9       <div id="target"></div>
10
11      <script src="jquery-3.6.0.min.js"></script>
12      <script>
13        function startRequest(){
14          $('#target').load("http://demo-api.geekfun.website/jquery/14-1.aspx");
```

< 259 >

```
15        }
16    </script>
17  </body>
18  </html>
```

其中服务器端的代码仍然采用14-1.aspx
的，可以看到客户端的代码大大减少，
运行结果如图14.5所示，该结果与原生的
JavaScript写法所产生的结果完全相同。

load()方法的语法如下所示：

```
load(url, [data], [callback])
```

图 14.5　jQuery 简化 AJAX 获取异步数据的步骤

其中url为异步请求的地址，data用来向服务
器传送请求数据，为可选参数。一旦data参数被启用，整个请求过程将以POST方式进行，如果
data参数未被启用则默认为GET方式。如果希望在GET方式下传递数据，则可以在url后面使用类
似?dataName1=data1&dataName2=data2的方法。callback为AJAX加载成功后运行的回调函数。
GET方式与POST方式的区别后面会讲解。

另外，使用load()方法返回的数据，不论是文本数据还是XML数据，jQuery都会自动进行处
理，例如使用load()方法返回XML数据，代码如下，实例文件请参考本书配套的资源文件：第14
章\14-3.html和14-3.aspx。

```
1   <!DOCTYPE html>
2   <html>
3   <head>
4     <title>使用load()方法返回XML数据</title>
5   </head>
6   <style type="text/css">
7     p{
8        font-weight:bold;
9     }
10    span{
11       text-decoration:underline;
12    }
13  </style>
14  <body>
15    <input type="button" value="测试异步通信" onClick="startRequest()">
16    <br><br>
17    <div id="target"></div>
18
19    <script src="jquery-3.6.0.min.js"></script>
20    <script>
21      function startRequest(){
22        $("#target").load("http://demo-api.geekfun.website/jquery/14-3.aspx");
23      }
24    </script>
25  </body>
26  </html>
```

以上代码与14-2.html基本相同，不同之处在于上述代码为<p>标记和<span>标记添加了CSS
样式，服务器端返回的XML数据如下：

< 260 >

```
1   <%@ Page Language="C#" ContentType="text/xml" ResponseEncoding="gb2312" %>
2   <%@ Import Namespace="System.Data" %>
3   <%
4     Response.ContentType = "text/xml";
5     Response.CacheControl = "no-cache";
6     Response.AddHeader("Pragma","no-cache");
7
8     string xml = "<p id='kk'>p标记<span>内嵌span标记</span></p><span>单独的span
      标记</span>";
9     Response.Write(xml);
10  %>
```

服务器端返回一些XML数据，包含<p>标记和<span>标记，运行结果如图14.6所示。可以看到，返回的数据被添加了相应的CSS样式。

从这个例子中可以看出，采用load()方法处理的数据不需要再单独设置responseText或responseXML，非常方便。另外load()方法还提供了强大的功能，能够直接筛选XML数据中的标记。只需要在请求的url后面加上空格，然后添加上相应的标记即可。直接修改14-3.html中的代码，如下所示，实例文件请参考本书配套的资源文件：第14章\14-4.html和14-3.aspx。

```
1   <script src="jquery-3.6.0.min.js"></script>
2   <script>
3   function startRequest(){
4       //只获取<span>标记
5       $("#target").load("http://demo-api.geekfun.website/jquery/14-3.aspx span");
6   }
7   </script>
```

运行结果如图14.7所示。将该结果与14-3.html的结果进行对比可以看出，仅有<span>标记被获取，<p>标记被过滤掉了。

图 14.6　使用 load() 处理 XML 数据

图 14.7　load() 过滤标记

14.3 GET与POST

知识点讲解

通常在HTTP请求中有GET和POST两种方式，这两种方式都可以作为异步请求发送数据的方式。GET请求一般用来获取资源，请求的参数需要放在URL中；而POST请求的参数则需要放在HTTP消息报文的主体中，它主要用来提交数据，比如提交表单。因为URL会被浏览器记住，而且有长度限制，所以发送敏感数据和大量数据时应该使用POST方式。

< 261 >

　　尽管load()方法可以实现GET和POST两种方式，但很多时候开发者还是希望能够指定发送方式，并且处理服务器返回的值。jQuery提供了$.get()和$.post()两种方法，分别针对GET和POST这两种请求方式，它们的语法如下所示：

```
1    $.get(url, [data], [callback])
2    $.post(url, [data], [callback],[type])
```

其中url表示请求地址；data表示请求数据的列表，是可选参数；callback表示请求成功后的回调函数，该函数接收两个参数，第一个参数为服务器返回的数据，第二个参数为服务器的状态，是可选参数。$.post()中的type为请求数据的类型，可以是HTML、XML、JSON等类型。

　　下面利用jQuery发送GET和POST请求，代码如下，实例文件请参考本书配套的资源文件：第14章\14-5.html和14-5.aspx。

```
1    <!DOCTYPE html>
2    <html>
3    <head>
4      <title>GET 与 POST</title>
5    </head>
6    <body>
7      <h2>输入姓名和生日</h2>
8      <form>
9        <input type="text" id="firstName" /><br>
10       <input type="text" id="birthday" />
11     </form>
12     <form>
13       <input type="button" value="GET" onclick="doRequestUsingGET();" /><br>
14       <input type="button" value="POST" onclick="doRequestUsingPOST();" />
15     </form>
16     <div id="serverResponse"></div>
17
18     <script src="jquery-3.6.0.min.js"></script>
19     <script>
20       function createQueryString(){
21         let firstName = encodeURI($("#firstName").val());
22         let birthday = encodeURI($("#birthday").val());
23         //组合成对象的形式
24         let queryString = {firstName:firstName,birthday:birthday};
25         return queryString;
26       }
27       function doRequestUsingGET(){
28         $.get(
29           "http://demo-api.geekfun.website/jquery/7-5.aspx",
30           createQueryString(),
31               //发送GET请求
32               function(data){
33                 $("#serverResponse").html(decodeURI(data));
34               }
35             );
36           }
37           function doRequestUsingPOST(){
38             $.post(
```

< 262 >

```
39          "http://demo-api.geekfun.website/jquery/7-5.aspx",
40          createQueryString(),
41          //发送POST请求
42          function(data){
43              $("#serverResponse").html(decodeURI(data));
44          }
45      );
46   }
47  </script>
48  </body>
49  </html>
```

而服务器端的代码如下所示：

```
1  <%@ Page Language="C#" ContentType="text/html" ResponseEncoding="gb2312" %>
2  <%@ Import Namespace="System.Data" %>
3  <%
4      if(Request.HttpMethod == "POST")
5          Response.Write("POST: " + Request["firstName"] + ", your birthday
   is " + Request["birthday"]);
6      else if(Request.HttpMethod == "GET")
7          Response.Write("GET: " + Request["firstName"] + ", your birthday is
   " + Request["birthday"]);
8  %>
```

运行结果如图14.8所示。

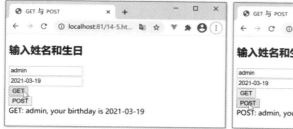

图 14.8　GET 与 POST

14.4　控制AJAX

尽管$.load()、$.get()和$.post()非常方便、实用，但它们却不能用于控制错误和很多交互的细节，可以说这3种方法对AJAX的可控性较差。本节主要介绍jQuery如何设置访问服务器的各个细节，并简单说明AJAX事件。

案例讲解

14.4.1　设置AJAX访问服务器的细节

jQuery提供了一个强大的方法$.ajax(options)来设置AJAX访问服务器的各个细节，它的语法十分简单，就是设置AJAX的各个选项，然后指定相应的值，例如14-5.html的doRequestUsingGET()

< 263 >

和doRequestUsingPOST()函数通过该方法可以分别被改写成如下形式，实例文件请参考本书配套的资源文件：第14章\14-6.html和14-5.aspx。

```
1    function doRequestUsingGET(){
2        $.ajax({
3            type: "GET",
4            url: "http://demo-api.geekfun.website/jquery/14-5.aspx",
5            data: createQueryString(),
6            success: function(data){
7                $("#serverResponse").html(decodeURI(data));
8            }
9        });
10   }
11   function doRequestUsingPOST(){
12       $.ajax({
13           type: "POST",
14           url: "http://demo-api.geekfun.website/jquery/14-5.aspx",
15           data: createQueryString(),
16           success: function(data){
17               $("#serverResponse").html(decodeURI(data));
18           }
19       });
20   }
```

运行结果如图14.9所示，与14-5.html的结果完全相同。

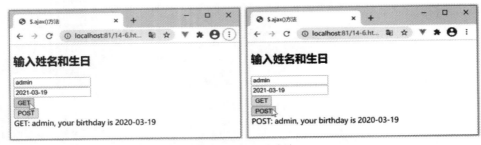

图 14.9　$.ajax() 方法

$.ajax(options)的参数非常多，涉及AJAX的方方面面，常用的如表14.2所示。

表14.2　$.ajax（options）的参数

参数	类型	说明
async	布尔型	如果设置为true则为异步请求（默认值），如果设置为false则为同步请求
beforeSend	函数	发送请求前调用的函数，通常用来修改XMLHttpRequest；该函数接收一个唯一的参数，即XMLHttpRequest
cache	布尔型	如果设置为false，则强制页面不进行缓存
complete	函数	请求完成时的回调函数（如果设置了success或者error，则在它们执行完之后才执行）
contentType	字符串	请求类型，默认为表单的application/x-www-form-urlencoded
data	对象/字符串	发送给服务器的数据，可以是对象的形式，也可以是URL字符串的形式

< 264 >

续表

参数	类型	说明
dataType	字符串	希望服务器返回的数据类型，如果不设置则根据MIME（multipurpose internet mail extensions，多用途互联网邮件扩展）类型返回responseText或者responseXML。常用的值有如下几种。 （1）xml：返回XML值。 （2）htm：返回文本值，可以包含标记。 （3）script：返回.js文件。 （4）json：返回JSON值。 （5）text：返回纯文本值
error	函数	请求失败时调用的函数，该函数接收3个参数，第一个参数为XMLHttpRequest；第二个参数为相关的错误信息text；第三个参数为可选参数，表示异常对象
global	布尔型	如果设置为true，则允许触发全局函数，默认值为true
ifModified	布尔型	如果设置为true，则只有当返回结果相对于上次的值发生改变时才算成功，默认为false
password	字符串	密码
processData	布尔型	如果设置为false，则将阻止数据被自动转换为URL编码，通常在发送DOM元素时使用，默认为true
success	函数	如果请求成功则调用该函数，该函数接收两个参数，第一个参数为服务器返回的数据data，第二个参数为服务器的状态status
timeout	数值	设置超时的时间，单位为毫秒（ms）
type	字符串	请求方式，例如GET、POST等，如果不设置，则默认为GET
url	字符串	请求服务器的地址
username	字符串	用户名

表14.2中介绍的表示发送给服务器数据的data参数可以是对象的形式，也可以是URL字符串的形式。下面是$.ajax(options)方法的典型运用：

```
1   $.ajax({
2     type: "GET",
3     url: "test.js",
4     dataType: "script"
5   });
```

以上代码会用GET方式获取一段JavaScript代码并执行。

```
1   $.ajax({
2     url: "test.aspx",
3     cache: false,
4     success: function(html){
5       $("#results").append(html);
6     }
7   });
```

以上代码会强制不缓存服务器的返回结果，并将结果追加在#results元素中。

```
1   let xmlDocument = //创建一个XML文档
```

< 265 >

```
2    $.ajax({
3       url: "page.php",
4       processData: false,
5       data: xmlDocument,
6       success: handleResponse
7    });
```

以上代码会发送一个XML文档，并且阻止数据自动转换成表单的形式。当成功获取信息之后，调用函数handleResponse()。

另外，$.ajax(options)函数也有返回值（为异步对象XMLHttpRequest），且仍然可以使用与其相关的属性和方法，例如：

```
1    let html = $.ajax({
2       url: "some.jsp",
3    }).responseText;
```

14.4.2 全局设定AJAX

当页面中有多个部分都需要利用AJAX进行异步通信时，如果都通过$.ajax(options)方法来设定每个细节将十分麻烦。jQuery提供了十分人性化的设计，可以直接利用$.ajaxSetup(options)方法来全局设定AJAX，其中options参数与$.ajax(options)中的完全相同。例如可以将14-6.html中的两个$.ajax()的相同部分进行统一设定，代码如下，实例文件请参考本书配套的资源文件：第14章\14-7.html和14-5.aspx。

```
1    <script>
2    $.ajaxSetup({
3       //全局设定
4       url: "http://demo-api.geekfun.website/jquery/14-5.aspx",
5       success: function(data){
6           $("#serverResponse").html(decodeURI(data));
7       }
8    });
9    function doRequestUsingGET(){
10      $.ajax({
11          data: createQueryString(),
12          type: "GET"
13      });
14   }
15   function doRequestUsingPOST(){
16      $.ajax({
17          data: createQueryString(),
18          type: "POST"
19      });
20   }
21   </script>
```

运行结果与14-6.html的结果基本相同，如图14.10所示。

< 266 >

图 14.10 $.ajaxSetup() 方法

> **注意**
>
> 　　这个例子并没有将data数据进行统一设置，这是因为发送给服务器的数据是由函数createQueryString()动态获得的，而data的类型被规定为对象或者字符串，而不是函数。因此data如果用$.ajaxSetup()设置，则只会在初始化时运行一次createQueryString()，而不会像用success设置的函数那样每次都会运行。
>
> 　　另外还需要指出，$.ajaxSetup()不能设置与load()函数相关的操作；即使设置请求类型type为"GET"，也不会改变$.post()采用POST方式。

14.4.3　AJAX事件

　　对于每个对象的$.ajax()而言，它们都有beforeSend、success、error、complete这4个事件，类似$.ajaxSetup()与$.ajax()的关系。jQuery还提供了6个全局事件，分别是ajaxStart、ajaxSend、ajaxSuccess、ajaxError、ajaxComplete、ajaxStop。默认情况下AJAX的global参数的值为true，即任何AJAX事件都会触发全局事件。这些全局事件必须绑定在document元素上，例如：

```
1    $("document").ajaxSuccess(function(evt, request, settings){
2        $(this).append("");
3    });
```

　　以上代码将全局ajaxSuccess事件绑定在元素document上，任何AJAX请求成功时都会触发该事件，除非该请求在自己的$.ajax()中设定了success事件。

　　对于这6个AJAX全局事件，从名称上都能知道它们触发的条件，其中ajaxSend、ajaxSuccess、ajaxComplete这3个事件的function()函数都接收3个参数，第一个参数为该函数本身的属性，第二个参数为XMLHttpRequest，第三个参数为$.ajax()可以设置的属性对象。可以通过$.each()方法对第一个和第三个参数进行遍历，从而获取它们的属性细节，例如在14-7.html的基础上加入ajaxComplete事件，代码如下，实例文件请参考本书配套的资源文件：第14章\14-8.html和14-5.aspx。

```
1    <body>
2    <h2>输入姓名和生日</h2>
3    <form>
4        <input type="text" id="firstName" /><br>
5        <input type="text" id="birthday" />
6    </form>
7    <form>
```

< 267 >

```
8        <input type="button" value="GET" onclick="doRequestUsingGET();" /><br>
9        <input type="button" value="POST" onclick="doRequestUsingPOST();" />
10   </form>
11   <div id="serverResponse"></div><div id="global"></div>
12
13   <script src="jquery-3.6.0.min.js"></script>
14   <script>
15     $.ajaxSetup({
16       //全局设定
17       url: "http://demo-api.geekfun.website/jquery/14-5.aspx",
18       success: function(data){
19         $("#serverResponse").html(decodeURI(data));
20       }
21     });
22     $(function(){
23       $(document).ajaxComplete(function(evt, request, settings){
24         $.each(evt,function(property,value){
25           $("#global").append("<p>evt: "+property+":"+value+"</p>");
26         });
27         $("#global").append("<p>request: "+ typeof request +"</p>");
28         $.each(settings,function(property,value){
29           $("#global").append("<p>settings: "+property+":"+value+"</p>");
30         });
31       });
32     });
33   </script>
34   </body>
```

任何一个AJAX请求完成后都会运行ajaxComplete()这个全局函数，其结果如图14.11所示，可以看到两个参数都包含了非常多的信息。

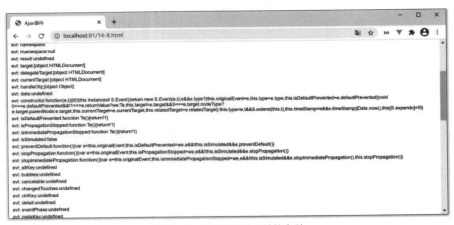

图 14.11　AJAX 事件函数的参数

对于ajaxError事件，其function函数接收4个参数，前3个参数与ajaxSend、ajaxSuccess、ajaxComplete事件的完全相同，最后一个参数为XMLHttpRequest对象所返回的错误信息。

ajaxStart和ajaxStop这两个事件比较特殊，它们在AJAX事件的$.ajax()中没有对应的事件（个体的beforeSend对应全局的ajaxSend事件，success对应ajaxSuccess，error对应ajaxError，complete对应ajaxComplete），因此一旦设定AJAX的global参数为true，就一定会在AJAX事件开始前和结

< 268 >

束后分别触发这两个事件。它们都只接收一个参数，且与另外4个全局事件的第一个参数相同，即函数本身的属性。

14.4.4　实例：模拟百度的数据加载

实际的网络运用通常都会有延时，而如果让用户对着"白屏"等待则往往是不明智的。通常的做法是显示一个类似于"数据加载中"的提示，让用户感觉数据正在被后台获取，百度的"数据加载中"就是一个典型的例子，如图14.12所示。

图 14.12　百度的"数据加载中"

对于大型的网站，这样的运用有很多。使用jQuery的AJAX全局事件，可以使每个AJAX请求都统一执行相关的操作。在传统的网页中，表单的校验通常是用户填写完整张表单后统一进行的。对于某些需要查看数据库的校验，例如判断注册时用户名是否被占用，传统的校验显得缓慢而笨拙。当AJAX出现之后，这种校验有了很大的改变，因为用户在填写后面的表单项的时候，前面的表单项已经在不知不觉中发送给了服务器。实际上在网页中检查用户名是否被占用的速度不需要太快，可以利用ajaxSend()方法创建全局AJAX发送事件，在获取数据的过程中显示"loading..."。下面制作一个自动校验的表单，显示loading效果，代码如下，实例文件请参考本书配套的资源文件：第14章\14-9.html和14-9.aspx。

```
1   <body>
2     <form name="register">
3       <table cellpadding="5" cellspacing="0" border="0">
4         <tr><td>用户名:</td><td><input type="text" onblur="startCheck(this)"
          name="User"></td> <td><span id="UserResult"></span></td> </tr>
5         <tr><td>输入密码:</td><td><input type="password" name="passwd1"></td>
          <td></td> </tr>
6           <tr><td>确认密码:</td><td><input type="password" name="passwd2"></
            td> <td></td> </tr>
7         <tr>
8           <td colspan="2" align="center">
9           <input type="submit" value="注册">
10             <input type="reset" value="重置">
11          </td> <td></td>
12        </tr>
13      </table>
14    </form>
```

< 269 >

```
15
16      <script src="jquery-3.6.0.min.js"></script>
17      <script>
18        $(function(){
19          $("#UserResult").ajaxSend(function(){
20            //定义全局函数
21            $(this).html("<font style='background:#990000; color:#FFFFFF;'>loading...
              </font>");
22          });
23        });
24        function showResult(sText){
25          let oSpan = document.getElementById("UserResult");
26          oSpan.innerHTML = sText;
27          if(sText.indexOf("already exists") >= 0)
28            //如果用户名已被占用
29            oSpan.style.color = "red";
30          else
31            oSpan.style.color = "black";
32        }
33        function startCheck(oInput){
34          //首先判断是否有输入，如果没有输入则直接返回结果，并进行提示
35          if(!oInput.value){
36            oInput.focus();      //聚焦到用户名的输入框
37            $("#UserResult").html("User cannot be empty.");
38            return;
39          }
40
41          $.get(
42            "http://demo-api.geekfun.website/jquery/14-9.aspx",
43            {user:oInput.value.toLowerCase()},
44            //用jQuery来获取异步数据
45            function(data){
46                showResult(decodeURI(data));
47            }
48          );
49        }
50      </script>
51    </body>
```

在服务器端为了模拟缓慢的查询并发送结果，加入一个"大循环"，如下所示：

```
1   <%@ Page Language="C#" ContentType="text/html" ResponseEncoding="gb2312" %>
2   <%@ Import Namespace="System.Data" %>
3   <%
4       Response.CacheControl = "no-cache";
5       Response.AddHeader("Pragma","no-cache");
6
7       for(int i=0;i<100000000;i++);      //为了模拟缓慢的查询
8       if(Request["user"]=="tom")
9           Response.Write("Sorry, " + Request["user"] + " already exists.");
10      else
11          Response.Write(Request["user"]+" is ok.");
12  %>
```

< 270 >

运行结果如图14.13所示，可以看到输入用户名并移开鼠标指针后，提示栏会显示"loading..."，页面显得更加友好。

图 14.13　模拟百度的"数据加载中"

14.5 实例：利用jQuery制作自动提示的文本框

在实际的网页运用中，类似loading...提示都是通过服务器异步交互来实现的，例如搜索引擎的推荐提示。图14.14所示为微软必应（Bing）的首页，其根据用户的输入给出了各种提示，而这些提示内容都是通过异步交互实现的。

图 14.14　微软必应的自动提示

14.5.1　框架结构

用于自动提示的文本框离不开文本框<input type="text">本身，而提示框则采用<div>块内嵌项目列表<ul>来实现。每当用户在文本框中输入一个字符时（onkeyup事件），系统就会在预定的"颜色名称集"中进行查找，找到匹配的项就将其动态地加载到<ul>中并显示出来让用户进行选择，HTML框架如下所示：

```
1   <body>
2     <form method="post" name="myForm1">
3     Color: <input type="text" name="colors" id="colors"/>
```

< 271 >

```
4      </form>
5      <div id="popup">
6        <ul id="colors_ul"></ul>
7      </div>
8    </body>
```

考虑到<div>块的位置必须出现在文本框的下面，因此采用CSS的绝对定位，并设置两个边框属性，一个用于有匹配结果时显示提示框<div>，另一个用于未找到匹配项时隐藏提示框。相应的页面设置和表单的CSS样式的代码如下所示：

```
1    <style>
2      body{
3        font-family:Arial, Helvetica, sans-serif;
4        font-size:12px; padding:0px; margin:5px;
5      }
6      form{padding:0px; margin:0px;}
7      input{
8        /* 用于用户输入的文本框的样式 */
9        font-family:Arial, Helvetica, sans-serif;
10       font-size:12px; border:1px solid #000000;
11       width:200px; padding:1px; margin:0px;
12     }
13     #popup{
14       /* 提示框<div>块的样式 */
15       position:absolute; width:202px;
16       color:#004a7e; font-size:12px;
17       font-family:Arial, Helvetica, sans-serif;
18       left:41px; top:25px;
19     }
20     #popup.show{
21       /* 显示提示框的边框 */
22       border:1px solid #004a7e;
23     }
24   </style>
```

此时运行结果如图14.15所示。

图 14.15　页面框架

14.5.2　匹配用户输入

一旦用户在文本框中输入任意一个字符，系统便会在预定的"颜色名称集"中查找，如果找到匹配的项则将其存在一个数组中，并传递给显示提示框的函数setColors()，否则利用函数

< 272 >

clearColors()清除提示框。

首先在\<input\>中绑定keyup事件并注册，代码如下所示：

```
1   <form method="post" name="myForm1">
2   Color: <input type="text" name="colors" id="colors" onkeyup="findColors();"/>
3   </form>
4
5   <script src="jquery-3.6.0.min.js"></script>
6   <script>
7     let oInputField;        //考虑到很多函数中都要使用该变量，因此采用全局变量的形式
8     let oPopDiv;
9     let oColorsUl;
10    function initLets(){
11      //初始化变量
12      oInputField = $("#colors");
13      oPopDiv = $("#popup");
14      oColorsUl = $("#colors_ul");
15    }
16    function findColors(){
17      initLets();             //初始化变量
18      if(oInputField.val().length > 0){
19      //获取异步数据
20      $.get(
21        "http://demo-api.geekfun.website/jquery/14-10.aspx",
22        {sColor:oInputField.val()},
23        function(data){
24          let aResult = new Array();
25        if(data.length > 0){
26          aResult = data.split(",");
27          setColors(aResult); //显示服务器结果
28        }
29        else
30          clearColors();
31      });
32      }
33      else
34    clearColors();            //无输入时清除提示框（例如用户按Delete键）
35  }
36  </script>
```

setColors()和clearColors()分别用于显示和清除提示框，用户每输入一个字符就调用一次findColors()，找到匹配项时调用setColors()，否则调用clearColors()。

14.5.3 显示清除提示框

传递给setColors()的参数是数组，里面存放着所有匹配用户输入的数据，因此setColors()的职责就是将这些匹配项一个一个地放入\<li\>，并添加到\<ul\>里。而clearColors()则用于直接清除整个提示框。这两个函数的代码如下所示：

```
1   function clearColors(){
2     //清除提示框
3     oColorsUl.empty();
```

< 273 >

```
4       oPopDiv.removeClass("show");
5    }
6    function setColors(the_colors){
7    //显示提示框，传入的参数即由匹配出来的结果所组成的数组
8    clearColors();   //每输入一个字符就先清除原先的提示，再继续操作
9       oPopDiv.addClass("show");
10      for(let i=0;i<the_colors.length;i++)
11        //将匹配的提示结果逐一显示给用户
12        oColorsUl.append($("<li>"+the_colors[i]+"</li>"));
13        oColorsUl.find("li").click(function(){
14        oInputField.val($(this).text());
15        clearColors();
16      }).hover(
17        function(){$(this).addClass("mouseOver");},
18        function(){$(this).removeClass("mouseOver");}
19      );
20   }
```

此时，运行结果如图14.16所示：

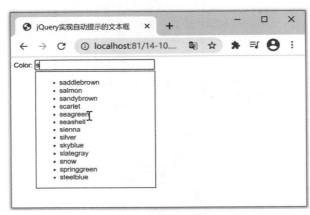

图 14.16　自动提示效果

如图14.16所示，输入s之后，自动提示了以s开头的内容。从以上代码中还可以看到，考虑到用户使用的友好性，提示框中的每一项<li>还添加了鼠标事件，即鼠标指针经过时对应的内容高亮显示，单击鼠标时则自动将选项赋给文本框，并清除提示框。因此，需要添加<ul>的CSS样式风格，代码如下：

```
1    /* 提示框的样式 */
2    ul{
3       list-style:none;
4       margin:0px; padding:0px;
5    }
6    li.mouseOver{
7       background-color:#004a7e;
8       color:#FFFFFF;
9    }
```

最终运行结果如图14.17所示，完整代码如下，实例文件请参考本书配套的资源文件：第14章\14-10.html和14-10.aspx。

< 274 >

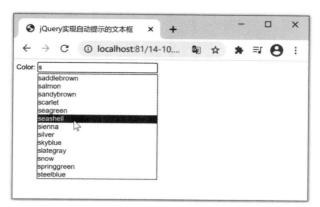

图 14.17　jQuery 实现自动提示的文本框

```
1   <!DOCTYPE html>
2   <html>
3   <head>
4     <title>jQuery实现自动提示的文本框</title>
5   </head>
6   <style>
7     body{
8       font-family:Arial, Helvetica, sans-serif;
9       font-size:12px; padding:0px; margin:5px;
10    }
11    form{padding:0px; margin:0px;}
12    input{
13      /* 用于用户输入的文本框的样式 */
14      font-family:Arial, Helvetica, sans-serif;
15      font-size:12px; border:1px solid #000000;
16      width:200px; padding:1px; margin:0px;
17    }
18    #popup{
19      /* 提示框<div>块的样式 */
20      position:absolute; width:202px;
21      color:#004a7e; font-size:12px;
22      font-family:Arial, Helvetica, sans-serif;
23      left:41px; top:25px;
24    }
25    #popup.show{
26      /* 显示提示框的边框 */
27      border:1px solid #004a7e;
28    }
29    /* 提示框的样式 */
30    ul{
31      list-style:none;
32      margin:0px; padding:0px;
33    }
34    li.mouseOver{
35      background-color:#004a7e;
36      color:#FFFFFF;
37    }
```

< 275 >

```
38    </style>
39    <body>
40      <form method="post" name="myForm1">
41        Color: <input type="text" name="colors" id="colors" onkeyup="findColors();" />
42      </form>
43      <div id="popup">
44        <ul id="colors_ul"></ul>
45      </div>
46
47      <script src="jquery-3.6.0.min.js"></script>
48      <script>
49        let oInputField;      //考虑到很多函数中都要使用该变量，因此采用全局变量的形式
50        let oPopDiv;
51        let oColorsUl;
52        function initLets(){
53          //初始化变量
54          oInputField = $("#colors");
55          oPopDiv = $("#popup");
56          oColorsUl = $("#colors_ul");
57        }
58        function findColors(){
59          initLets();                        //初始化变量
60          if(oInputField.val().length > 0){
61          //获取异步数据
62          $.get(
63            "http://demo-api.geekfun.website/jquery/14-10.aspx",
64            {sColor:oInputField.val()},
65            function(data){
66              let aResult = new Array();
67              if(data.length > 0){
68                aResult = data.split(",");
69                setColors(aResult);          //显示服务器结果
70              }
71              else
72                clearColors();
73            });
74          }
75          else
76            clearColors();                    //无输入时清除提示框（例如用户按Delete键）
77        }
78
79        function clearColors(){
80          //清除提示框
81          oColorsUl.empty();
82          oPopDiv.removeClass("show");
83        }
84
85        function setColors(the_colors){
86          //显示提示框，传入的参数即由匹配出来的结果所组成的数组
87          clearColors();                      //每输入一个字符就先清除原先的提示，再继续操作
88          oPopDiv.addClass("show");
89          for(let i=0;i<the_colors.length;i++)
```

< 276 >

```
90              //将匹配的提示结果逐一显示给用户
91              oColorsUl.append($("<li>"+the_colors[i]+"</li>"));
92              oColorsUl.find("li").click(function(){
93              oInputField.val($(this).text());
94              clearColors();
95          }).hover(
96              function(){$(this).addClass("mouseOver");},
97              function(){$(this).removeClass("mouseOver");}
98          );
99      }
100    </script>
101  </body>
102  </html>
```

本章小结

　　本章介绍了 AJAX 相关的技术，比较了原生 JavaScript 和 jQuery 在使用 AJAX 时的差异；重点介绍了 jQuery 对 AJAX 的封装，它提供了易用的接口，并且设置了多个钩子函数，使得能够在执行 AJAX 的不同阶段执行自定义的代码；此外，还介绍了在 $.ajax() 的基础上衍生出来的 $.load()、$.get()、$.post() 等一系列使用起来更加便捷的方法。简洁易用的接口函数被应用在了 jQuery 的各个方面，这是它成功的原因之一。

习题 14

一、关键词解释

AJAX　　　XMLHttpRequest对象　　　HTTP　　　GET请求　　　POST请求　　　AJAX事件

二、描述题

1. 请简单描述一下 AJAX 的优点。
2. 请简单描述一下 AJAX 的组成部分以及它们的含义。
3. 请简单描述一下 AJAX 传统方式是如何获取异步数据的。
4. 请简单描述一下 GET 与 POST 的区别。
5. 请简单列一下 $.ajax() 方法的参数的配置项，并说明它们分别是什么含义。
6. 请简单描述一下 AJAX 的全局设定的作用，并说明如何实现全局设定 AJAX。

三、实操题

　　在第 12 章习题部分实操题的基础上，修改代码，增加使用 AJAX 向后端请求结果的功能。具体要求如下。

　　（1）默认页面效果如题图 14.1 所示。

　　（2）在 AJAX 请求的结果返回之前，"添加" 按钮右侧显示 "loading..."，页面效果如题

< 277 >

图14.2所示。

（3）如果添加结果是失败，则显示"error"，文字颜色为红色，并且在目录下方不会添加内容，页面效果如题图14.3所示。

（4）如果添加结果是成功，则显示"ok"，文字颜色为黑色，并且在目录下方会添加输入框里输入的内容，然后清空输入框，页面效果如题图14.4所示。

（5）后端使用随机数来模拟成功和失败，两者的概率相等，代码如下：

```
1   <%@ Page Language="C#" ContentType="text/html" ResponseEncoding="gb2312" %>
2   <%@ Import Namespace="System.Data" %>
3   <%
4       Response.CacheControl = "no-cache";
5       Response.AddHeader("Pragma","no-cache");
6
7       for(int i=0;i<100000000;i++);
8
9       //模拟成功和失败的概率相等
10      Random rnd = new Random();
11      if(rnd.NextDouble() > 0.5) {
12        Response.Write("ok");
13      } else {
14        Response.Write("error");
15      }
16  %>
```

题图 14.1　默认页面效果

题图 14.2　加载中

题图 14.3　添加失败

题图 14.4　添加成功

< 278 >

jQuery中动画和特效的相关函数可以说为其添加了亮丽的一笔。开发者可以通过简单的函数实现很多特效，这在以往是需要编写大量的JavaScript代码来实现的。本章主要通过实例介绍jQuery中的动画和特效的相关知识，包括自动显示和隐藏、淡入淡出、自定义动画等。本章思维导图如下。

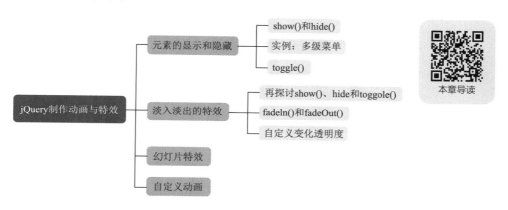

15.1 元素的显示和隐藏

对于动画和特效而言，元素的显示和隐藏可以说是使用很频繁的效果。本节主要通过实例介绍在jQuery中如何实现元素的显示和隐藏效果。

15.1.1 show()和hide()

在普通的JavaScript编程中，实现元素的显示或隐藏通常是利用对应CSS代码中的display属性或visibility属性。在jQuery中提供了show()和hide()两个方法，用于直接实现元素的显示和隐藏，例如（实例文件请参考本书配套的资源文件：第15章\15-1.html）：

```
1   <!DOCTYPE html>
2   <html>
3   <head>
4   <title>show()、hide()方法</title>
5   <style type="text/css">
```

```
6    p{
7        border:1px solid #003863;
8        font-size:13px;
9        padding:4px;
10       background:#FFFF00;
11   }
12   input{
13       border:1px solid #003863;
14       font-size:14px;
15       font-family:Arial, Helvetica, sans-serif;
16       padding:3px;
17   }
18   </style>
19   <script src="jquery.min.js"></script>
20   <script>
21   $(function(){
22       $("input:first").click(function(){
23           $("p").hide();        //隐藏
24       });
25       $("input:last").click(function(){
26           $("p").show();        //显示
27       });
28   });
29   </script>
30   </head>
31   <body>
32       <input type="button" value="隐藏"> <input type="button" value="显示">
33       <p>单击按钮，看看效果</p>
34       <span>一段其他的文字</span>
35   </body>
36   </html>
```

　　以上代码中涉及两个按钮，一个可调用hide()方法让<p>标记隐藏，另一个可调用show()方法让<p>标记显示，运行结果如图15.1所示。

图 15.1　show()、hide() 方法

　　为了对比，例子中还加入了一个<span>标记，从运行结果中可以看出hide()和show()所实现的不同的效果。

15.1.2　实例：多级菜单

　　多级菜单是一种非常实用的导航结构，这里用hide()和show()方法编写一个通用的示例。多级菜单通常由多个<ul>、<li>相互嵌套而成，如果某个菜单项下面还有一级，则明显的特点就是

< 280 >

<li>中还包含<ul>，例如下面的HTML框架：

```
1   <ul>
2       <li>第1章 JavaScript简介</li>
3       <li>第2章 JavaScript基础</li>
4       <li>第3章 CSS基础
5           <ul>
6               <li>第3.1节 CSS的概念</li>
7               <li>第3.2节 使用CSS控制页面
8                   <ul>
9                       <li>3.2.1 行内样式</li>
10                      <li>3.2.2 内嵌式</li>
11                  </ul>
12              </li>
13              <li>第3.3节 CSS选择器</li>
14          </ul>
15      </li>
16      <li>第4章 CSS进阶
17          <ul>
18              <li>第4.1节 <div>标记与<span>标记</li>
19              <li>第4.2节 盒子模型</li>
20              <li>第4.3节 元素的定位
21                  <ul>
22                      <li>4.3.1 float定位</li>
23                      <li>4.3.2 position定位</li>
24                      <li>4.3.3 z-index空间位置</li>
25                  </ul>
26              </li>
27          </ul>
28      </li>
29  </ul>
```

根据<li>中是否包含<ul>，可以很轻松地通过jQuery选择器找到那些包含子菜单的项目，从而利用hide()和show()来隐藏和显示它的子项，如下所示，实例文件请参考本书配套的资源文件：第15章\15-2.html。

```
1   <script src="jquery.min.js"></script>
2   <script>
3   $(function(){
4       $("li:has(ul)").click(function(e){
5           if(this==e.target){
6               if($(this).children().is(":hidden")){
7                   //如果子项是隐藏的，则显示
8                   $(this).css("list-style-image","url(minus.gif)")
9                   .children().show();
10              }else{
11                  //如果子项是显示的，则隐藏
12                  $(this).css("list-style-image","url(plus.gif)")
13                  .children().hide();
14              }
15          }
16          return false;      //避免不必要的事件混淆
```

< 281 >

```
17          }).css("cursor","pointer").click();        //加载时触发单击事件
18
19      //对于没有子项的菜单，进行统一设置
20      $("li:not(:has(ul))").css({
21          "cursor":"default",
22          "list-style-image":"none"
23      });
24  });
25  </script>
```

可以看到，通过使用hide()和show()方法，不再需要在CSS中配置隐藏的样式了。运行结果如图15.2所示。

图 15.2 多级菜单

15.1.3 toggle()

jQuery提供了toggle()方法，它使得元素可以在show()和hide()之间切换。因此对15-2.html可以做如下修改：

```
1   <script>
2   $(function(){
3       $("li:has(ul)").click(function(e){
4           if(this==e.target){
5               $(this).children().toggle();
6               $(this).css("list-style-image",($(this).children().
                    is(":hidden")?"url(plus.gif)":"url(minus.gif)"))
7           }
8           return false;                              //避免不必要的事件混淆
9       }).css("cursor","pointer").click();           //加载时触发单击事件
10
11      //对于没有子项的菜单，进行统一设置
12      $("li:not(:has(ul))").css({
13          "cursor":"default",
14          "list-style-image":"none"
15      });
16  });
17  </script>
```

< 282 >

运行结果与图15.2所示结果完全相同，实例文件请参考本书配套的资源文件：第15章\15-3.html。

15.2　淡入淡出的特效

除了元素的直接显示和隐藏，jQuery还提供了一系列方法来控制元素显示和隐藏的过程。本节将通过具体的实例来对这些方法做简要介绍。

15.2.1　再探讨show()、hide()和toggle()

15.1节对show()和hide()方法进行了简要介绍，其实这两个方法还可以接收参数来控制元素显示和隐藏的过程，语法如下：

```
1    show(duration, [callback]);
2    hide(duration, [callback]);
```

其中duration表示动画执行的时间长短，它可以是表示速度的字符串，包括slow、normal、fast，也可以是表示时间的整数，单位是毫秒（ms）。callback为可选的回调函数，在动画执行完后执行。下面的例子使用jQuery实现了元素显示和隐藏的动画效果，实例文件请参考本书配套的资源文件：第15章\15-4.html。

```
1    <!DOCTYPE html>
2    <html>
3    <head>
4    <title>show()、hide()方法</title>
5    <style type="text/css">
6    body{
7        background:url(bg1.jpg);
8    }
9    img{
10       border:1px solid #FFFFFF;
11   }
12   input{
13       border:1px solid #FFFFFF;
14       font-size:13px; padding:4px;
15       font-family:Arial, Helvetica, sans-serif;
16       background-color:#000000;
17       color:#FFFFFF;
18   }
19   </style>
20   <script src="jquery.min.js"></script>
21   <script>
22   $(function(){
23       $("input:first").click(function(){
24           $("img").hide(3000);        //逐渐隐藏
25       });
26       $("input:last").click(function(){
```

< 283 >

```
27              $("img").show(500);      //逐渐显示
28          });
29      });
30      </script>
31      </head>
32      <body>
33          <input type="button" value="隐藏">
34          <input type="button" value="显示">
35          <p><img src="01.jpg"></p>
36      </body>
37      </html>
```

以上代码的原理与15-1.html的完全相同，只不过这里给show()和hide()分别添加了时间参数duration，运行结果如图15.3所示。读者可以将渐变时间设置得更长，从而更加仔细地观察渐变过程。

图 15.3　show(duration) 和 hide(duration) 方法

与show()和hide()方法一样，toggle()方法也可以接收两个参数，从而制作出动画的效果，这里不再举例介绍。

15.2.2　fadeIn()和fadeOut()

对于动画效果的显示和隐藏，jQuery还提供了fadeIn()和fadeOut()这两个实用的方法。它们实现的动画效果类似渐渐褪色，它们的语法与show()和hide()的完全相同，如下所示：

```
1      fadeIn(duration, [callback])
2      fadeout(duration, [callback])
```

其中参数duration和callback与show()和hide()中的完全相同，这里不再重复讲解，直接给出例子以对这几种效果进行对比，代码如下，实例文件请参考本书配套的资源文件：第15章\15-5.html。

```
1      <!DOCTYPE html>
2      <html>
3      <head>
4      <title>fadeIn()、fadeOut()方法</title>
5      <style type="text/css">
6      body{
7          background:url(bg2.jpg);
8      }
9      img{
10         border:1px solid #000000;
```

< 284 >

```
11   }
12   input{
13       border:1px solid #000000;
14       font-size:13px; padding:4px;
15       font-family:Arial, Helvetica, sans-serif;
16       background-color:#FFFFFF;
17       color:#000000;
18   }
19   </style>
20   <script src="jquery.min.js"></script>
21   <script>
22   $(function(){
23       $("input:eq(0)").click(function(){
24           $("img").fadeOut(3000);        //逐渐淡出
25       });
26       $("input:eq(1)").click(function(){
27           $("img").fadeIn(1000);         //逐渐淡入
28       });
29       $("input:eq(2)").click(function(){
30           $("img").hide(3000);           //逐渐隐藏
31       });
32       $("input:eq(3)").click(function(){
33           $("img").show(1000);           //逐渐显示
34       });
35   });
36   </script>
37   </head>
38   <body>
39   <input type="button" value="淡出">
40   <input type="button" value="淡入">
41   <input type="button" value="隐藏">
42   <input type="button" value="显示">
43       <p><img src="02.jpg"></p>
44   </body>
45   </html>
```

为了对比，以上代码中添加了4个按钮，可以分别对图片进行fadeOut()、fadeIn()、hide()和show()操作，读者可以认真实验，体会它们之间的区别。运行结果如图15.4和图15.5所示。

图 15.4　fadeOut() 方法

图 15.5　fadeIn() 方法

另外，如果给<p>标记添加背景颜色，再进行动画操作，则可以更进一步地了解这几个动画的本质。这里不再一一演示，读者可以自行实验。

< 285 >

15.2.3 自定义变化透明度

本章前面介绍的方法都是实现从无到有或者从有到无的变化，只不过变化的方式不同。jQuery还提供了fadeTo(duration, opacity, callback)方法，能够让开发者自定义变化透明度，其中opacity的取值范围为0.0 ~ 1.0。

下面的例子为<p>标记添加了边框，同时设定了fadeOut()、fadeIn()、fadeTo()3种方法，这或许能够帮助读者更深刻地认识这3种方法所实现的动画效果。实例文件请参考本书配套的资源文件：第15章\15-6.html。

```
1   <!DOCTYPE html>
2   <html>
3   <head>
4   <title>fadeTo()方法</title>
5   <style type="text/css">
6   body{
7       background:url(bg2.jpg);
8   }
9   img{
10      border:1px solid #000000;
11  }
12  input{
13      border:1px solid #000000;
14      font-size:13px; padding:2px;
15      font-family:Arial, Helvetica, sans-serif;
16      background-color:#FFFFFF;
17      color:#000000;
18  }
19  p{
20      padding:5px;
21      border:1px solid #000000;         /* 添加边框，这样利于观察效果 */
22  }
23  </style>
24  <script src="jquery.min.js"></script>
25  <script>
26  $(function(){
27      $("input:eq(0)").click(function(){
28          $("img").fadeOut(1000);
29      });
30      $("input:eq(1)").click(function(){
31          $("img").fadeIn(1000);
32      });
33      $("input:eq(2)").click(function(){
34          $("img").fadeTo(1000,0.5);
35      });
36      $("input:eq(3)").click(function(){
37          $("img").fadeTo(1000,0);
38      });
39  });
40  </script>
41  </head>
```

< 286 >

```
42  <body>
43  <input type="button" value="淡出">
44  <input type="button" value="淡入">
45  <input type="button" value="FadeTo 0.5">
46  <input type="button" value="FadeTo 0">
47      <p><img src="03.jpg"></p>
48  </body>
49  </html>
```

以上代码的原理十分简单，这里不再重复讲解。其运行结果如图15.6所示，可以看到当使用
fadeOut()方法时，图片完全消失后将不再占用<p>的空间。而使用fadeTo(1000,0)，虽然图片也完
全不显示，但其仍然占用着标记<p>的空间。

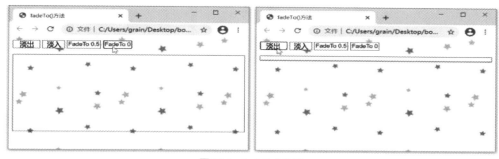

图 15.6　fadeTo() 方法

15.3　幻灯片特效

除了前面提到的几种动画效果，jQuery还提供了slideUp()和slideDown()来模拟PPT中的幻灯
片"拉窗帘"特效。它们的语法与show()和hide()的完全相同，如下所示：

```
1   slideUp(duration, [callback])
2   slideDown(duration, [callback])
```

其中参数duration和callback的含义与show()和hide()中的完全相同，这里不再重复讲解，直接给出例
子以对这几种效果进行对比，代码如下，实例文件请参考本书配套的资源文件：第15章\15-7.html。

```
1   <!DOCTYPE html>
2   <html>
3   <head>
4   <title>slideUp()和slideDown()</title>
5   <style type="text/css">
6   body{
7       background:url(bg2.jpg);
8   }
9   img{
10      border:1px solid #000000;
11      margin:8px;
12  }
13  input{
```

< 287 >

```
14        border:1px solid #000000;
15        font-size:13px; padding:2px;
16        font-family:Arial, Helvetica, sans-serif;
17        background-color:#FFFFFF;
18        color:#000000;
19    }
20    div{
21        background-color:#FFFF00;
22        height:80px; width:80px;
23        border:1px solid #000000;
24        float:left; margin-top:8px;
25    }
26    </style>
27    <script src="jquery.min.js"></script>
28    <script>
29    $(function(){
30        $("input:eq(0)").click(function(){
31            $("div").add("img").slideUp(1000);
32        });
33        $("input:eq(1)").click(function(){
34            $("div").add("img").slideDown(1000);
35        });
36        $("input:eq(2)").click(function(){
37            $("div").add("img").hide(1000);
38        });
39        $("input:eq(3)").click(function(){
40            $("div").add("img").show(1000);
41        });
42    });
43    </script>
44    </head>
45    <body>
46    <input type="button" value="向上滑动">
47    <input type="button" value="向下滑动">
48    <input type="button" value="隐藏">
49    <input type="button" value="显示"><br>
50    <div></div><img src="04.jpg">
51    </body>
52    </html>
```

以上代码中定义了一个<div>块和一幅<img>图片，并用add()方法将它们组合在一起，同时进行动画触发。在没有触发任何动画时，页面如图15.7所示。

图 15.7　未触发任何动画

< 288 >

单击"向上滑动"和"向下滑动"按钮，会触发相应的动画，效果如图15.8所示。

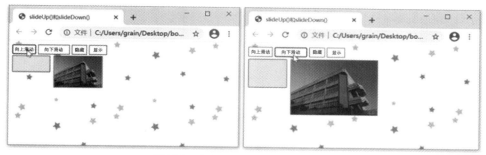

图 15.8　slideUp() 和 slideDown() 方法

类似地，slideUp()和slideDown()也具备slideToggle()的简易切换方法，可对所有隐藏对象进行slideDown()操作、对所有显示对象进行slideUp()操作。这里不再重复举例，读者可以自行实验。

15.4　自定义动画

考虑到框架的通用性以及代码文件的大小，jQuery没有涵盖所有的动画效果。但它提供了animate()方法，能够让开发者自定义动画。本节主要通过实例介绍animate()方法的两种形式以及运用。

知识点讲解

animate()方法给开发者提供了很大的自定义动画的空间，它一共有两种形式，第一种形式比较常用，如下所示：

```
animate(params, [duration], [easing], [callback])
```

其中params为希望进行变化的CSS属性列表，以及希望变化成的最终值。duration为可选项，与show()、hide()方法中的duration参数含义完全相同。easing为可选参数，通常供动画插件使用，用来控制变化过程的节奏；jQuery中只提供了linear和swing两个值供其选择。callback为可选的回调函数，在动画执行完后执行。

需要特别指出，params中的变量名要遵循JavaScript对变量名的要求，因此不能出现连字符"-"。例如CSS中的属性名padding-left就要改为paddingLeft。也就是每个连字符后的第一个字母改为大写，这种方式被称为"驼峰命名"。另外，params表示的属性只能是CSS中用数值表示的属性，例如width、top、opacity等，像backgroundColor这样的属性不被animate()支持。下面展示animate()的基本用法，代码如下，实例文件请参考本书配套的资源文件：第15章\15-8.html。

```
1    <!DOCTYPE html>
2    <html>
3    <head>
4    <title>animate()方法</title>
5    <style type="text/css">
6    body{
7        background:url(bg2.jpg);
8    }
9    div{
```

< 289 >

```
10        background-color:#FFFF00;
11        height:40px; width:80px;
12        border:1px solid #000000;
13        margin-top:5px; padding:5px;
14        text-align:center;
15    }
16    </style>
17    <script src="jquery.min.js"></script>
18    <script>
19    $(function(){
20        $("button").click(function(){
21            $("#block").animate({
22                opacity: "0.5",
23                width: "80%",
24                height: "100px",
25                borderWidth: "5px",
26                fontSize: "30px",
27                marginTop: "40px",
28                marginLeft: "20px"
29            },2000);
30        });
31    });
31    </script>
32    </head>
33    <body>
34        <button id="go">Go>></button>
35        <div id="block">动画! </div>
36    </body>
37    </html>
```

以上代码在animate()中设定了一系列的CSS属性，单击按钮触发动画效果后，<div>块由原先的样式逐渐变成了animate()中所设定的样式。图15.9为代码运行前后的页面截图。

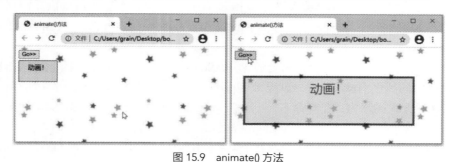

图 15.9　animate() 方法

本章小结

本章首先对jQuery提供的动画功能进行了讲解，其能实现的基础特效是控制元素的显示和隐藏，对应的方法是show()和hide()，以及用于实现在二者间进行切换的toggle()；然后举例说明了类似PPT中的渐入渐出特效所对应的方法，分别是fadeIn()和fadeout()，以及幻灯片特效所对应的

< 290 >

方法slideUp()和slideDown()；最后讲解了自定义动画，可以通过animate()方法实现更复杂、更炫酷的效果。

习题 15

一、关键词解释

动画 淡入淡出 自定义动画

二、描述题

1. 请简单描述一下jQuery显示和隐藏元素的方法。
2. 请简单描述一下jQuery如何实现幻灯片效果。
3. 请简单描述一下jQuery如何实现自定义动画。

三、实操题

请实现以下动画效果：初始状态下，页面中只显示一个"搜索"按钮，如题图15.1所示。单击"搜索"按钮，显示出搜索框和关闭图标，如题图15.2所示。单击关闭图标，即恢复默认页面效果。按钮、搜索框和关闭图标三个元素的具体动画效果如下。

- 显示和隐藏搜索框时，透明度和宽度逐渐变化。
- 在"搜索"按钮的过渡动画中，宽、高、圆角等发生变化。
- 关闭图标实现显示和隐藏功能时使用本章介绍的fadeIn()和fadeOut()方法。

题图 15.1 默认效果

题图 15.2 单击"搜索"按钮后的效果

< 291 >

第 **16** 章 jQuery插件

jQuery无论多强大也不可能包含所有的功能，而且考虑到框架的通用性以及代码文件的大小，其仅仅集成了JavaScript中核心且常用的功能。然而jQuery有许许多多的插件，都是针对特定的内容并以jQuery为核心编写的。这些插件涉及Web的方方面面，并且功能十分完善。本章思维导图如下。

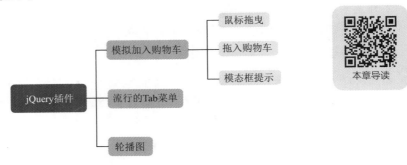

16.1 模拟加入购物车

随着网络的发展，现如今人们在网络上购买商品时，可以将商品加入购物车进行结算。现在，我们介绍如何使用拖曳的方式来实现将商品加入购物车中。

本节将使用jQuery UI。它是十分流行的插件之一，其能够让开发者方便地实现很多特效。开发者可以在jQuery UI官网中下载jQuery UI，下载安装包后进行解压找到两个主要的文件"jquery-ui.min.js"和"jquery-ui.min.css"，然后将其引入网页中。jQuery UI有非常多的组件，主要包括鼠标交互、用户界面以及特效等。本章主要介绍3个组件，分别是draggable、droppable和tabs。

16.1.1 鼠标拖曳

鼠标拖曳在实际的网页中运用十分广泛，主要是因为这个功能通常会给用户留下十分酷的印象，而且能大大增强页面的可操作性，图16.1展示了项目管理中常用的看板管理功能，该功能可以实现将任务拖曳到下一阶段中。

图 16.1　看板管理功能

　　使用jQuery UI的鼠标拖曳组件能够很轻松地实现鼠标的交互操作，只需要给目标对象添加draggable()方法即可，代码如下，实例文件请参考本书配套的资源文件：第16章\16-1.html。

```
1    <!DOCTYPE html>
2    <html>
3    <head>
4      <title>鼠标拖曳-draggable()</title>
5    </head>
6    <style type="text/css">
7      body{
8        background:#ffe7bc;
9      }
10     .block{
11       border:2px solid #760000;
12       background-color:#ffb5b5;
13       width:80px; height:25px;
14       margin:5px; float:left;
15       padding:20px; text-align:center;
16       font-size:14px;
17       font-family:Arial, Helvetica, sans-serif;
18     }
19   </style>
20   <body>
21
22   <script src="jquery-3.6.0.min.js"></script>
23   <script src="jquery-ui.min.js"></script>
24   <script>
25     $(function(){
26       for(let i=0;i<3;i++){
27         //创建3个透明的<div class='block'>块
28         $(document.body)
29           .append($("<div class='block'>Div"+i.toString()+"</div>")
30           .css("opacity",0.6));
31       }
32       //直接调用draggable方法
33       $(".block").draggable();
34     });
```

< 293 >

```
35   </script>
36   </body>
37   </html>
```

以上代码首先导入jQuery UI插件，然后在页面加载时创建3个透明的<div class='block'>块，并直接调用draggable()方法使其能够被鼠标拖曳。运行结果如图16.2所示。

除了实现鼠标拖曳，draggable()还可以接收一系列参数来控制拖曳的细节。例如，创建3个Div块，让它们分别只能在x轴上、y轴上、父元素内拖曳，代码如下，实例文件请参考本书配套的资源文件：第16章\16-2.html。

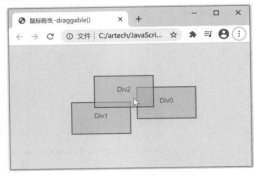

图 16.2　鼠标拖曳 -draggable()

```
1    <body>
2    <br>
3    <div id="one"><div id="x">x轴</div></div>
4    <div id="two"><div id="y">y轴</div></div>
5    <div id="three"><div id="parent">父元素</div></div>
6
7    <script src="jquery-3.6.0.min.js"></script>
8    <script src="jquery-ui.min.js"></script>
9    <script>
10   $(function(){
11       $("#one").add("#two").add("#three").add("#x").css("opacity",0.7);
12       $("#x").draggable({axis:"x"});        //只能在x轴上拖曳
13       $("#y").draggable({axis:"y"});        //只能在y轴上拖曳
14       $("#parent").draggable({containment:"parent"});       //只能在父元素内拖曳
15   });
16   </script>
17   </body>
```

运行结果如图16.3所示。

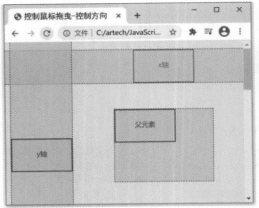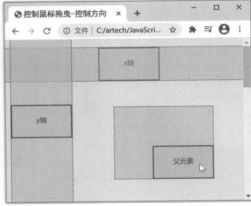

图 16.3　控制鼠标拖曳 - 控制方向

< 294 >

draggable()可接收的参数非常多，这里不一一介绍，常用的如表16.1所示。

表16.1 常用的draggable()可接收的参数

参数	说明
helper	被拖曳的对象，默认值为original，即运行draggable()的选择器本身。如果将值设置为clone，则以复制的形式拖曳
handle	触发拖曳的对象，通常为块中的一个子元素
start	拖曳开始时的回调函数，该函数接收两个参数，第一个参数为event事件，其target属性指代被拖曳的元素；第二个参数为与拖曳相关的对象
stop	拖曳结束时的回调函数，参数与start的完全相同
drag	在拖曳过程中时时运行的函数，参数与start的完全相同
axis	控制拖曳的方向，可以为x或者y
containment	限制拖曳的区域，可以为parent、document、指定的元素、指定坐标的对象
grid	每次对象移动的步长，例如grid:[100,80]表示水平方向上每次移动100个像素，竖直方向上每次移动80个像素
opacity	拖曳过程中对象的透明度，取值范围为0.0～1.0
revert	如果值为true，则对象在拖曳结束后会自动返回原处，默认值为false

下面的例子使用jQuery UI插件控制鼠标拖曳的细节，是表16.1中一些参数的实际运用，供读者参考，实例文件请参考本书配套的资源文件：第16章\16-3.html。

```
1   <body>
2   <div>只能大步移动grid</div>
3   <div>我要回到原地revert</div>
4   <div>我是被复制的helper:clone</div>
5   <div>拖曳我要透明opacity</div>
6   <div><p>拖曳我才行</p></div>
7   <div>我不能出页面</div>
8
9   <script src="jquery-3.6.0.min.js"></script>
10  <script src="jquery-ui.min.js"></script>
11  <script>
12  $(function(){
13      $("div:eq(0)").draggable({grid:[80,60]});
14      $("div:eq(1)").draggable({revert:true});
15      $("div:eq(2)").draggable({helper:"clone"});
16      $("div:eq(3)").draggable({opacity:0.3});
17      $("div:eq(4)").draggable({handle:"p"});
18      $("div:eq(5)").draggable({containment:"document"});
19  });
20  </script>
21  </body>
```

运行结果如图16.4所示。

< 295 >

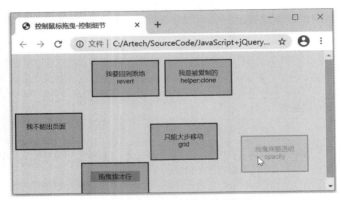

图 16.4　控制鼠标拖曳 - 控制细节

另外还可以通过draggable("disable")和draggable("enable")分别来阻止、允许对象被拖曳，在16-3.html中添加一个包含两个按钮的<div>块：

```
<div>总控制台<br><input type="button" value="禁止"> <input type="button"
value="允许"></div>
```

然后添加如下代码：

```
1    $("input[type=button]:eq(0)").click(function(){
2        $("div").draggable("disable");
3    });
4    $("input[type=button]:eq(1)").click(function(){
5        $("div").draggable("enable");
6    });
```

在拖曳时可以发现，如果单击"禁止"按钮则所有块都不能再被拖曳，如果单击"允许"按钮则它们又可以被继续拖曳，如图16.5所示。实例文件请参考本书配套的资源文件：第16章\16-4.html。

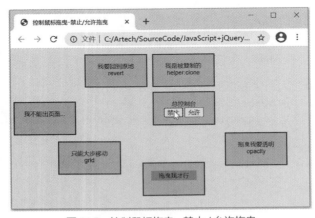

图 16.5　控制鼠标拖曳 - 禁止 / 允许拖曳

16.1.2　拖入购物车

与拖曳对象相对应，在实际运用中往往需要一个容器来接收被拖曳的对象。常见的网络购物

< 296 >

车就是典型的例子。

jQuery UI插件中除了提供draggable()来实现鼠标拖曳，还提供了droppable()来实现接收容器。该方法同样有一系列参数可以进行设置，常用的如表16.2所示。

表16.2　droppable()可接收的参数

参数	说明
accept	如果是字符串则表示允许接收的jQuery选择器，如果是函数则对页面中的所有droppable()对象执行相关操作，返回true表示可以接收
activeClass	当可接收对象被拖曳时容器的CSS样式
hoverClass	当可接收对象进入容器时容器的CSS样式
tolerance	定义拖曳到什么状态算是进入了该容器，可选的有fit、intersect、pointer和touch
active	当可接收对象开始被拖曳时调用的函数
deactive	当可接收对象不再被拖曳时调用的函数
over	当可接收对象被拖曳到容器上方时调用的函数
out	当可接收对象被拖曳出容器时调用的函数
drop	当可接收对象被拖曳进容器时调用的函数

下面的例子展示了droppable()的基本用法，实现了将对象拖入购物车，实例文件请参考本书配套的资源文件：第16章\16-5.html。

```
1   <body>
2     <div class="draggable red">draggable red</div>
3     <div class="draggable green">draggable green</div>
4     <div id="droppable-accept" class="droppable">droppable<br></div>
5
6     <script src="jquery-3.6.0.min.js"></script>
7     <script src="jquery-ui.min.js"></script>
8     <script>
9     $(function(){
10      $(".draggable").draggable({helper:"clone"});
11      $("#droppable-accept").droppable({
12        accept: function(draggable){
13          //接收类别为green的对象
14          return $(draggable).hasClass("green");
15        },
16        drop: function(){
17          $(this).append($("<div></div>").html("drop!"));
18        }
19      });
20    });
21    </script>
22  </body>
```

以上代码中共有两个<div>块用于拖曳，并有一个购物车容器droppable用于接收对象。在代码中接收容器只接收类别为green的对象。运行结果如图16.6所示，可以看到拖曳红色块到容器中时没有任何反应，而拖曳绿色块到容器中时则其能被正常接收。

< 297 >

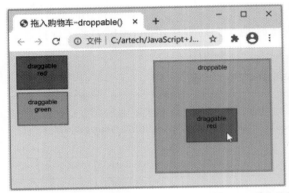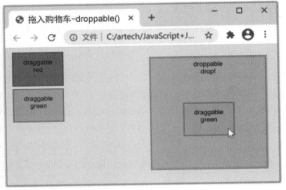

图 16.6　拖入购物车 -droppable()

16.1.3 模态框提示

16.1.2小节中，拖入绿色块成功之后，购物车droppable提示了"drop!"，现在将提示信息改为模态框，这样可以提升用户体验。本小节将使用iziModal插件设计模态框，它提供基本的动画特效，并且能够让使用者方便地自定义模态框效果。下面介绍iziModal插件如何使用。

（1）下载并引入.js和.css文件。

先从iziModal官网下载源代码文件，如图16.7所示。下载完解压后找到iziModal.min.css和iziModal.min.js文件，并将它们引入项目中。在引入iziModal.min.js之前，需要先引入jQuery。

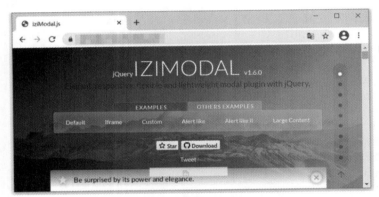

图 16.7　iziModal 官网

（2）编写模态框内容。

在\<body>标签中加入模态框的HTML结构，如下代码所示。

```
1   <!-- Modal structure -->
2   <div id="modal">
3       加入购物车成功
4   </div>
5
6   <!-- Trigger to open Modal -->
7   <a href="#" class="trigger">Modal</a>
```

在以上代码中，div#modal是模态框容器，里面是模态框显示的内容。另外还有一个\<a>标签，用于单击后触发模态框。

< 298 >

（3）初始化模态框。

用jQuery选中#modal后直接调用iziModal()方法来初始化模态框，并给<a>标签添加了一个单击事件来触发模态框弹出，代码如下。

```
1  <script>
2    // 初始化模态框
3    $("#modal").iziModal({
4      padding: '10px 20px',
5      width: '200px',
6      timeout: '2000' // 2000ms后自动关闭模态框
7    });
8
9    $(document).on('click', '.trigger', function (event) {
10       event.preventDefault();
11       $('#modal').iziModal('open');
12   });
13 </script>
```

此时，单击页面中的<a>标签，会弹出一个模态框，2s（即2000ms）后其会自动关闭。模态框效果如图16.8所示。

（4）引入图标。

在模态框中想要引入图标也比较简单，Font Awesome是常用的字体图标库。直接进入其官网下载对应的图标库之后，将解压后的整个css和webfonts文件夹复制到项目中。css文件夹包含图标核心样式以及使用Font Awesome时所需的所有图标样式，webfonts文件夹包含CSS引用并依赖的所有字体文件。引入的代码如下所示。

```
<link rel="stylesheet" href="css/all.css">
```

然后直接使用对应类名即可，代码如下所示。

```
1  <div id="modal">
2      <p class="far fa-check-circle"></p>
3      加入购物车成功
4  </div>
```

效果如图16.9所示。

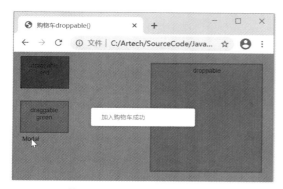

图 16.8　单击按钮，弹出模态框

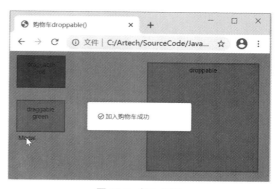

图 16.9　加入图标

< 299 >

（5）拖入成功后触发模态框。

既然单击按钮之后可以弹出模态框，那等拖入购物车之后一样可以触发模态框，代码如下所示。

```
1   $("#droppable-accept").droppable({
2     accept: function(draggable){
3       //接收类别为green的对象
4       return $(draggable).hasClass("green");
5     },
6     drop: function(){
7       $(this).append($("<div></div>").html("drop!"));
8       $('#modal').iziModal('open'); // 添加触发模态框的代码
9     }
10  });
```

拖曳成功后会弹出一个模态框，2s后会其会自动关闭，效果如图16.10所示。

（6）更丰富的弹窗信息。

模态框还有很多样式效果，可以配置模态框标题、副标题，是否显示手动关闭按钮等。其配置项都可以在官网中找到，例如，要为模态框添加一个名为"弹框信息"的标题，将title的配置项加入iziModal对象中即可，代码如下所示。

```
1   // 初始化模态框
2   $("#modal").iziModal({
3     title: '弹框信息',
4     padding: '10px 20px',
5     width: '200px',
6     timeout: '2000' // 2000ms后自动关闭模态框
7   });
```

其运行结果如图16.11所示。

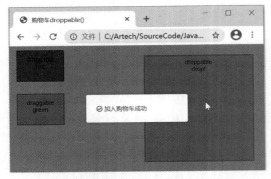

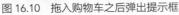
图 16.10　拖入购物车之后弹出提示框

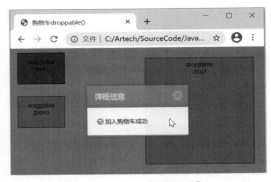
图 16.11　添加"弹框标题"

实例文件请参考本书配套的资源文件：第16章\16-6.html。

16.2　流行的Tab菜单

案例讲解

Tab菜单目前在网络上越来越流行，因为它能够在很小的空间里容纳更多的内容。尤其是门

< 300 >

户网站，更是会频繁地使用Tab菜单。图16.12所示为网易的Tab菜单。

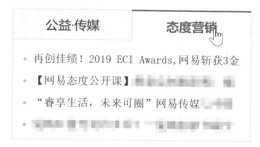

图 16.12 网易的 Tab 菜单

jQuery UI插件提供了用于直接生成Tab菜单的tabs()方法，该方法可以直接针对项目列表生成对应的Tab菜单，代码如下，实例文件请参考本书配套的资源文件：第16章\16-7.html。

```
1   <!DOCTYPE html>
2   <html>
3   <head>
4     <title>流行的Tab菜单</title>
5   </head>
6   <link rel="stylesheet" href="jquery-ui.min.css">
7   <style type="text/css">
8   body{
9     background:#ffe7bc;
10    font-size:12px;
11    font-family:Arial, Helvetica, sans-serif;
12  }
13  </style>
14  <body>
15    <div id="container">
16      <ul>
17        <li><a href="#fragment-1"><span>One</span></a></li>
18        <li><a href="#fragment-2"><span>Two</span></a></li>
19        <li><a href="#fragment-3"><span>Three</span></a></li>
20      </ul>
21      <div id="fragment-1">春节(Spring Festival)中国民间最隆重最富有特色的传统节
          日，它标志农历旧的一年结束和新的一年的开始。……</div>
22      <div id="fragment-2">农历五月初五，俗称"端午节"。端是"开端""初"的意思。初五
          可以称为端五。……</div>
23      <div id="fragment-3"> 农历九月九日，为传统的重阳节。重阳节又称为"双九节""老人
          节"因为古老的《易经》中把"六"定为阴数，……</div>
24    </div>
25
26    <script src="jquery-3.6.0.min.js"></script>
27    <script src="jquery-ui.min.js"></script>
28    <script>
29      $(function(){
30        //直接制作Tab菜单
31        $("#container").tabs();
32      });
33    </script>
34  </body>
35  </html>
```

< 301 >

以上代码将Tab菜单的3项分别放置于项目列表的<li>中，每个超链接地址与<li>对应的<div>相关联，运行结果如图16.13所示，很轻松地实现了Tab菜单的效果。注意，要实现Tab菜单的效果，需要引入样式文件jquery-ui.min.css。

采用上述方法创建的Tab菜单是蓝色的，倘若希望使用其他的配色方案，则需要手动修改插件的代码。插件的所有样式对应的代码都是放在

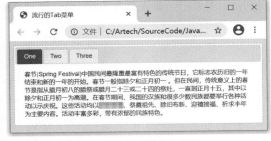

图 16.13　流行的 Tab 菜单

一个名为jquery-ui.min.css的文件中的，其中边框和文字的背景颜色比较好修改，默认设置为：

```
1    .ui-widget-header .ui-state-active {
2        border: 1px solid #003eff;
3        background: #007fff;
4        font-weight: normal;
5        color: #fff;
6    }
```

例如要修改为绿色，文件中的<style>标签内的样式的优先级高于<link>引入的样式的优先级，因此<style>标签内的样式会覆盖其样式，如下所示：

```
1    <style type="text/css">
2    body{
3        /* 代码已省略 */
4    }
5
6    .ui-widget-header .ui-state-active {
7        background: #519e2d;
8        border: 1px solid #51af2d;
9    }
10   </style>
```

此时页面效果如图16.14所示，Tab菜单变成了绿色。倘若要使用其他颜色的菜单，修改方法是类似的。

另外，tabs()方法还可以通过接收参数来设置Tab菜单的各个细节。例如下面的代码可实现在初始化时自动选择Tab菜单的第二项，并且在用户切换选项时会出现动画效果，运行结果如图16.15所示，实例文件请参考本书配套的资源文件：第16章\16-8.html。

图 16.14　流行的 Tab 菜单

图 16.15　设置 Tab 菜单的细节

< 302 >

```
1   <body>
2   <div id="container">
3       <ul>
4           <li><a href="#fragment-1"><span>One</span></a></li>
5           <li><a href="#fragment-2"><span>Two</span></a></li>
6           <li><a href="#fragment-3"><span>Three</span></a></li>
7       </ul>
8       <div id="fragment-1">春节(Spring Festival)中国民间最隆重最富有特色的传统节
        日，它标志农历旧的一年结束和新的一年的开始。……</div>
9       <div id="fragment-2">农历五月初五，俗称"端午节"。端是"开端""初"的意思。初五
        可以称为端五。……</div>
10      <div id="fragment-3"> 农历九月九日，为传统的重阳节。重阳节又称为"双九节""老人
        节"因为古老的《易经》中把"六"定为阴数，……</div>
11  </div>
12
13  <script src="jquery-3.6.0.min.js"></script>
14  <script src="jquery-ui.min.js"></script>
15  <script>
16  $(function(){
17      //直接制作Tab菜单，默认选择第二项，且切换的时候会出现fade动画效果
18      $("#container").tabs({active:1, show:'slideDown', hide:'slideUp'});
19  });
20  </script>
21  </body>
```

16.3　轮播图

本节我们介绍很多网站都会用到的一个插件——轮播图，比如京东、淘宝等网站首页都会用轮播图来展示产品，下面来学习制作一个轮播图，最终效果如图16.16所示。

图 16.16　轮播图效果

< 303 >

16.3.1　使用前准备

首先介绍案例中使用到的轮播图插件jCarousel，它是一个jQuery插件，可以用于控制水平或垂直顺序的项目列表。它提供了功能齐全且灵活的工具集，能以轮播的方式浏览很多基于HTML的内容。

jCarousel及其组件能以完整的现成文件或独立文件的形式下载。为了方便讲解，我们直接下载包含它的核心和所有插件的.js文件。在其官网直接找到压缩版的.js文件并下载到本地，下载页面如图16.17所示。

图 16.17　下载页面

下载完.js文件之后，就要学习如何使用轮播图插件。

16.3.2　使用轮播图插件

jCarousel官网提供了一些例子，如图16.18所示，可以进入其GitHub模块下载完整代码。

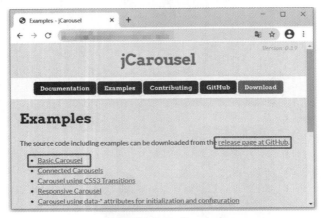

图 16.18　Basic Carousel

我们以Basic Carousel例子为基础，将其换成自己的图片，代码如下。

```
1    <!DOCTYPE html>
2    <html>
```

< 304 >

```
3    <head>
4      <title>轮播图Swiper</title>
5    </head>
6    <link rel="stylesheet" href="jcarousel.basic.css">
7    <script type="text/javascript" src="jquery-3.6.0.min.js"></script>
8    <script type="text/javascript" src="jquery.jcarousel.min.js"></script>
9    <script type="text/javascript" src="jcarousel.basic.js"></script>
10   <style>
11   .jcarousel-wrapper {
12     width: 590px;
13     height: 470px;
14   }
15   </style>
16   <body>
17     <div class="jcarousel-wrapper">
18       <div class="jcarousel">
19         <ul>
20           <li><img src="img/1.jpg" alt=""></li>
21           <li><img src="img/2.jpg" alt=""></li>
22           <li><img src="img/3.jpg" alt=""></li>
23           <li><img src="img/4.jpg" alt=""></li>
24           <li><img src="img/5.jpg" alt=""></li>
25         </ul>
26       </div>
27       <a href="#" class="jcarousel-control-prev">&lsaquo;</a>
28       <a href="#" class="jcarousel-control-next">&rsaquo;</a>
29       <p class="jcarousel-pagination"></p>
30     </div>
31   </body>
32   </html>
```

此时，轮播图框架已搭建成功，运行结果如图16.19所示。

图 16.19　轮播图框架搭建成功

从图16.19中可以看出，图片的宽和高超出了轮播图容器的宽和高。接下来我们调整轮播图的效果，让它更符合实际情况。

< 305 >

16.3.3　调整轮播图效果

在实际应用中，轮播图效果有很多种，例如与样式相关的效果：调整切换按钮的位置、修改切换按钮的样式、修改指示器的样式等。与动画相关的效果：轮播图自动播放、鼠标指针移入则暂停自动播放、鼠标指针移出则开启自动播放、垂直方向轮播等。

下面就针对上述效果进行讲解，官网中还有很多配置项，读者可以深入地学习。

（1）修改样式。

首先修改轮播图容器的宽和高，并将白色的边框去掉，代码如下所示。

```
1  .jcarousel-wrapper {
2    width: 590px;
3    height: 470px;
4    border: none;
5  }
```

然后将切换轮播的左右按钮放入轮播图容器里面，并修改按钮样式，代码如下所示。

```
1  .jcarousel-control-prev,
2  .jcarousel-control-next {
3    background-color: rgba(0,0,0,.15);
4    width: 25px;
5    border-radius: 0;
6  }
7  .jcarousel-control-prev {
8    left: 0;
9    border-top-right-radius: 18px;
10   border-bottom-right-radius: 18px;
11 }
12 .jcarousel-control-next {
13   right: 0;
14   border-top-left-radius: 18px;
15   border-bottom-left-radius: 18px;
16 }
```

其运行结果如图16.20所示，为了更清楚地看到样式的变化，这里切换到了第二张轮播图。

图 16.20　修改轮播图容器的宽和高及按钮样式

< 306 >

（2）自动播放。

想要轮播图自动播放，需要使用jCarousel的Autoscroll组件。Autoscroll组件有多个配置参数，下面是它基本的使用方法。

```
1    <script>
2        $(function() {
3          $('.jcarousel').jcarouselAutoscroll({
4                interval: 3000,
5                target: '+=1',
6                autostart: true
7            });
8        });
9    </script>
```

以上代码中interval表示间隔切换的毫秒数。target: '+=1'表示每次切换增加的个数，默认是1，如果改成target: '+=2'，轮播图就会从第一个自动切换到第三个。autostart指的是，是否开启自动播放，默认是开启。此时，轮播图就实现了自动播放效果。

（3）鼠标指针移入则暂停自动播放；鼠标指针移出则开启自动播放。

现在鼠标指针移入轮播图之后，轮播图依旧是轮播状态，但是想要鼠标指针移入则暂停自动播放，鼠标指针移出则开启自动播放。首先给轮播图添加移入移出事件，再控制自动播放停止或开始，代码如下：

```
1    <script>
2        $(function() {
3          $('.jcarousel').jcarouselAutoscroll({
4                interval: 3000,
5                target: '+=1',
6                autostart: true
7            });
8            // 鼠标指针移入则暂停自动播放
9            $('.jcarousel li').mouseenter(function() {
10               $('.jcarousel').jcarouselAutoscroll('stop');
11           })
12           // 鼠标指针移出则开启自动播放
13           $('.jcarousel li').mouseleave(function() {
14               $('.jcarousel').jcarouselAutoscroll('start');
15           })
16
17       });
18   </script>
```

这样，即可实现鼠标指针移入轮播图，则停止自动播放；鼠标指针移出轮播图，则开启自动播放。效果如图16.21所示。

< 307 >

图 16.21 轮播图

实例文件请参考本书配套的资源文件：第16章\16-9.html。

本章小结

本章讲解了jQuery UI插件中几个常用的插件，包括鼠标拖曳、模态框、Tab菜单和轮播图。它们在各种网站中有实际的运用，希望读者能够体会插件带来的好处——只需要用少量的代码就能实现丰富的功能。在使用插件的过程中，关键是看懂对应的使用说明，各种插件的使用方式是类似的。丰富的插件生态体系给jQuery带来了更强大的生命力，大量的功能都被封装成了插件。

习题 16

一、关键词解释

jQuery插件　　　jQuery UI

二、实操题

使用jQuery UI中的sortable组件实现对列表进行排序，效果如题图16.1所示。

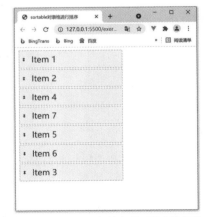

题图 16.1　sortable 组件实现对列表进行排序

< 308 >

第 17 章

综合案例二：网页留言本

本书关于JavaScript和jQuery的讲解已经接近尾声，本章将介绍一个综合案例，实现一个简单的网页留言本，主要包括以下知识点。

- 使用插件对表单进行处理。
- 使用插件对表单数据进行验证。
- 使用AJAX方式提交表单。

网页留言本是在很多网站上常见的一种收集用户意见的工具，很多电子商务网站，都会让用户写下自己对于商品的留言或评价。本章会结合网页留言本来讲解一些与表单有关的内容。本章思维导图如下。

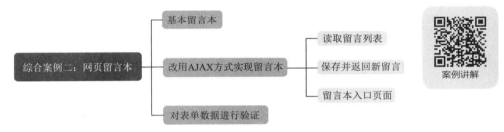

17.1 基本留言本

假设一个页面上有一个基本的用于用户留言的表单，结构如下所示：

```
1  <form id="comment-form" action="guestbook.aspx" method="post">
2  <p>姓名: <input type="text" name="name"/></p>
3  <p>留言: <textarea name="comment" ></textarea></p>
4     <input type="submit" value="提交"/>
5  </form>
```

通常情况下，用户单击"提交"按钮之后，系统就会根据<form>标记的action属性所指定的URL，向服务器发送POST请求。服务器获得提交的表单数据之后，就会进行相应的处理，例如把提交的留言保存到数据库中，然后给浏览器返回处理成功的信息，这种方式被称为"HTML表单"，这种方式的结果会使整个页面被刷新。我们先实现一个采用这种方式的基本留言本。

如果要使留言本能真正留言并显示出留言的内容，就一定需要与服务器端配合。我们用很简单的方式来实现一个可以留言的留言本。

这里使用ASP.NET作为后端语言，因为它能极方便地在本地运行服务器端代码，不需要额外下载软件，只需要使用Windows自带的IIS服务器就可以运行代码。当然也可以用其他任何后端语言来完成相同的功能，比如PHP、Java等。读者可以阅读与本书相关的扩展内容，了解相关知识。

先看下面的代码，其看起来可能会令读者觉得眼熟，但是它又和普通页面的代码有所区别。这个区别在于<%和%>之间的内容浏览器是无法识别的，它们都是服务器端代码，服务器会执行这些代码并将它们替换为普通的HTML内容之后，把整个页面发送给浏览器。这个过程被称为"服务器端渲染"。

当我们把这个混杂了一些后端代码的页面文件的扩展名从.html改为.aspx的时候，这个页面就成了一个后端页面。完整代码如下，实例文件请参考本书配套的资源文件：第17章\basic-guestbook\guestbook.aspx。

```
1   <%@ Page Language="C#" ContentType="text/html"
2     ResponseEncoding="utf-8" %>
3   <%@ Import Namespace="System.IO" %>
4
5   <html>
6   <body>
7     <form id="comment-form" action="guestbook.aspx" method="POST">
8     <p>姓名: <input type="text" name="name"/></p>
9     <p>留言: <textarea name="comment" ></textarea></p>
10      <input type="submit" value="提交"/>
11    </form>
12    <p>
13    <%
14      string path = Server.MapPath("guestbook.txt");
15      string content = string.Empty;
16      if (File.Exists(path))
17      {
18        content = File.ReadAllText(path);
19      }
20      if(Request.HttpMethod == "POST")
21      {
22          string time = DateTime.Now.ToString();
23          string name = Request.Form["name"];
24          string comment = Request.Form["comment"];
25          content = time + Environment.NewLine
26              + name + "留言说: " + Environment.NewLine
27              + comment + Environment.NewLine
28              + "<hr/>"
29              + content;
30          File.WriteAllText(path, content, Encoding.UTF8);
31      }
32      Response.Write(content.Replace(Environment.NewLine, "<br/>"));
33    %>
34    </p>
35  </body>
36  </html>
```

在解释这段代码之前，我们先看一下效果，如图17.1所示。注意，必须要用IIS配置一个网

< 310 >

站，这样才能在本地访问这个页面。从图17.1中可以看到，网址是http://localhost/aspx/加上这个页面的文件名。

图17.1的上方是表单，下方是以前的留言列表。在表单中只需要输入姓名和留言内容两项，单击"提交"按钮以后页面会刷新，最新留言会出现在下方留言列表的开头。

这里需要简单介绍一下服务器端代码的功能。在留言列表对应代码的\<p>标记中，\<%和%>之间的代码完成了如下几件事。

- 在指定的路径访问一个文本文件（就是.aspx文件所在文件夹里面名字为guestbook.txt的一个文本文件）的内容，这个文本文件用来保存所有的留言。

- 判断这个访问是GET请求还是POST请求。
  - ☆　如果是GET请求，则直接把文本文件的内容输出。
  - ☆　如果是POST请求，则先从请求中读出两个表单项的内容，然后将它们拼接在一起，并将之加入留言列表再保存回文本文件。这样每次的留言就不会丢了。

正常情况网站都会使用数据库（如MySQL、Oracle、SQL Server等）来保存数据。这里为了简化，使用一个文本文件保存数据，它可以被看作最简单的一个留言本，也可以被看作一个简单的有一点实际功能的后端页面。

但是读者要特别注意，前面的程序仅仅作为演示，绝对不能直接发布到互联网上。后端程序一定要做好必要的安全措施，以防止出现各种漏洞和被攻击，这样才能被发布到互联网上，否则会非常危险。

注意，上面的方式虽然能够实现基本的功能，但是每次提交留言以后，都是整个页面刷新，这样会出现短暂的"白屏"，看起来屏幕会"闪一下"，下面我们介绍改用AJAX的提交方式来避免页面的"闪烁"。

17.2　改用AJAX方式实现留言本

我们将原来的guestbook.aspx文件拆成3个文件，即一个普通的HTML文件（guestbook.html，作为留言本的入口）和两个.aspx文件。guestbook.html中会通过AJAX调用这两个.aspx文件。

17.2.1　读取留言列表

一个.aspx文件是comment-list.aspx，作用是读取文本文件的内容，并把内容直接返回给浏览器，如果这个文本文件不存在，则返回一个空字符串，代码如下所示。

```
1    <%@ Page Language="C#" ContentType="text/html" ResponseEncoding="utf-8" %>
```

< 311 >

```
2   <%@ Import Namespace="System.IO" %>
3
4   <%
5     string path = Server.MapPath("guestbook.txt");
6     string content = File.Exists(path) ? File.ReadAllText(path) : string.Empty;
7     Response.Write(content.Replace(Environment.NewLine, "<br/>"));
8   %>
```

17.2.2 保存并返回新留言

另一个.aspx文件是comment.aspx，作用是读取表单中的姓名和留言内容，然后按照统一的格式将它们保存到文本文件中，再把这个新添加的留言返回给浏览器，代码如下所示。

```
1   <%@ Page Language="C#" ContentType="text/html" ResponseEncoding="utf-8" %>
2   <%@ Import Namespace="System.IO" %>
3
4   <%
5   string path = Server.MapPath("guestbook.txt");
6   string content = string.Empty;
7   if (File.Exists(path))
8    content = File.ReadAllText(path);
9   string time = DateTime.Now.ToString();
10  string name = Request.Form["name"];
11  string comment = Request.Form["comment"];
12  string newComment = time + Environment.NewLine
13      + name + "留言说: " + Environment.NewLine
14      + comment + Environment.NewLine
15      + "<hr/>";
16  content = newComment + content;
17  File.WriteAllText(path, content, Encoding.UTF8);
18  Response.Write(newComment.Replace(Environment.NewLine, "<br/>"));
19  %>
```

17.2.3 留言本入口页面

准备好上面两个.aspx文件后就可以制作留言本入口页面文件了。将原来的guestbook.aspx另存为guestbook.html，让它成为一个普通的.html静态页面文件。删除所有由<%和%>标注的后端代码。然后增加一段JavaScript代码，并且将留言列表的内容改为两个<span>标记的内容，分别设置id为new-comment和comment-list。前者用于显示新添加的留言，后者用于显示原有的留言列表，代码如下所示。

```
1   <html>
2   <head>
3     <script src="jquery-3.5.1.min.js"></script>
4     <script src="jquery.form.min.js"></script>
5     <script>
6       $(function() {
7         $("#comment-list").load("guestbook-list.aspx");
```

< 312 >

```
8        $('#comment-form').ajaxForm({success: function(response){
9          $("#new-comment").prepend(response);
10       }});
11     });
12   </script>
13 </head>
14 <body>
15   <h1>网页留言本</h1>
16   <form id="comment-form" action="comment.aspx" method="POST">
17     <p>姓名: <input type="text" name="name"/></p>
18     <p>留言: <textarea name="comment" ></textarea></p>
19         <input type="submit" value="提交"/>
20   </form>
21   <p>
22     <hr/>
23     <span id="new-comment"></span>
24     <span id="comment-list"></span>
25   </p>
26 </body>
27 </html>
```

可以看到，加入的这段JavaScript代码中的$(function()
{})说明在页面加载完成后，执行里面的代码，这分为
以下两个方面。

- 使用jQuery的load()函数，调用comment-list.aspx，
  并在$("#comment-list")中插入comment-list.aspx
  文件返回的留言列表。
- 使用jQuery Form插件的ajaxForm()方法，将普
  通的表单改为用AJAX方式提交的表单。这个
  方法的参数是一个options对象，其指定了调
  用完成以后，如何处理返回结果。在这里，
  简单地把返回的response字符串插入span#new-
  comment就可以了。这个表单和普通的表单基
  本没有区别，只是改为了用AJAX方式提交。
  提交表单后，效果如图17.2所示。

图 17.2 改为用 AJAX 方式提交表单的留言本

注意，在span#new-comment中插入一条新留言的
时候，不能使用html()方法，而要使用prepend()方法，html()会把span#new-comment中的内容清
空，然后插入新留言，而prepend()方法不会清空内容，而会直接将留言插入最前面。

从图17.2中可以看到，提交成功以后，最新的留言内容仍保留在表单中，这是没有刷新整个
页面而导致的。因此可以再稍微完善一下。插入新留言之后，调用jQuery Form插件提供的充值
方法resetForm()，把表单重置为最初的状态。JavaScript部分的完整代码如下所示。

```
1 <script>
2   $(function() {
3     $("#comment-list").load("comment-list.aspx");
4     $('#comment-form').ajaxForm({success: function(response){
5       $("#new-comment").prepend(response);
```

< 313 >

```
6          $('#comment-form').resetForm();
7       }}});
8     });
9   </script>
```

17.3　对表单数据进行验证

现在观察图17.3，可以发现目前这个留言本还有两个问题。

图 17.3　需要进行数据验证的表单

- 如果用户没有填写姓名和留言内容，直接单击"提交"按钮，就会在留言列表中出现空白留言。我们希望用户不能提交空白留言。
- 如果有人输入了<script>这样的代码，这是很危险的，应该禁止输入这样的内容。

这就涉及表单的一个重要内容——数据验证。我们在提交数据给服务器之前，应该确保数据是有效的、安全的。例如，如果一个表单中提交的某一项是电话号码，那么我们就应验证它是否符合电话号码的格式，只有符合该格式才能被提交。

具体代码如下，增加了一个beforeSubmit选项，它是一个函数，参数就是所有的表单项。在这个函数中，须进行以下两个判断。

- 判断是否存在包含<的表单项，如果存在，则用alert()给出警告，然后返回false，取消这次提交操作。
- 判断是否存在为空字符串的表单项，如果存在，则用alert()给出警告，然后返回false，取消这次提交操作。

```
1   <script>
2     $(function() {
3       $("#comment-list").load("comment-list.aspx");
4       $('#comment-form').ajaxForm({
5         success: function(response){
6           $("#new-comment").prepend(response);
7           $('#comment-form').resetForm();
8         },
9         beforeSubmit: function(param){
10          if(param.some(item => item.value.includes("<"))){
11            alert('姓名和留言内容中不能包含"<"字符');
12            return false;
13          }
14          if(param.some(item => item.value.trim()==="")){
15            alert('姓名和留言内容不能为空');
```

< 314 >

```
16              return false;
17          }
18      }
19    });
20  });
21 </script>
```

修改代码之后，实现的效果如图17.4所示。

关于这个案例，还有以下几点需要注意。

- 在上面的判断语句中，使用了数组的some()
  方法，非常方便。意思是对这个数组的所
  有元素调用后面参数传入的函数，如果存
  在某些元素调用该函数后返回false，那么
  返回false。与some()类似的还有every()，
  该方法用于判断一个数组的所有元素是否
  都满足某个条件。

- 数据的安全验证是非常重要的，而且不能
  只进行客户端验证，而是必须要进行客户

图17.4　对表单数据进行验证

端和服务器端的双重验证，即服务器读程序读入数据以后，在做实际处理之前，一定要
验证数据的安全性，因为任何客户端输入的数据都是不可靠的。

- 本例中只用了非常简单的数据验证方法，实际工作中遇到的表单，可能会非常复杂，特
  别是在一些企业应用中，表单中的项目数量多、逻辑复杂，此时可以找到专门用于表单
  数据验证的jQuery插件，以降低手动开发验证程序的复杂度。

实例文件请参考本书配套的资源文件：第17章\ajax-guestbook\guestbook.html、comment.
aspx、comment-list.aspx。

本章小结

本章举了一个前后端配合的综合案例，案例中的前后端逻辑都非常简单，目的是给读者演示
在一个真正的网站中前后端是如何配合的，但由于做了大幅度的简化，并不能完全真实地反映实
际工作中会遇到的场景。希望读者能够另外寻找一些案例和场景，通过自己的摸索来掌握相关知
识点。

< 315 >

第 18 章

综合案例三：网页图片剪裁器

大家可能经常会遇到需要剪裁图片的情况，在各种设备上存在各种软件，比如台式机上的Photoshop等，可以用来剪裁图片。在网页上也经常会遇到需要对图片进行剪裁的情况，比如很多网站需要用户上传图片来生成头像，这时如果能够对图片进行一些剪裁就会非常方便，避免用户还要找软件剪裁好之后才能上传。再如一些摄影网站会给用户提供上传作品的功能，如果还能对图片进行剪裁，实现更好的构图效果，则属于非常重要的功能。

当然，如此常用的功能，一般会有现成的jQuery插件能够实现。但是本章将综合使用jQuery的相关功能，且不使用插件，带领读者自己动手来制作一个图片剪裁器。本章思维导图如下。

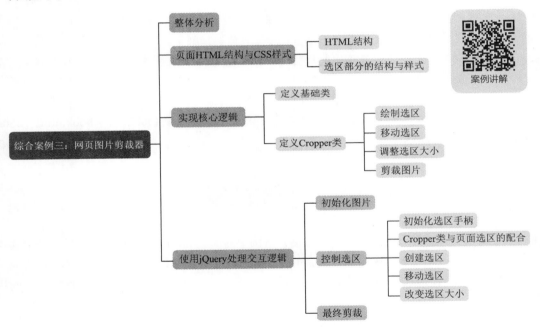

单击"选择文件"按钮，装入一张图片，通过拖曳鼠标指针可以创建选区，还可以移动选区，并通过拖动选区周围的小方块手柄可以调整选区的大小。选区确定以后，按Enter键，确定剪裁的结果。可以多次创建选区和剪裁结果，产生多个剪裁后的小图片，这些小图片依次从左向右排列，如图18.1所示。

设置选区后，请按 Enter 键确定剪裁结果：

图 18.1　图片剪裁器

18.1　整体分析

当产生一个想法或希望实现某个功能时，在动手编码之前，应该先分析具体的需求，列出需要实现的功能。本例的图片剪裁器需求虽然很简单，但细想一下，也有不少需要注意的地方。

用户的使用场景及需求如下。

- 选取自己计算机上的一张图片用于剪裁。
- 选取要剪裁的图片区域，即设定一个矩形选区。
- 调整选区的位置。
- 调整选区的大小。
- 确定选区后，按Enter键，在页面上会显示剪裁出的新图片。

针对上述场景，明确具体的开发需求如下。

- 用户所有的操作都在网页上完成。
- 浏览器页面顶部显示一个选择文件input元素，用于用户选择图片。同时显示一些图片信息，包括图片的实际尺寸和显示尺寸。当图片的实际宽度大于500像素时，显示宽度为500像素。
- 显示用户选择的图片。
- 选区操作比较复杂，可以细化为如下几点。
  - ☆ 创建选区：用鼠标指针拖曳后出现选区，并且随着鼠标指针的移动而改变选区形状，释放鼠标后确定选区形状。
  - ☆ 改变大小：可以从各个方向改变选区的大小，在选区周围提供8个手柄，用鼠标指针拖曳这8个手柄来调整选区的大小。
  - ☆ 移动选区：拖曳鼠标指针，可以移动选区。
  - ☆ 约束条件：在移动选区和改变选区大小的时候，选区不能超出图片边界。
- 按Enter键，剪裁图片，并在原图片下方显示剪裁后的图片。

接下来，我们就一步一步地实现用户的需求。

< 317 >

18.2 页面HTML结构和CSS样式

像其他案例一样，通常的流程都是先制作好页面、设定好样式，然后通过JavaScript和jQuery来实现一定的动态效果和功能。由于本书的内容是JavaScript和jQuery，因此对页面的制作本书不做详细讲解。本书的配套资源中有制作好的页面文件和CSS样式文件，读者可以直接使用。

当然，在动手编写JavaScript程序之前，先要把HTML结构和CSS样式理解清楚，这十分重要。如果这些基本知识都不清楚，是很难编写程序的。我们先了解一下HTML结构。

18.2.1 HTML结构

根据18.1节的需求分析可知，图片剪裁器的页面结构比较简单，主要分为3个部分，顶部是选择图片区域，中间是图片剪裁区域，下部是剪裁后的图片显示区域。HTML结构如下。

```
1   <body>
2   <p id="action">
3     <input type="file" id="file" name="file"/>
4     size:<span id="show-size"></span>
5   </p>
6   <div id="container">
7     <div id="image">
8       <img src="" border="0" id="front-image">
9       <img src="" border="0" id="back-image">
10    </div>
11    <div id="selection">
12      <span id="square-move">
13        <img src="middot.gif" border="0" style="cursor:move;">
14      </span>
15      <span id="square-nw" class="resize" data-v="n" data-h="w"></span>
16      <span id="square-n" class="resize" data-v="n" data-h=""></span>
17      <span id="square-ne" class="resize" data-v="n" data-h="e"></span>
18      <span id="square-w" class="resize" data-v="" data-h="w"></span>
19      <span id="square-e" class="resize" data-v="" data-h="e"></span>
20      <span id="square-sw" class="resize" data-v="s" data-h="w"></span>
21      <span id="square-s" class="resize" data-v="s" data-h=""></span>
22      <span id="square-se" class="resize" data-v="s" data-h="e"></span>
23    </div>
24  </div>
25  <p>设置选区后，请按Enter键确定剪裁结果：</p>
26  <div id="result"></div>
27  </body>
```

从代码中可以看到，页面顶部区域是p#action，包含一个file类型的<input>元素，用户单击后可以选择图片；以及一个<span>元素，用于显示图片尺寸信息。

接下来是图片剪裁区域，最外层是一个容器（div#container），里层包括两个<div>块，第一个（div#image）用于放置被剪裁的原始图片，第二个（div#selection）用来制作选区。

div#image中又包括两个<img>元素，这里用到一个技巧。从图18.1中可以看到，在选区中的

< 318 >

部分是清晰的，而在选区之外的部分，颜色变浅，以此来区分选区和非选区部分。

实现这个效果的关键就是用两个<img>元素，让它们都显示同一张图片，由于图片的大小完全相同，它们正好对齐重叠在了一起，然后把下边的图片设置为半透明，颜色就变浅了。当设定好选区之后，根据选区的范围，对上面的正常颜色的图片使用CSS的clip属性隐藏掉选区外的部分，非选区部分就露出了浅色的下层图片。这个方法很巧妙，读者可以使用本书配套资源中的最终页面实验一下，看看效果。

这两个<img>元素的src属性一开始都是空，等用户选择图片后，再动态载入。

通过CSS使得两张图片正好重叠在一起，一个像素都不差，这里使用了CSS的绝对定位的方法，实例文件请参考本书配套的资源文件，这里不再详细介绍。这些CSS设置的方法，读者如果暂时不理解也不影响JavaScript程序部分的编写。

18.2.2 选区部分的结构与样式

接下来的重点是选区部分的结构与样式。通常一个图片剪裁器的选区会有边线，此外，一般在四周会有8个方块样式的手柄（上、下、左、右、左上、右上、左下、右下），可用鼠标指针拖曳。

这里先设定一个div#selection，然后在里面嵌套所有的手柄，选区部分在HTML文件中的结构如下所示：

```
1   <div id="selection">
2     <span id="square-move">
3       <img src="middot.gif" border="0" style="cursor:move;">
4     </span>
5     <span id="square-nw" class="resize" data-v="n" data-h="w"></span>
6     <span id="square-n" class="resize" data-v="n" data-h=""></span>
7     <span id="square-ne" class="resize" data-v="n" data-h="e"></span>
8     <span id="square-w" class="resize" data-v="" data-h="w"></span>
9     <span id="square-e" class="resize" data-v="" data-h="e"></span>
10    <span id="square-sw" class="resize" data-v="s" data-h="w"></span>
11    <span id="square-s" class="resize" data-v="s" data-h=""></span>
12    <span id="square-se" class="resize" data-v="s" data-h="e"></span>
13  </div>
```

从上述代码中可以看到，一共有9个手柄，分为两种。
- 其中一个手柄是显示在选区正中间的，是一个圆圈。
- 另外8个手柄，正好围绕在图像4条边框上。需要特别注意的是，8个用于改变选区大小的resize手柄都有相同的类名resize，以及各自独立的id。

注意id的命名规律，square-后面为一个或两个字母，表示这个手柄的方位，n表示北、s表示南、w表示西、e表示东，它们表示的是4条边中点上的4个手柄。

以此类推，nw、ne、sw、se则分别表示西北、东北、西南、东南，代表了位于4个角上的4个手柄。

这里为什么要用东、西、南、北，而不用上、下、左、右呢？这是因为后面我们还要根据这些字母来生成鼠标指针悬停到手柄上时鼠标指针的形状。CSS中定义了不同方向的双箭头的鼠标指针的名称，如图18.2所示。里面用的就是东、南、西、北等单词的首字母，我们保持和它们一致，后面就可以方便地在JavaScript中生成这些名字了。

< 319 >

↔ e-resize   ↗ ne-resize

↕ n-resize   ↖ nw-resize

↕ s-resize   ↘ se-resize

↔ w-resize   ↗ sw-resize

图 18.2   CSS 中用于改变选区大小的双箭头指针

此外，还用了两个自定义属性data-v和data-h，分别表示竖直方向上是哪个手柄，以及水平方向上是哪个手柄，它们的值正好和id对应。例如id="square-n"的手柄，data-v="n"，而data-h为空。但实际上，最终的手柄还需要在<span>元素内部放置一个小方块图像，这样才能真正显示出来。由于8个手柄类似，我们可以通过JavaScript来插入这些元素，而不用手动编写。只保留选区中心的那个移动手柄，直接在HTML中写出里面的小圆圈手柄图像元素。

等页面载入浏览器以后，JavaScript会自动插入手柄图像元素，然后HTML结构就会变成下面这样，可以看到每个手柄对应的鼠标指针都是不一样的，因为拖曳的方向不同。例如id="square-nw"的手柄，对应的鼠标指针的名称正好就是nw-resize，这样我们可以在JavaScript中通过自定义属性拼接出这个名称。这就是上面指定这两个自定义属性的原因。

```
1  <span id="square-nw" class="resize" data-v="n" data-h="w">
2    <img src="dot.gif" style="cursor: nw-resize;">
3  </span>
```

最后实现的选区效果如图18.3所示。

要预留出一个<div>，用于将来显示剪裁出来的图片，这个部分就不再详细讲解了。

图 18.3   选区效果

18.3 实现核心逻辑

下面开始实现核心逻辑。就像第8章开发计算器的案例一样，首先要考虑把开发工作分为两部分。

- 与页面交互无关的逻辑，例如计算选区的坐标、判断是否出界等。
- 与页面交互相关的逻辑，例如监听鼠标移动、单击、与键盘相关的事件等。

把业务逻辑层和UI层分离，是软件开发时非常重要的思想。无论采用什么语言来开发前端程序还是后端程序，一般都会采用这样的思想。本节我们先来考虑前者的开发，即业务逻辑层的开发。

18.3.1 定义基础类

容易想到，这个案例里的核心是选区，它是矩形区域，相关的操作主要是如何创建矩形、判断矩形的位置以及它与其他对象的集合关系。因此不可避免地要和几何对象打交道。我们首先考虑创建一个矩形类，矩形自然离不开基本的点的操作，接下来，我们分别创建两个类：点和矩形。

< 320 >

先实现点类Point，代码如下所示。它非常简单，只有两个数据成员（分别是x和y坐标值），以及两个方法。

- 考虑到这个程序中经常要以一个点为基准，通过偏移一定距离来得到另一个点，我们编写一个offsetPoint()方法，用于计算基于一个点，在水平和竖直方向分别偏移dx和dy后，得到新的Point类型的对象的位置。
- 另一个经常需要用到的计算是判断一个点是否在矩形区域内，为此编写一个isInRect()方法。

```
1   class Point{
2     constructor(x, y){ this.x = x;  this.y = y; }
3
4     offsetPoint = (dx, dy) =>
5       new Point(this.x + dx,  this.y + dy);
6
7     isInRect = (rect) =>
8       this.x >= rect.x
9       && this.x <= rect.x + rect.width
10      && this.y >= rect.y
11      && this.y <= rect.y + rect.height;
12  }
```

注意，在isInRect()方法中，传入的参数是矩形类的对象，因此用到了矩形类Rect，它的定义如下：

```
1   class Rect extends Point{
2     constructor(x, y, width, height){
3       super(Math.min(x, x + width), Math.min(y, y + height));
4       this.width = Math.abs(width);
5       this.height = Math.abs(height);
6     }
7
8     get x2() { return this.x + this.width; }
9     get y2() { return this.y + this.height; }
10    get pointA() { return new Point(this.x, this.y); }
11    get pointC() { return new Point(this.x2, this.y2); }
12
13    move(offset){ this.x += offset.dx; this.y += offset.dy; }
14
15    offsetRect = (offset) =>
16      new Rect(this.x + offset.dx, this.y + offset.dy,
17        this.width, this.height);
18
19    isInRect = (largeRect) =>
20      this.pointA.isInRect(largeRect) && this.pointC.isInRect(largeRect);
21  }
```

可以看到矩形类Rect继承自Point类，构造函数的参数是左上角的点的坐标x和y，以及矩形的宽度width和高度height。如果读者对在JavaScript中如何定义类的知识不熟悉，请先复习本书前面的JavaScript部分，特别是第6章的知识。

上述代码定义了4个get存取器。

< 321 >

- x2和y2用于获取右下角的坐标值。
- pointA和pointC分别表示左上角和右下角两个点的Point类型的对象，如图18.4所示。

此外，还定义了3个方法。

- move()：将矩形对象移动指定的距离。
- offsetRect()：返回一个移动了指定距离后的新矩形对象，且不改变当前这个矩形对象的位置。
- isInRect()：判断当前的矩形对象是否完全包含于另一个矩形对象中。例如移动选区时，就需要用到这个判断。

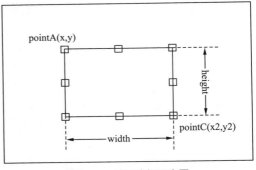

图 18.4　选区坐标示意图

有了Point和Rect这两个基础类型之后，我们就可以定义剪裁器类Cropper了。首先定义它的构造函数，请注意看看其有哪些属性。

```
1   class Cropper {
2     constructor(image, ratio=1) {
3       this.image = image;
4       this.ratio = ratio;
5       this.displayHeight = this.image.height * this.ratio;
6       this.displayWidth = this.image.width * this.ratio;
7       this.minSize = 20;
8       this.selection = null;
9       this.range = new Rect(0, 0, this.displayWidth, this.displayHeight);
10    }
11  }
```

上述构造函数中定义了下面这些属性。

- this.image：图片对象，由调用者传入。
- this.ratio：缩放比，如果图片尺寸特别大，需要将它缩小一些，就可以调整缩放比；缩放比也是由调用者传入的。
- this.displayHeight：图片显示的高度，传入图片的实际高度乘缩放比。
- this.displayWidth：图片显示的宽度，传入图片的实际宽度乘缩放比。
- this.minSize = 20：最小选区的边长，当调整选区大小时最小边长固定为20px。
- this.selection：矩形选区，初始值为null。
- this.range：整个图片所占的范围，是一个矩形，可以根据传入图片的宽度和高度求得。

18.3.2　定义Cropper类

选区操作就是创建和改变选区的几何信息，因此核心是计算选区的坐标。我们依次考虑以下几种操作。

- 绘制选区。
- 移动选区。
- 调整选区大小。
- 剪裁图片。

< 322 >

1. 绘制选区

每当需要在图片上绘制一个选区时，就可以调用drawSelection()方法，并传入一个Rect类的对象，直接把它赋给选区属性 this.selection即可，代码如下所示。

```
1    drawSelection(rect) {
2        this.selection = rect;
3    }
```

2. 移动选区

移动选区很简单，因为选区属性this.selection本身就是Rect类的对象，所以直接调用move()方法即可。但是在真正改变选区位置之前，要先判断选区是否出界，因此先用Rect类的offsetRect()方法，根据指定的偏移量产生一个新的矩形，然后用isInRect()去判断新的矩形是否仍在整个图片的范围内。如果新的矩形仍在范围内，再移动矩形；如果不在范围内，则直接退出这个方法。代码如下所示。

```
1    move(offset) {
2        if(this.selection.offsetRect(offset).isInRect(this.range))
3            this.selection.move(offset);
4    }
```

3. 调整选区大小

18.2节讲解HTML结构与样式的时候指出，有8个小方块手柄是用于调整选区大小的。虽然有8个手柄，但是移动4个角上的手柄，本质上等于同时移动两条边上的手柄，例如移动左上角的手柄，等于同时移动矩形选区的左边和上边中点的两个手柄。因此调整选区大小的方法只需要定义4个手柄即可，代码如下。

```
1    resizeLeft(dx) {
2        if(this.selection.pointA.offsetPoint(dx, 0).isInRect(this.leftBox)){
3            this.selection.x += dx;
4            this.selection.width -= dx;
5        }
6    }
7    resizeRight(dx) {
8        if(this.selection.pointC.offsetPoint(dx, 0).isInRect(this.rightBox))
9            this.selection.width += dx;
10   }
11   resizeTop(dy) {
12       if(this.selection.pointA.offsetPoint(0, dy).isInRect(this.topBox)){
13           this.selection.y += dy;
14           this.selection.height -= dy;
15       }
16   }
17   resizeBottom(dy) {
18       if(this.selection.pointC.offsetPoint(0, dy).isInRect(this.bottomBox))
19           this.selection.height += dy;
20   }
```

< 323 >

上面的方法从名字就能很容易理解它们的用途，例如resizeLeft()表示移动左边的边框。4个方法具体的移动方式如下。

● 调整左边：选区左上角的x坐标增加偏移的水平距离（dx），同时选区的宽度减少dx。
● 调整右边：选区左上角坐标不变，选区宽度增加dx。
● 调整上边：选区左上角的y坐标增加偏移的竖直距离（dy），同时选区的高度减少dy。
● 调整下边：选区左上角坐标不变，选区高度增加dy。

注意，dx和dy可以为正值，也可以为负值。dx和dy为正表示向右和向下，为负表示向左和向上。

和移动选区一样，在调整选区大小之前，要先判断如果这样调整是否会出界。这里需要一点小技巧，请参考图18.5。

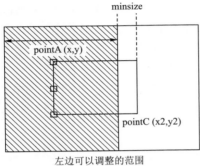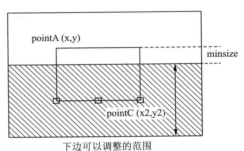

图 18.5　调整选区示意

例如对于调整左边来说，只需要考虑水平方向的坐标，也可以认为左上角的x坐标的范围在左侧标记阴影的矩形范围内。同理调整下边只需要考虑竖直方向的坐标，也可以认为右下角的y坐标的范围在右侧标记阴影的矩形范围内。

请注意，图18.5中考虑了选区的最小宽度和高度，调整4条边时也要考虑这个因素。

基于上面的分析，对于每一条边的移动，都会对应一个阴影表示的矩形，有了这个矩形，就可以容易地判断坐标是否出界。因此，要先求出4个方向的矩形。只要理解了图18.5的含义，这4个矩形都不难求出，代码如下：

```
1  get leftBox() {
2    return new Rect(0, 0, this.selection.x2 - this.minSize, this.displayHeight);
3  }
4  get topBox() {
5    return new Rect(0, 0, this.displayWidth, this.selection.y2 - this.minSize);
6  }
7  get rightBox() {
8    return new Rect(this.selection.x + this.minSize, 0,
9      this.displayWidth - this.selection.x - this.minSize, this.displayHeight);
10 }
11 get bottomBox() {
12   return new Rect(0, this.selection.y + this.minSize,
13     this.displayWidth, this.displayHeight);
14 }
```

补齐了这些矩形存取器的定义，4个调整选区的方法也就定义好了。

< 324 >

4. 剪裁图片

最后，就是剪裁图片了。现在需要使用一些HTML5中引入的Canvas（画布）相关的知识，这些知识比较简单，代码如下：

```
1   crop() {
2     const originImage = this.image;
3     const cropX = this.selection.x / this.ratio;
4     const cropY = this.selection.y / this.ratio;
5     const width = this.selection.width / this.ratio;
6     const height = this.selection.height / this.ratio;
7     const newCanvas = document.createElement('canvas');
8     newCanvas.width = width;
9     newCanvas.height = height;
10    const newContext = newCanvas.getContext('2d');
11    newContext.drawImage(originImage,
12      cropX, cropY, width, height, 0, 0, width, height);
13
14    // 画布转化为图片
15    const newImage = new Image();
16    newImage.src = newCanvas.toDataURL("image/png");
17    return newImage;
18  }
```

需要注意的是，前面的计算都是依据图片显示大小来计算的。但在剪裁的时候，就需要用图片实际的大小除以缩放比，这样才能得到图片实际的坐标和宽高值。

剪裁操作并没有破坏原图，而是从原图中复制一块矩形区域，得到一个新的图片对象，最后返回这个新得到的图片对象，并且以后可以用jQuery将其显示在页面需要的地方。这里主要使用了drawImage()函数。

drawImage()函数的定义是void ctx.drawImage(image, sx, sy, sWidth, sHeight, dx, dy, dWidth, dHeight);，它有9个参数，第一个是原始图片，接下来4个是选区的坐标，最后4个是选区在画布中的坐标，如图18.6所示。

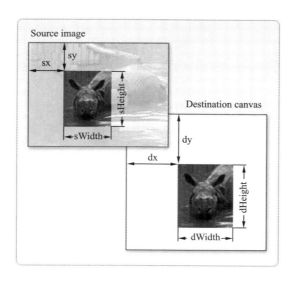

图 18.6　drawImage() 函数的参数

< 325 >

至此，页面结构与样式以及核心逻辑就都准备好了，接下来就要用jQuery来处理各种交互逻辑了。

5．选区操作总结

最后来总结一下：整个Cropper类的所有方法如下所示，除了构造函数，还有drawSelection()方法用于设置矩形选区，4个get存取器用于计算移动边的活动范围，move()方法用于改变选区的位置，4个以resize开头的方法用于改变选区的大小，以及crop()方法用于获得剪裁后的图片。

```
1    class Croppper {
2      constructor(image, ratio=1) { …… }
3
4      drawSelection(rect) { …… }
5
6      get leftBox() { …… }
7      get topBox() { …… }
8      get rightBox() { …… }
9      get bottomBox() { …… }
10
11     move(offset) { …… }
12
13     resizeLeft(dx) { …… }
14     resizeRight(dx) { …… }
15     resizeTop(dy) { …… }
16     resizeBottom(dy) { …… }
17
18     crop() {……}
19   }
```

至此，Cropper类就构建完成了，接下来会在UI层中使用这个类。

18.4 使用jQuery处理交互逻辑

jQuery擅长响应各种事件并处理DOM元素，因此它非常适合用来做各个程序组成部分之间的黏合剂。

本例中需要处理以下几个事件。

- 监听<input>元素的变化，初始化原始图片。
- 监听图片元素的鼠标事件，创建选区。
- 监听选区元素的鼠标事件，移动选区并调整选区大小。
- 监听键盘的按键事件，剪裁图片，并在下部的结果区中进行显示。

18.4.1 初始化图片

先将jQuery和上面编写的cropper.js引入HTML中。然后初始化图片，使用jQuery的change()函数来监听<input>元素的变化，代码如下。

< 326 >

```
1    let cropper;
2    let ox, oy;
3
4    $(function(){
5      const $container = $("#container");
6      const $selection = $("#selection");
7      const $body = $('body');
8
9      //初始化图片
10     const image = new Image();
11     $("#file").change(function(){
12       let reader = new FileReader();
13       reader.readAsDataURL(this.files[0]);
14       reader.onloadend = function (e) {
15         image.src = e.target.result;
16         $('#front-image, #back-image').attr('src', image.src);
17         image.onload = function() {
18           //显示图片的宽、高
19           const width  = $('#front-image').width();
20           const height = $('#front-image').height();
21           //显示图片的尺寸数据
22           $("#show-size")
23             .text(`${width} x ${height} (${image.width} x ${image.height})`);
24           //显示鼠标指针相对于图片的坐标（左上角为(0,0)）
25           ox = parseInt($container.offset().left);
26           oy = parseInt($container.offset().top);
27           $container.height(height).width(width);
28           cropper = new Cropper(image, width / image.width);
29           $("#file").blur();
30         }
31       };
32     });
33   });
```

以上代码中，首先定义了一个cropper变量，用于后续保存前面编写好的Cropper类的对象；ox和oy表示图片左上角相对于浏览器窗口的坐标，是计算选区坐标的基准。

下面的$(function(){})中定义了页面装入后，初始化图片剪裁器的相关逻辑。先通过jQuery获取3个重要的DOM元素，并将它们保存到常量$("#container")、$("#selection")和$('body')中，以备后用。

接下来监听\<input\>元素的change事件，当选择了某个图片文件以后，使用HTML5中引入的读取文件的API获得图片，并将页面上的相应元素根据获得的图片进行设置，同时创建Cropper类的对象。

HTML5中引入的FileReader类用于读取文件，它可以实现将选中的图片转化成base64的图片，并赋值给两个\<img\>元素。这两个\<img\>元素已经过CSS的设置，它们正好严丝合缝地重叠在一起。

18.4.2 控制选区

选区的控制是整个图片剪裁器的核心，用户在图片上单击时出现选区，选区随着用户拖曳鼠

< 327 >

标指针而产生相应的变化，直到用户释放鼠标。此时选区便停留在图片中，用户可以通过调整选区四周的小方块手柄来改变选区的大小等。

1. 初始化选区手柄

接下来，需要初始化8个resize手柄，代码如下。先选中8个$(".resize")元素，它们实际上都是<span>元素，然后使用each()方法，在每个<span>中插入一张手柄小方块图片。这里的一个小技巧是，如何方便地给每个手柄设置鼠标指针形状的CSS属性，这里可以拼接出一个字符串，动态生成这个属性值。

```
1    //初始化resize手柄
2    $(".resize").each(function(){
3        let $this=$(this);
4        $("<img/>")
5          .attr("src", "dot.gif")
6          .css("cursor",
7            '${$this.attr("data-v")}${$this.attr("data-h")}-resize')
8          .appendTo($this);
9    })
```

2. Cropper类与页面选区的配合

前面已经创建了Cropper类的对象cropper，现在需要将cropper对象的矩形选区的selection属性与页面的选区元素对应起来，当cropper对象的选区坐标发生变化时，页面元素也要做出相应的变化。

因此，我们需要定义一个根据cropper对象的值更新页面元素的函数 updateSelection()，代码如下：

```
1    //更新选择区域
2    function updateSelection() {
3      //显示前景图
4      $selection.show().css({
5        "left": cropper.selection.x,
6        "top": cropper.selection.y,
7        "width": cropper.selection.width,
8        "height": cropper.selection.height
9      });
10     //根据选择区域进行剪裁
11     let {x:left, y:top, x2:right, y2:bottom} = cropper.selection;
12     $("#front-image").css("clip",
13       'rect(${top+1}px, ${right+1}px, ${bottom+1}px, ${left+1}px)');
14     //移动9个手柄
15     let {width, height} = cropper.selection;
16     $("#square-nw").css({"left":"-1px", "top":"-1px"});
17     $("#square-n").css({"left":width/2-2, "top":"-1px"});
18     $("#square-ne").css({"left":width-4, "top":"-1px"});
19     $("#square-w").css({"left":"-1px", "top":height/2-2});
20     $("#square-e").css({"left":width-4, "top":height/2-2});
21     $("#square-sw").css({"left":"-1px", "top":height-4});
```

< 328 >

```
22    $("#square-s").css({"left":width/2-2, "top":height-4});
23    $("#square-se").css({"left":width-4, "top":height-4});
24    $("#square-move").css({"left":width/2-3, "top":height/2-3});
25  }
```

可以看到上述代码处理了3个方面的逻辑。

- 更新选区的4条边。这是通过改变选区<div>的CSS属性值实现的。
- 显示前景图。对于上层图片，露出选区范围内的部分，其余部分则通过CSS的clip属性隐藏起来。
- 移动9个手柄。

其中为了露出非选区部分的浅色图片，采用了CSS中的clip: rect(top, right, bottom, left)方法。需要注意，计算的时候要考虑到边框所占的1px。

接下来我们要控制选区，所有的控制逻辑通常是一致的：先监听事件，然后调用Cropper中相应的函数计算选区坐标，紧接着调用刚才定义的updateSelection()函数更新页面元素，正确显示选区。

3．创建选区

面对已经传入页面的图片，剪裁前首先需要通过鼠标指针拖曳创建（绘制）出选区，即按住鼠标并拖曳鼠标指针时，不断绘制选区边框，释放鼠标则结束绘制。实现这个功能需要一点小技巧。

先考虑一下这个逻辑的基本结构。显然不能直接监听鼠标移动（mousemove）事件，只有在按住鼠标之后不释放，并且移动鼠标才称为鼠标指针拖曳动作，因此首先要做的是监听按住鼠标（mousedown）和释放鼠标（mouseup）事件。然后在按住鼠标的时候，设定监听鼠标移动事件；在释放鼠标的时候，解除监听鼠标移动事件，这个过程可写成如下代码：

```
1  $body.on("mousedown", '#container', function(){
2    $body.on("mousemove", '#container', function(){
3    //这里不断地绘制选区边框
4  }).on("mouseup", '#container', function(){
5    $body.off("mousemove", '#container');
6  });
```

理解了这个基本逻辑之后，我们就可以考虑实现的细节了，代码如下：

```
1  //在图片范围内按住鼠标并移动鼠标以绘制选区
2  $body.on("mousedown", '#container', function(e){
3    let cx = e.pageX, cy = e.pageY;
4    $body.on("mousemove", '#container', function(e){
5      cropper.drawSelection(
6        new Rect(cx - ox, cy - oy, e.pageX - cx, e.pageY - cy));
7      updateSelection();
8      return false; //阻止浏览器的默认事件
9    });
10   return false;     //阻止浏览器的默认事件
11 }).on("mouseup", '#container', function(){
12   //释放鼠标，删除出现选区的相关事件
13   $body.off("mousemove", '#container');
14   return false;     //阻止浏览器的默认事件
15 });
```

< 329 >

通过鼠标事件对象参数e的pageX和pageY属性，可以获得鼠标指针位置信息，即cx和cy（click的x和y坐标）。在拖曳鼠标指针的整个过程中，cx和cy是拖曳的起点，会保持不变。

接下来监听鼠标移动事件。鼠标移动事件会以非常高的频率被不断触发，每次触发时都会获得新的鼠标指针位置。根据新的鼠标指针位置，配合拖曳起点的鼠标指针位置，就可以得到选区对应的矩形的完整几何信息了。

这里需要注意，鼠标事件中的位置坐标都是相对于图像左上角的。因此要减去图片左上角的坐标，得到相对于图片左上角的位置信息。得到选区的矩形位置信息以后，调用cropper.drawSelection()方法，cropper对象就会实时记录选区的大小及位置。然后调用updateSelection()函数，选区就会马上更新到页面上。由于鼠标移动事件被触发的频率非常高，因此可以看到平滑的、不断变化的选区。最后return false，避免继续执行浏览器的默认操作。

请读者务必仔细理解上面这段代码，它是本案例中重要的代码片段。

4．移动选区

在选区生成后，通常可以根据需要对其进行移动。当用户在选区范围内按住鼠标并拖曳就可以移动选区，但是不能将选区移出图片。选区必须完全包含在图片范围内（这个约束条件已经由Cropper类中的逻辑保证了），我们只需要调用Cropper类中相应的函数即可实现这一点，代码如下所示。

```
1   //在选区范围内按住鼠标并拖曳以移动选区
2   $body.on("mousedown", '#selection', function(e){
3     let cx = e.pageX, cy = e.pageY;
4     $body.on("mousemove", '#container', function(e){
5       cropper.move({dx: e.pageX - cx, dy: e.pageY - cy});
6       updateSelection();
7       cx = e.pageX, cy = e.pageY;
8       return false;
9     });
10    return false;
11  }).on("mouseup", '#selection', function(e){
12    $body.off("mousemove", '#container');
13    return false;
14  });
```

如果理解了创建选区的原理，那么这里的代码就不难理解了。几乎和前面是一样的，区别在于两点。

- 绑定监听事件的DOM元素不同，上面是整个div#container，而这里是选区div#selection。
- 在鼠标指针移动时，调用的cropper对象的方法不同，这里调用的是cropper.move()方法。

同样，与创建选区的思路类似，当用户释放鼠标时解除上述监听事件。此时页面效果如图18.7所示。

图 18.7 移动选区

5．改变选区大小

用户不但可以移动选区，还可以通过拖曳其四周的小方块手柄来改变选区大小。如果每个手

< 330 >

柄单独设置监听处理函数，程序就会很冗长，因此可以通过一定的方法来统一处理，比如在每个小方块的元素上定义它的方向，用统一的监听处理函数来改变选区大小，代码如下，效果如图18.8所示。

```
1   //拖曳选区周围8个手柄，改变选区大小
2   $body.on("mousedown", '.resize', function(e){
3     let cx = e.pageX, cy = e.pageY;
4     let $this = $(this);
5     $body.on("mousemove", '#container', function(e){
6       if ($this.attr('data-h') === 'w')
7         cropper.resizeLeft(e.pageX - cx);
8       if ($this.attr('data-h') === 'e')
9         cropper.resizeRight(e.pageX - cx);
10      if ($this.attr('data-v') === 'n')
11        cropper.resizeTop(e.pageY - cy);
12      if ($this.attr('data-v') === 's')
13        cropper.resizeBottom(e.pageY - cy);
14      updateSelection();
15      cx = e.pageX; cy = e.pageY;
16      return false;
17    });
18    return false;
19  }).on("mouseup", '.resize', function(e){
20    $body.off("mousemove", '#container');
21    return false;
22  });
```

上述代码定义监听处理函数的逻辑结构与创建选区和移动选区两种操作的逻辑结构依然是相似的，同样是定义的两层监听，这里不再赘述。

需要注意的是，在mousemove事件的处理中，要根据手柄的data-h和data-v两个属性值来判断调用的是cropper的4个改变大小的方法中的哪一个或哪两个。

读者可以尝试在一个小方块上定义4个方向，这样会产生不同的效果。

图 18.8　改变选区大小

18.4.3　最终剪裁

当选区通过移动、放大、缩小等变化达到用户满意的状态时，按一下Enter键便可进行最终的剪裁。因此现在需要监听按键事件，并且调用cropper对象的剪裁方法crop()，以将生成的新图片显示在下部，代码如下。

```
1   //按下Enter键，确定剪裁
2   $body.on("keyup", function(e){
3     if(e.keyCode === 13){
4       if(cropper.selection)
5         $(cropper.crop())
6           .css({"width": cropper.selection.width+"px"})
```

< 331 >

```
7              .appendTo($('#result'));
8         else
9              alert("请先拖曳鼠标确定选区");
10      }
11  });
```

　　先判断按键的键值是不是Enter键对应的13，如果是，还要先判断一下选区是否已经存在，否则要提示用户先拖曳鼠标选区，再进行剪裁操作。

　　具体的剪裁操作是调用cropper的crop()方法实现的。将获得的剪裁后的图片转换为jQuery对象，设置显示宽度与选区一致，然后将其插入显示结果区域即可。最终剪裁结果如图18.9所示。

图 18.9　最终剪裁结果

　　实例文件请参考本书配套的资源文件：第18章\cropper.html、第18章\cropper.css、第18章\cropper.js以及第18章\cropper-ui.js。

本章小结

　　本章将JavaScript和jQuery结合起来运用，一步一步地迭代，实现了一个图片剪裁器。通过本章的案例，希望读者能够加深对JavaScript和jQuery的理解，能够合理地运用类和继承的知识实现较为复杂的逻辑，以及灵活使用jQuery响应各种事件并操作DOM。

< 332 >